普通高等教育“十二五”规划教材（高职高专教育）

建筑材料

主　编　唐修仁　邹春香
编　写　董丽君　肖时瑞
　　　　翟福贞　沈　佳
主　审　秦鸿根

中国电力出版社
CHINA ELECTRIC POWER PRESS

内 容 提 要

本书为普通高等教育“十二五”规划教材（高职高专教育）。全书共十二章，主要内容为建筑材料的基本性质、气硬性胶凝材料、水泥、混凝土、建筑砂浆、墙体材料、建筑钢材、木材、防水材料、建筑塑料、绝热材料和吸声材料、装饰材料。本书是根据教育部相关文件精神，针对高职高专培养技能型、应用型人才的特点编写的。书中以适应市场需求，理论够用，突出技能与应用为原则，采用了新规范、新标准。

本书可以作为高职高专院校土建类相关专业的教材，也可作为成人教育土建类相关专业的教材，还可作为土建类相关人员培训用书与参考用书。

图书在版编目（CIP）数据

建筑材料/唐修仁，邹春香主编. —北京：中国电力出版社，2011.6（**2015.8重印**）

普通高等教育“十二五”规划教材. 高职高专教育

ISBN 978-7-5123-1741-3

Ⅰ.①建… Ⅱ.①唐…②邹… Ⅲ.①建筑材料-高等职业教育-教材 Ⅳ.①TU5

中国版本图书馆CIP数据核字（2011）第100741号

中国电力出版社出版、发行

（北京市东城区北京站西街19号 100005 http://www.cepp.sgcc.com.cn）

航远印刷有限公司印刷

各地新华书店经售

*

2011年6月第一版 2015年8月北京第二次印刷

787毫米×1092毫米 16开本 14印张 340千字

定价 **24.00** 元

前　言

本书是在高等职业教育有关改革精神指导下，以高职高专培养技能型、应用型人才为出发点，突出职业技能，推进理实一体，落实学做合一，注重学生职业能力、方法的培养，由理论扎实、实践能力强的教学一线教师和专家编写而成。

本书在编写过程中注重理论与实践相结合，突出"理论够用、应用为主"，对传统的教学内容做了适当的调整，删减了某些较为陈旧的产品，增加了一些新材料与新概念的介绍。例如现在工程中黏土砖被混凝土砌块取代，原来的现场搅拌砂浆慢慢的变为商品砂浆等，同时本书还与相关资格考试方面的内容相结合。

本书由东南大学唐修仁和金肯职业技术学院邹春香主编，并负责全书的统稿与整理工作，参编人员有金肯职业技术学院沈佳，南京工业职业技术学院肖时瑞、翟福贞，应天职业技术学院董丽君。

全书由东南大学教授级高级工程师秦鸿根审阅，提出了很多宝贵的意见，在此表示衷心地感谢!

本书在编写过程中得到东南大学蓝宗建教授、金肯职业技术学院建筑与土木工程系主任郭应征教授等的大力支持，并且参阅了大量的参考文献在此一并表示感谢!

限于编者水平有限，书中难免有不足之处，恳请读者批评指正。

编　者

目录

绪 论

建筑材料是指土木工程和建筑工程中所使用的各种材料及其制品的总称，是一切建筑物的物质基础，建筑材料的费用是影响建筑工程造价的主要因素。目前在我国建筑工程总造价中，建筑材料的造价约占 50%～60%。

一、建筑材料的分类

建筑材料的种类繁多，性能用途各异，为了便于区别与应用，工程中常从不同的角度对建筑材料进行分类。

（一）按化学成分分类

建筑材料可以分为：无机材料、有机材料、复合材料，见表 0-1。

表 0-1 建筑材料按化学成分分类

建筑材料	无机材料	金属材料	黑色金属：钢、铁、不锈钢等
			有色金属：铝、铜等其他合金
		非金属材料	天然石材：砂、石及石材制品等
			烧土制品：砖、瓦、玻璃等
			胶凝材料：石灰、石膏、水泥、水玻璃等
			混凝土及硅酸盐制品：混凝土、砂浆及硅酸盐制品
	有机材料	植物材料	木材、竹材、植物纤维及其制品等
		沥青材料	石油沥青、煤沥青、沥青制品等
		高分子材料	塑料、涂料、胶粘剂等
	复合材料	无机非金属材料与有机材料复合	玻璃钢、聚合物混凝土、沥青混凝土
		金属材料与非金属材料复合	钢筋混凝土、钢纤维混凝土等
		金属材料与有机材料复合	轻质金属夹芯板等

（二）按材料在建筑物或构筑物中的功能分类

建筑结构材料：承受荷载作用的材料，如基础、柱、梁所用的材料。

墙体材料：起维护作用的材料。

建筑功能材料：保温隔热材料、吸声材料、采光材料、防水材料、防腐材料、装饰材料等。

建筑器材：如给排水设备、采暖通风设备、空调、电气、电信、消防设备。

（三）按材料的使用部位分类

结构材料、墙体材料、屋面材料、地面材料、饰面材料、其他用途的材料等。

二、建筑材料的发展趋势

建筑材料的发展是随着社会生产力的发展和科学技术水平的提高而逐渐发展起来的。从远古时代的土、石、木、竹，发展到砖、石、瓦、石灰、石膏等，建筑材料由纯天然材料进入到人工生产阶段，居住条件有了新的改善；到了 18 世纪以后，随着钢筋、水泥、钢筋混凝土等材料的出现，钢结构、钢筋混凝土结构等应运而生。进入20世纪以后，随着生产力的发展和科学技术的进步，使材料在建筑性能和技术上不断得到改善和提高。一些具有特殊功能的材料也相继发展起来，如绝热材料、防火材料、抗渗材料、防水材料、耐腐蚀材料、隔声材料、吸音材料、防辐射材料等。

随着建筑业的不断发展壮大，对建筑材料的消耗极大，也使得自然环境遭到了严重的破坏。既要为工程建设提供材料，又要避免材料的生产和发展对环境造成危害，建筑材料的发展必须遵循可持续发展的战略方针，大力发展绿色建材。

未来建筑材料的发展方向：

(1) 发展耐久性材料：建筑材料的耐久性，是材料和制品在使用过程中的可靠性问题，建筑材料的耐久性好，可以增加建筑物的耐久性。

(2) 节约能源：节能方面，包括材料生产时的能耗及建筑物使用时的能耗，可以采用低能耗的生产技术，开发生产低能耗的材料以及能降低建筑物能耗的节能型材料，国外主要发展轻质多孔材料与复合材料。

(3) 发展多功能材料：多功能包括环境功能与使用功能，例如隔声效果，对人的生理和心理的适应性，建筑装饰与艺术环境的协调等，国外主要发展高分子化学建材与各种轻质板材。

(4) 充分利用地方资源，尽量减少天然资源，大量使用工业废渣、废料为生产建筑材料的资源，保护自然环境。

(5) 发展无污染、可再生能源。开发生产的材料可再生循环和回收利用，建筑物拆除后不会造成二次污染。

三、建筑材料的技术标准

建筑材料的技术标准是企业生产的产品质量是否合格的技术依据，也是供需双方对产品质量进行验收的依据。通过产品标准化，可以按标准合理地选用材料，从而使设计、施工也标准化，同时可加快施工进度、降低造价。

我国现行的标准有国家标准、行业标准、地方标准、企业标准四类。各级标准由相应的标准化管理部门批准并颁布。

(一) 国家标准

国家标准由国家标准主管部门委托有关单位起草，由有关部委提出报批，经国家技术监督局会同有关部委审批，并由国家技术监督局发布。国家标准有强制性标准（代号GB）和推荐性标准（GB/T）。对强制性国家标准，任何产品不得低于规定的要求；对于推荐性标准，可以执行也可以不执行。例如《硅酸盐水泥》(GB 175—1999)，其中，“GB”为国家标准的代号，“175”为标准的编号，“1999”为标准的颁布年代号；《建筑用卵石、碎石》(GB/T 14685—2001)，其中“GB”为国家标准的代号“T”表示推荐标准，“14685”为标准的编号，“2001”为标准颁布年代号，“建筑用卵石、碎石”为该标准的技术（产品）名称。

(二) 行业标准

由主管生产的部委或总局颁布的全国性技术文件。行业标准有建材行业标准（JC）、建工行业标准（JG）、冶金行业标准（YB）、交通行业标准（JT）等。例如《建筑生石灰》(JC/T 479—1992)，其中“JC”为建材行业的标准代号，“T”表示推荐标准；“479”为此类技术标准的二类类目顺序号；“1992”为标准颁发年代号。

（三）地方标准

地方标准是由地方主管部门发布的地方性的技术文件。

建筑工程中可能采用的其他标准还有：国际标准（ISO）、美国国家标准（ANS）、英国标准（BS）、日本工业标准（JIS）、法国标准（NF）等。

（四）企业标准

企业标准代号为“QB”，其后分别注明企业代号、标准顺序号、制定年代号。仅适用于本企业。

四、本课程的目的、主要内容、任务及学习方法

（一）本课程的目的

建筑材料课是一门实用性很强的专业基础课，它以数学、物理、化学等课程为基础。本课程的教学目的有四点：

（1）为后续的专业课程，如钢筋混凝土结构、钢结构、房屋建筑学、建筑施工等的学习提供必要的基础知识。

（2）在设计和施工中能合理选择和正确使用建筑材料。

（3）为今后在工程中解决建筑材料问题提供一定的基本理论和基本实验、实训技能。

（4）为今后从事建筑材料科学研究打下必要的基础。

（二）本课程的主要内容

本课程除了介绍建筑材料的一些基本性质以外，主要讲述了建筑工程中常用的石灰、石膏、水泥、混凝土、砂浆、墙体材料、防水材料、建筑钢材等材料的基本组成、性能等特点、技术标准及应用，常用建筑材料的实验、实训方法和材料质量评定方法，还介绍了建筑塑料、绝热材料、吸声材料、建筑装饰材料等的基本知识。

（三）本课程的学习任务

（1）通过对理论课的学习，重点掌握各种材料的技术性能，并掌握常用建筑材料的主要品种、规格、储运、标准及应用等方面的知识，了解材料的生产、组成与材料性能的关系，做到在建筑工程中能合理选用和正确使用建筑材料。

（2）通过对实训课的学习，一方面掌握常规建筑材料的实验、实训方法和质量评定方法，会对常规建筑材料进行质量合格性判定；另一方面加深对理论知识的理解，培养严谨的科学态度，提高分析问题和解决问题的能力。

（四）本课程的学习方法

在学习方法上要注意以下几点：

（1）参与式学习：不是被动地接受知识，而是在本课程不同层次的启发下，主动地学习，不宜急于打开讨论分析结果，而应多思考。

（2）点面结合：突出重点，本课程是以组成、结构、性能与应用为主线，重点是掌握性能与应用，而对生产只作一般性的了解。对种类繁多的建筑材料，不应面面俱到，平均分配学时，对各材料应注意比较其异同点，包括两种材料的对比及一种材料与多种材料的对比。

（3）理论联系实际：除学习基本理论、基本知识和基本技能外，应注意结合工程实际来学习。

（4）强化环保意识：学习本课程应充分注意建筑材料的环保问题。如某些材料会产生有害气体、某些岩石会有放射性等。

第一章　建筑材料的基本性质

教学要求

了解：材料与热有关的概念和性质；材料耐久性的概念；材料的基本力学性质。

掌握：密度、表观密度、堆积密度、孔隙率、空隙率、平衡含水率、韧性的概念；材料的吸水性、耐水性、含水性、抗渗性、抗冻性及导热性的表示方法；材料的孔隙率及孔隙构造对材料抗冻性、抗渗性等性能的影响。

应用：建筑材料各项物理力学指标的换算。

重点：建筑材料各项物理力学指标及应用。

难点：孔隙率及孔隙构造对材料性能的影响。

第一节　材料的物理性质

一、与质量有关的性质

(一) 密度

密度指材料在绝对密实状态下（不包括孔隙在内）单位体积的质量。

$$\rho = \frac{m}{V} \tag{1-1}$$

式中　ρ——材料的密度，g/cm^3 或 kg/m^3；

m——材料在干燥状态下的质量，g 或 kg；

V——材料在绝对密实状态下的体积，cm^3 或 m^3。

完全密实的材料是没有的。在建筑材料中只有钢材、玻璃等少数材料可以近似认为不含孔隙，其余材料都含有一定的孔隙。对有孔隙的材料，如砖、混凝土磨成细粉，用李氏瓶进行测定。材料磨的越细，测量的结果越准确。

材料密实体积的测定方法：

(1) 规则密实的材料采用量测计算求得体积；

(2) 不规则的密实材料采用排水体积法求得体积；

(3) 有孔隙的材料应把干燥后的材料磨成细粉，用李氏瓶法测定其体积。

(二) 表观密度（亦称体积密度）

表观密度是指材料在自然状态下（包括孔隙在内）单位体积的质量。

$$\rho_0 = \frac{m}{V_0} \tag{1-2}$$

式中　ρ_0——材料的体积密度，kg/m^3 或 g/cm^3；

m——材料在干燥状态下的质量，kg 或 g；

V_0——材料在自然状态下的体积，m^3 或 cm^3。

材料在自然状态下的体积是指材料固体物质体积和孔隙体积之和，如图1-1所示。材料内部孔隙又可以分为开口孔和闭口孔，根据常温、常压下水能否进入作为开口孔和闭口孔的划分标准，水能够进入的是开口孔，不能进入的是闭口孔。

(1) 开口孔：孔与孔之间相互连通且与外界相通。

(2) 闭口孔：孔与孔之间相互独立且不与外界相通。

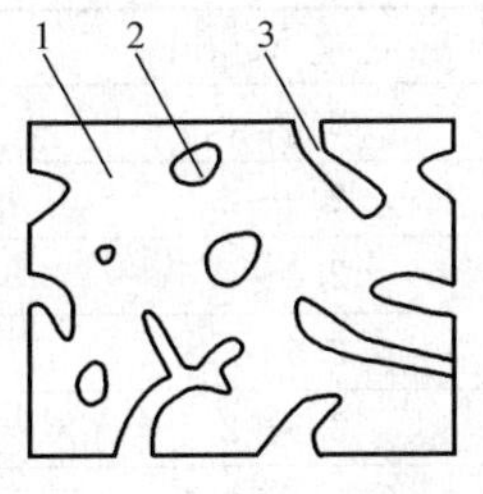

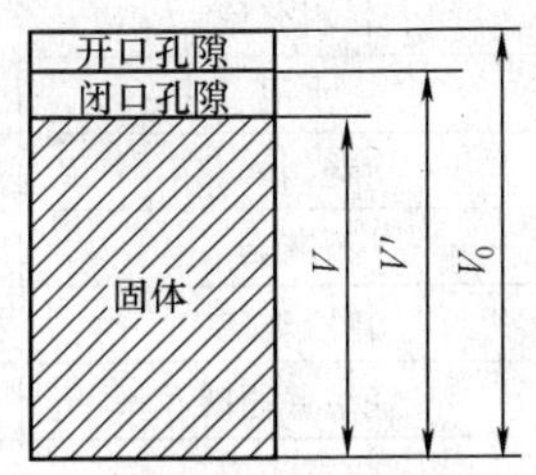

图1-1　自然状态下体积示意图

1—固体；2—闭口孔隙；3—开口孔隙

工程中常用的散粒材料砂、石子内部孔隙极少，用排水体积法测得颗粒的体积与其密实体积基本相同，所以砂、石子的表观密度可以近似当作其密度，又称视密度。

材料在自然状态下体积的测定方法：

(1) 规则的材料直接量测计算求得体积。

(2) 不规则的材料采用排液法或蜡封法。

在自然状态下，材料内部常含有水分，其质量随着含水的多少而变化，因此测定表观密度时，应注明其含水程度。在烘干状态下的表观密度称为干表观密度，而在自然干燥状态下的表观密度称为气干表观密度。

(三) 堆积密度（亦称松散体积密度）

堆积密度是指散粒材料（粉状、颗粒状）在堆积状态下单位体积的质量。

$$\rho'_0 = \frac{m}{V'_0} \tag{1-3}$$

式中　ρ'_0——材料的堆积密度，kg/m^3；

m——材料的质量，kg；

V'_0——材料的堆积体积，m^3。

材料的堆积体积包括颗粒体积（包括孔隙体积）和颗粒间空隙体积，如图1-2所示。材料的堆积体积可以在规定的条件下通过容量筒的容积来测定，堆积密度的大小取决于材料的密度、含水程度及其堆积松散程度等。

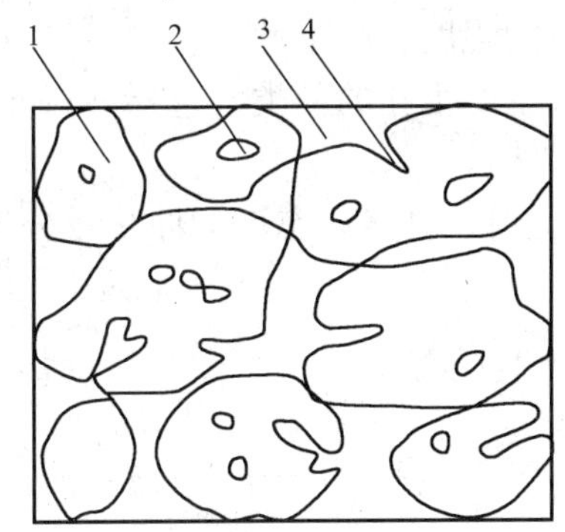

图1-2　散粒材料的堆积体积示意图

1—颗粒中固体体积；2—颗粒中闭口孔隙；3—颗粒间空隙；4—颗粒中开口孔隙

密度、表观密度和堆积密度既有联系又有差别。由于大多数材料或多或少均含有一些孔隙，材料与材料之间总存在一些空隙，所以密度、表观密度、堆积密度之间的关系如下：

$$\rho > \rho_0 > \rho'_0 \tag{1-4}$$

在建筑工程中对材料进行配料计算，确定堆放空间的大小、运输量、自重等需要应用到材料的密度、表观密度、堆积密度，见表1-1。

表 1-1 常用建筑材料的密度、表观密度、堆积密度

材料名称	密度（g/cm³）	表观密度（g/cm³）	堆积密度（kg/m³）
水泥	2.8～3.1	—	1000～1600
花岗岩	2.6～2.9	2.5～2.85	—
石灰岩	2.4～2.6	2.0～2.6	—
普通玻璃	2.5～2.6	2.5～2.6	—
烧结普通砖	2.5～2.7	1.5～1.8	—
建筑陶瓷	2.5～2.7	1.8～2.5	—
普通混凝土	2.6～2.8	2.3～2.5	—
普通砂	2.6～2.8	—	1450～1700
碎石或卵石	2.6～2.9	—	1400～1700
木材	1.55	0.4～0.8	—
钢材	7.85	7.85	—
泡沫塑料	1.0～2.6	0.02～0.05	—

（四）密实度与孔隙率

1. 密实度

密实度指材料体积内被固体物质充实的程度，计算式为

$$D=\frac{V}{V_0}\times 100\%=\frac{\rho_0}{\rho}\times 100\% \tag{1-5}$$

2. 孔隙率

孔隙率是材料内孔隙体积所占的比例，计算式为

$$P=\frac{V_0-V}{V_0}\times 100\%=\left(1-\frac{V}{V_0}\right)\times 100\%=\left(1-\frac{\rho_0}{\rho}\right)\times 100\%=1-D \tag{1-6}$$

由上式可见

$$D+P=1 \tag{1-7}$$

材料的孔隙率和密实度有关。孔隙率越大，材料的密实度和体积密度就越小；完全密实材料：孔隙率 $P=0$，$D=1$。

材料孔隙率的大小反映了材料内部密实程度，建筑材料的强度、吸水性、抗渗性、抗冻性、导热性、吸声性等都与材料的孔隙特征有关。孔隙特征主要指孔的种类（包括开口孔和闭口孔）、孔径的大小及分布等。

开口孔隙率（P_K）是指材料内部开口孔体积（V_K）与材料在自然状态下的体积百分比，即材料吸水饱和的孔隙体积占自然状态下体积的百分比。

$$P_K=\frac{V_K}{V_0}\times 100\%=\frac{m_2-m_1}{V_0}\frac{1}{\rho_W}\times 100\% \tag{1-8}$$

式中 P_K——材料的开口孔隙率，%；

m_1——干燥状态下材料的质量，g；

m_2——吸水饱和状态下材料的质量，g；

ρ_W——水的密度，g/cm³。

闭口孔隙率（P_B）是指材料总孔隙率（P）与开口孔隙率（P_K）之差，即

$$P_B=P-P_K \tag{1-9}$$

【例 1-1】 一标准尺寸的黏土砖的尺寸为 240mm×115mm×53mm，干燥状态下质量为 2420g，吸水饱和后为 2640g，将其烘干磨细后称取 50g，用李氏瓶测定其体积为 19.2cm³。试求该砖的开口孔隙率和闭口孔隙率。

解　自然状态体积 $V_0 = 240\times115\times53 = 1\,462\,800\text{mm}^3 = 1462.8\text{cm}^3$

密度
$$\rho = \frac{m}{V} = \frac{50}{19.2} = 2.60\text{g/cm}^3$$

材料总体积
$$V_{总} = \frac{m}{\rho} = \frac{2420}{2.60} = 930.8\text{cm}^3$$

孔隙率
$$P = \frac{V_0 - V}{V_0}\times100\% = \frac{1462.8-930.8}{1462.8}\times100\% = 36.4\%$$

开口孔隙率
$$P_K = \frac{V_K}{V_0}\times100\% = \frac{2640-2420}{1462.8}\times100\% = 15\%$$

闭口孔隙率
$$P_B = 36.4\% - 15\% = 21.4\%$$

（五）空隙率与填充率

1. 空隙率

空隙率是指散粒材料在其堆积体积中，颗粒之间的空隙体积占材料堆积体积的比例，用 P' 表示，即

$$P' = \frac{V'_0 - V_0}{V'_0}\times100\% = \left(1-\frac{\rho'_0}{\rho_0}\right)\times100\% \tag{1-10}$$

2. 填充率

填充率是指散粒材料在其堆积体积中，颗粒体积占其堆积体积的比例，以 D' 表示，即

$$D' = \frac{V_0}{V'_0}\times100\% = \frac{\rho'_0}{\rho_0}\times100\% = 1-P' \tag{1-11}$$

即

$$D' + P' = 1 \tag{1-12}$$

【例 1-2】 已知某卵石的体积密度为 2.60g/m³，堆积密度 1500kg/m³，求其空隙率。

解　空隙率：$P' = \left(1-\frac{\rho_0}{\rho_0}\right)\times100\% = \left(1-\frac{1.5}{2.6}\right)\times100\% = 42\%$

二、材料与水有关的性质

（一）亲水性和憎水性

1. 亲水性

（1）当材料与水接触时，容易被水润湿的性质，称为亲水性材料。

在固、气、液三态交点处，沿水滴表面所作的切线与水和材料接触面形成的夹角为润湿边角 θ。

（2）水分子之间作用力（表面张力）小于水分子与材料分子之间的相互作用。

（3）润湿边角 $\theta\leqslant90°$，如图 1-3（a）所示，例如木材、混凝土、砖等。

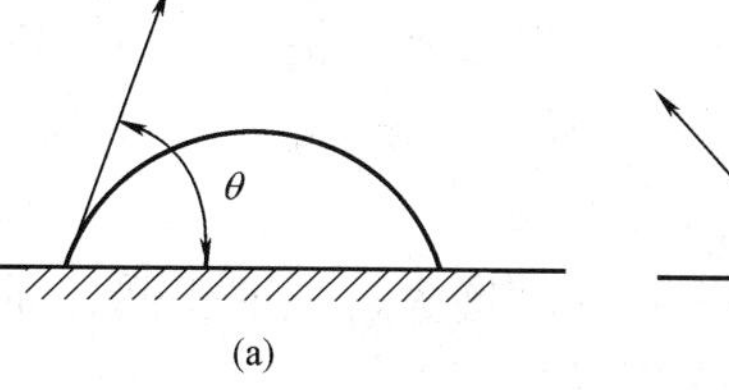

图 1-3　材料的润湿角
（a）亲水性材料；（b）憎水性材料

2. 憎水性

(1) 当材料与水接触时，不易被水润湿的性质，称为憎水性材料。

(2) 水分子之间的作用力（表面张力）大于水分子与材料分子间的作用力。

(3) 润湿边角 $90°<\theta<180°$，如图 1-3（b）所示，例如钢材、玻璃、塑料、沥青、石蜡等。

θ 越小，材料的亲水性越好，$\theta=0°$时，表示材料为完全亲水性材料。

建筑上使用的防水材料一般都为憎水材料，大多数亲水材料可通过表面处理而具有憎水性。

（二）吸水性与吸湿性

1. 吸水性

材料在水中吸收水分的性质，称为吸水性。材料的吸水性用吸水率来表示，吸水率分为质量吸水率和体积吸水率。

(1) 质量吸水率为材料吸水饱和时，吸收水的质量占材料干燥质量的百分率，计算式为

$$W_{质}=\frac{m_1-m}{m}\times 100\% \tag{1-13}$$

式中 $W_{质}$——质量吸水率，%；

m_1——材料吸水饱和后的质量，g；

m——材料干燥时的质量，g。

(2) 体积吸水率为材料吸水饱和时，吸入水的体积占干燥状态下材料体积的百分率，计算式为

$$W_{体}=\frac{m_1-m}{V_{干}}\frac{1}{\rho_W}\times 100\% \tag{1-14}$$

式中 $W_{体}$——材料的体积吸水率，%；

$V_{干}$——干燥材料自然状态下的体积，cm^3；

ρ_W——水的密度，g/cm^3。

质量吸水率与体积吸水率之间的关系为

$$\frac{W_{体}}{W_{质}}=\frac{\rho_0}{\rho_W} \tag{1-15}$$

对材料吸水的质量不超过材料本身干燥质量时，材料的吸水性可用质量吸水率表示，如砖、混凝土、石材等。对于吸水后的质量为干燥时质量几倍的材料，可用体积吸水率表示，如海绵、珍珠岩、石棉等。如无特别说明，吸水率通常指质量吸水率。

材料的吸水性与材料的孔隙率和孔隙特征有关。对于细微连通孔隙，孔隙率越大，则吸水率越大。密实的材料和全部是闭口孔的材料是不吸水的，而开口孔虽然水分易进入，但不能存留，只能润湿孔壁，所以吸水率仍然较小。各种材料的吸水率有很大的不同，如花岗岩的吸水率只有 0.5%～0.7%，混凝土的吸水率为 2%～3%，黏土砖的吸水率达 8%～20%，而木材的吸水率可超过 100%。

材料吸水以后，表观密度增大、强度变低、保温、隔热性降低，容易受冻破坏，所以材料吸水以后对材料的性质是不利的。

2. 吸湿性

干燥材料在一定的环境下吸附空气中水分的能力称为吸湿性。

吸湿性用含水率表示，它等于材料吸入水分质量占干燥时质量的百分率。一般开口孔隙率较大的亲水性材料具有较强的吸湿性。

材料的含水率为

$$W_{含}=\frac{m_{含}-m_{干}}{m_{干}}\times 100\% \tag{1-16}$$

式中　$W_{含}$——材料的含水率，%；

$m_{含}$——材料含水时的质量，kg；

$m_{干}$——材料干燥时的质量，kg。

材料的含水率受环境条件的影响，它随温度和湿度的变化而变化，最终材料中所含水分与空气的湿度相平衡时的含水率称为平衡含水率。

（三）耐水性

材料长期处于饱和水作用下，不被破坏，其强度也不显著降低的性质，称为耐水性。材料的耐水性用软化系数表示为

$$K_{软}=\frac{f_{饱}}{f_{干}} \tag{1-17}$$

式中　$K_{软}$——材料的软化系数；

$f_{饱}$——材料吸水饱和状态下的抗压强度，MPa；

$f_{干}$——材料在干燥状态下的抗压强度，MPa。

软化系数波动在0～1之间，不同建筑材料的耐水性差别很大，软化系数越小，说明材料吸水饱和后强度降得越多，耐水性越差。钢材、玻璃、沥青等材料的软化系数基本为1。用于水中、潮湿环境中的重要结构材料，软化系数不得低于0.85；用于受潮湿较轻或次要结构的材料，则软化系数不宜小于0.70。通常软化系数大于0.85的材料认为是耐水材料。处于干燥环境中的材料可以不考虑软化系数。

（四）抗渗性

材料抵抗压力水渗透的性质，称为抗渗性。

材料抗渗性的表示方法如下。

1. 用渗透系数表示

材料的抗渗性用渗透系数K表示为

$$K=\frac{Qd}{AtH} \tag{1-18}$$

式中　K——渗透系数，cm/h；

Q——渗透量，cm^3；

A——渗透面积，cm^2；

d——试件厚度，cm；

H——水头差，cm；

t——渗透时间，h。

材料的渗透系数越大，表示材料的透水性越好，抗渗性越差。

2. 用抗渗等级表示

材料的抗渗性也可以用抗渗等级PN表示。

抗渗等级是以规定的试件在标准试验方法下所能承受最大的水压力（按MPa计）来确

定。例如抗渗等级为 P4、P6、P8、P10 说明该材料所能承受的最大水压为 0.40MPa、0.60MPa、0.80MPa、1.0MPa。

材料的抗渗性主要取决于材料的孔隙特征及孔隙率。密实的材料，具有闭口孔或极微细小孔的材料，实际上是不透水的；具有较大孔隙率，且为较大孔径、开口连通孔的亲水性往往抗渗性较差。

对于地下建筑、基础、压力管道、水工建筑等经常受到压力水的作用，所以要求所用材料具有一定的抗渗性，对于各种防水材料，则要求具有更高的抗渗性。

（五）抗冻性

材料在吸水饱和状态下，经过多次冻融循环作用而不被破坏，强度也不显著降低的性质称为抗冻性。常用抗冻等级 FN（抵抗冻融的次数）来评定。

抗冻等级的确定，是将规定的试件经一定次数的冻融循环之后，如果强度降低不超过规定的数值，没有明显的损坏和剥落（质量损失不超过规定的数值），则此冻融循环次数就作为抗冻等级，如混凝土材料抗冻等级为 F25，表示该混凝土最大冻融循环次数为 25 次。

材料的抗冻性试验是使材料吸水饱和后，在－15℃温度下冻结规定时间，然后在室温（20℃）的水中融化，经过规定次数的冻融循环后，测定其质量及强度损失情况来衡量材料的抗冻性。

材料抗冻等级的选择，主要根据结构物的种类、所处环境、气候条件等来决定的。例如烧结普通砖、陶瓷面砖、轻混凝土等墙体材料，一般要求其抗冻等级为 F15 或 F25；用于桥梁、道路的混凝土一般为 F50、F100 或 F200；水工混凝土要求高达 F500。

材料受冻融破坏主要原因：其孔隙中的水结冰所致。水结冰时体积增大约 9%，若材料孔隙中充满水，则结冰膨胀对孔壁产生很大应力，当此应力超过材料的抗拉强度时，孔壁将产生局部开裂。所以材料的抗冻性取决于其孔隙率、孔隙特征及充水程度。如果孔隙中的水远没有达到饱和状态，具有足够的自由空间，则即使受冻也不会破坏；粗大的开口孔隙体积，水分不易存留，很难达到吸水饱和程度，一般抗冻性也较强；密实的材料、强度高、软化系数大时，其抗冻性较高。

从外界条件来看，材料受冻融破坏的程度，与冻融温度、结冰速度、冻融频繁程度等因素有关。环境温度越低、降温越快、冻融越频繁、则材料受到冻融破坏越严重。

材料的冻融破坏作用是从外表面开始产生剥落，逐渐向内部深入发展。抗冻性良好的材料，对于抵抗大气温度变化、干湿交替等风化作用的能力较强，所以抗冻性常作为考查材料耐久性的一项指标。在设计寒冷地区的建筑物时，要考虑材料的抗冻性，在工程中使用时要进行抗冻性检验。处于温暖地区的建筑物，虽无冰冻作用，但为抵抗大气的风化作用，确保建筑物的耐久性，也常对材料提出一定的抗冻性要求。

三、与热有关的性质

（一）导热性

材料传导热量的能力称为导热性。材料的导热能力用导热系数（λ）表示，其计算式为

$$\lambda=\frac{Qd}{A(T_2-T_1)t} \tag{1-19}$$

式中　λ——导热系数，W/(m·K)；

A——材料的导热面积，m^2；

Q——传导的热量，J；

d——材料厚度，m；

T_2-T_1——材料两侧的温度差，K；

t——传导时间，s。

导热系数 λ 的物理意义：单位厚度的材料，当两侧温度差为 1K 时，在单位时间内通过单位面积的热量。

材料的导热系数越小，材料的导热性能越差，保温隔热性能越好。

影响材料导热系数的主要因素，有以下几方面。

1. 材料的化学组成与结构

材料的化学组成与结构是影响导热系数的决定因素。通常金属材料的导热系数大于非金属材料，无机材料的导热系数大于有机材料，晶体材料的导热系数大于非晶体材料。

2. 材料的表观密度

由于密闭的空气导热系数很小，$\lambda=0.023$W/(m·K)，所以材料孔隙率的大小会明显影响导热系数，孔隙率越大，则材料的导热系数越小。

3. 环境的温湿度

材料的含水程度对其导热系数的影响也很大。水的导热系数 $\lambda_{水}=0.58$W/(m·K)，比空气约大 25 倍，所以材料受潮后导热系数增大。而当材料受冻后，水变成冰，冰的导热系数 $\lambda_{冰}=2.20$W/(m·K)，它是水的导热系数 4 倍，导热系数更大。

（二）热容量和比热

材料受热时吸收热量，冷却时放出热量的性质，称为热容量，其计算式为

$$Q=cm(T_2-T_1) \tag{1-20}$$

式中　Q——材料吸收或放出的热量，J；

c——材料的比热（亦称热容量系数），J/(g·K)；

m——材料的质量，g；

T_2-T_1——材料受热（或冷却）前后的温度差，K。

比热 c 表示 1kg 材料在温度每改变 1K 时所吸收或放出的热量。

比热 c 与材料的质量 m 的乘积称为热容量值。材料具有较大的热容量值，对室内温度的稳定有良好作用。

对于墙体、屋面等围护结构材料，应采用导热系数小，热容量值大的材料，有助于调节环境的温、湿度，减少热量的损失。几种典型材料的导热系数和比热值见表 1-2。

表 1-2　　几种典型材料的热性质指标

材　料	导热系数 [W/(m·K)]	比热 [J/(g·K)]	材　料	导热系数 [W/(m·K)]	比热 [J/(g·K)]
铜	370	0.38	泡沫塑料	0.03	1.70
钢	58	0.46	水	0.58	4.20
花岗岩	2.90	0.80	冰	2.20	2.05
普通混凝土	1.80	0.88	密闭空气	0.023	1.00
普通黏土砖	0.57	0.84	石膏板	0.30	1.10
松木顺文	0.35	2.50	绝热纤维板	0.05	1.46
松木横纹	0.17				

第二节 材料的力学性质

材料的力学性质是指材料在外力作用下，产生变形和抵抗破坏方面的性质。本节仅限于评价材料的力学性质时所必须的基本知识。

一、材料的强度

(一) 材料的强度

1. 材料在不同荷载下的强度

在外力作用下，材料抵抗破坏的能力称为强度。

材料的强度常以强度极限表示。根据外力作用方式不同，材料强度有抗压、抗拉、抗剪、抗弯强度等，如图 1－4 所示。

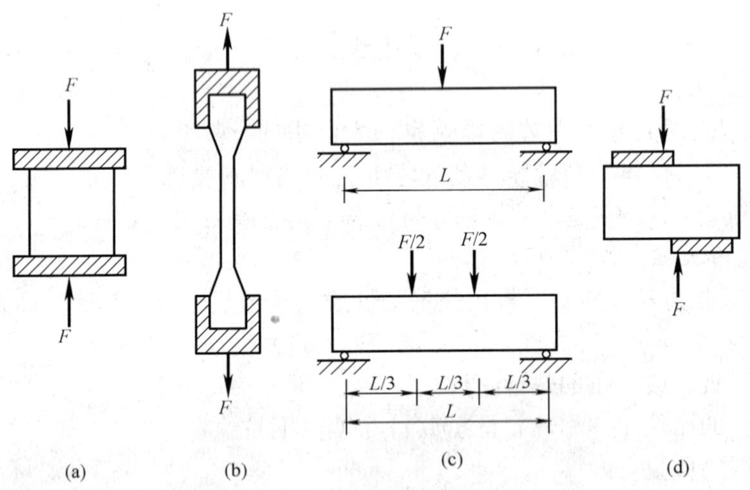

图 1－4 材料所受外力示意图

(a) 压力；(b) 拉力；(c) 弯曲；(d) 剪切

材料在不同荷载（拉伸、弯曲、压缩等）下的强度是通过破坏试验来测定的。

根据破坏荷载可以求出材料的强度极限：抗压强度、抗拉强度或抗弯强度等。

材料的抗压、抗拉、抗剪强度可直接由下式计算

$$f=\frac{F_{max}}{A} \tag{1-21}$$

式中 f——强度极限，MPa；

F_{max}——材料破坏时的最大荷载，N；

A——材料的受力面积，mm^2。

(1) 轴向抗压强度和抗拉强度。

抗压强度 $f_{压}$ 是评定脆性材料（天然石材、混凝土及烧结砖等）强度的基本指标，轴向抗拉强度 $f_{拉}$ 是评定钢材、纤维质材料强度的基本指标，也是其他材料强度指标之一。

(2) 抗弯强度。

抗弯强度测定：取一矩形断面的小梁，置于两个支点上，在小梁中央加一个集中荷载[如图 1－4 (c)]，抗弯强度按下式计算

$$f_{弯}=\frac{3Fl}{2bh^2} \tag{1-22}$$

另外，也可以在梁跨距的三分点上加两个集中荷载［图1-4（c）］直至试件破坏为止，抗弯强度按下式计算

$$f_{弯}=\frac{Fl}{bh^2} \tag{1-23}$$

式中　F——最大荷载，N；

l——支点间的间距，mm；

b，h——试件断面的宽度、高度，mm。

2. 影响材料强度的因素

（1）影响材料强度的主要因素是材料的组成与构造。

不同的材料由于其组成、构造不同，其强度不同；同一种材料即使组成相同，但构造不同，材料的强度也有很大差别。构造越密实、越均匀的材料，其强度越高。

（2）孔隙率与孔隙特征。

材料的孔隙率越大，则强度越小。对于同一品种的材料，其强度与孔隙率之间存在近似直线的反比关系。一般表观密度小的材料，其强度也小。

（3）试件的形状和尺寸。

材料在受压时，立方体试件的强度值要高于棱柱体试件的强度值，相同材料采用较小尺寸试件测得的强度值大于较大尺寸。

（4）加荷速度。

当加荷速度快时，由于试件的变形速度落后于荷载增长的速度，所以测得的强度值偏高，反之，因材料有充足的变形时间，测得的强度值偏低。

（5）试验环境的温度、湿度。

当试件所处的环境温度高、湿度大时，试件会产生体积膨胀，材料内部质点间的作用力减弱，测得的强度值偏低。

（6）受力面状态。

材料受力面的平整度、润滑情况等也会影响强度值。试件表面不平或表面涂润滑剂时，所测强度值偏低。

（二）强度等级

为了掌握材料的力学性质，合理选择材料，常将建筑材料按极限强度（或屈服点）划分为不同的等级即强度等级。如混凝土按其抗压强度标准值划分为C15～C80 14个强度等级；普通水泥按其抗压强度和抗折强度划分为42.5、52.5等4个强度等级；砂浆按抗压强度划分为M2.5～M20 6个等级。强度值是指表示材料力学性能的指标，是材料的极限值，是唯一的。强度等级是根据强度值划分的级别，每一强度等级则包含一系列强度值。某一材料强度等级的确定必须以其极限强度值为依据。

（三）比强度

比强度是用于评价材料是否轻质高强的指标。比强度是指按材料单位体积质量计算的强度指标，其值等于材料的强度与表观密度之比，其数值较大者表明材料轻质高强。几种主要材料的比强度值见表1-3。

表 1-3 几种主要材料的比强度值

材料	表观密度（kg/m^3）	强度值（MPa）	比强度
普通混凝土	2400	40	0.017
低碳钢	7850	420	0.054
松木	500	100	0.200
烧结普通砖	1700	10	0.006

二、弹性和塑性

（一）弹性

材料在外力作用下产生变形，当外力除去后能恢复到原来状态的性质称为弹性，这种变形称为弹性变形。材料在弹性范围内用弹性模量 E 来反映材料抵抗变形的能力，弹性模量是衡量材料抵抗变形能力的一个指标。弹性模量 E 越大，材料在外力作用下越不易变形，弹性模量是结构设计的重要参数。

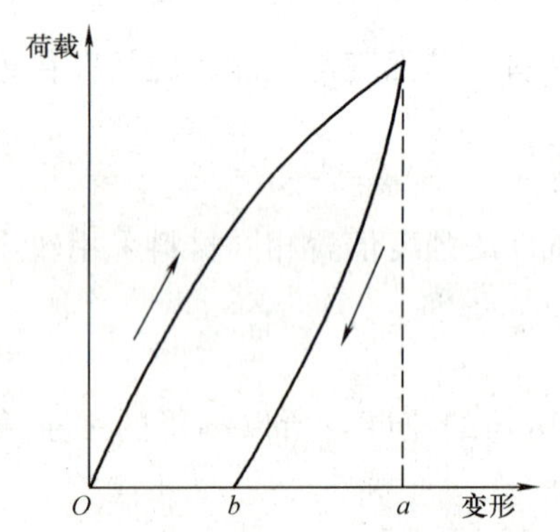

图 1-5 混凝土材料的弹、塑性变形曲线

（二）塑性

材料在外力作用下产生变形，当外力除去后有一部分变形不能自行恢复且不破坏的性质，称为塑性。这种不能恢复的变形称为塑性变形（或不可恢复变形）。

单纯的弹性材料是没有的。大多数材料在受力不大时发生弹性变形；受力超过一定限度后即产生塑性变形。如图 1-5 所示的混凝土材料，在受力时弹性变形和塑性变形同时存在。

弹性变形与塑性变形的区别在于，前者为可逆变形，后者为不可逆变形。

三、脆性和韧性

材料在冲击或动力荷载作用下，能吸收较大的能量而不破坏的性质称为韧性。如钢材、木材、钢筋混凝土、沥青等。在工程中，要求承受冲击和振动荷载作用的结构，如吊车梁、桥梁、路面及有抗震要求的结构都要求所用材料具有较高的韧性。

材料在外力达到一定的程度时，突然发生破坏，并无明显的变形，这种性质称为脆性。如天然石材、陶瓷、砂浆、烧结普通砖、普通混凝土等。一般脆性材料的抗压强度比抗拉强度大得多，但抗冲击、振动的能力很差，所以主要用于承受静压力作用的结构或构件，如柱子、墩座等。

四、硬度、磨损及磨耗

（一）硬度

材料抵抗较硬物体压入的能力，称为材料的硬度。硬度的测定方法有刻划法、回弹法、压入法等。不同材料其硬度测定方法不一样。

刻划法用于测定天然矿物的硬度，如在某石材一平滑面上，用长石刻划不能留下刻痕，而用石英刻划可以留下刻痕（已知长石的莫氏硬度为 6，石英的莫氏硬度为 7），则此石材的莫氏硬度为 7；回弹法用于测定混凝土表面硬度，并间接推算混凝土的强度，也用于测砖、砂浆等的表面硬度；压入法是用较硬物体压入材料表面，通过压痕的面积和压入的深度来测定材料的硬度。钢材、木材的硬度，常用钢球压入法测定。

一般情况下，硬度大的材料耐磨性较强，强度也较高，但不易加工。

（二）耐磨性

材料表面抵抗磨损的能力，称为耐磨性，耐磨性用磨损率表示，其计算式为

$$N=\frac{m_1-m_2}{A} \tag{1-24}$$

式中　N——材料的磨损率，g/cm^2；

m_1，m_2——试件磨损前、后的质量，g；

A——试件磨损的表面积，cm^2。

材料硬度越大，耐磨性也越好。

第三节　材料的耐久性

材料的耐久性是指材料在使用过程中，受到多种因素作用能经久不变质、不破坏，并能保持其原有性能的能力。

材料在使用过程中，除受到各种外力作用外，还要受到环境中各种自然因素的破坏作用。常见的破坏作用有物理作用、化学作用、生物作用。

物理作用包括干湿变化、温度变化、冻融循环等，这些作用会使材料发生体积膨胀或收缩导致内部裂缝的扩展，长久作用后会使材料产生破坏；化学作用包括酸、碱、盐等液体以及有害气体的侵蚀作用；生物作用主要是指材料受到虫蛀、菌类的腐朽作用而产生的破坏。如木材等一类的有机物质材料，常会受到这种破坏作用的影响。

材料的耐久性是材料抵抗多方面因素作用的一种复杂的、综合的性质。它包括抗风化性、抗冻性、抗渗性、抗腐蚀性、耐热性、耐酸性、耐碱性、大气稳定性等各方面的内容。

不同的材料、所处的环境不同对耐久性的要求一般也是不相同的。如矿物质材料砖、混凝土、砂浆等长期暴露在大气中，受到风吹、日晒等的作用，主要表现为抗风化性和抗冻性要好；对于长期处于水中的材料，主要受到环境水的侵蚀作用，要求有较好的抗侵蚀性能；钢材等金属材料在大气、潮湿条件、酸性环境下，主要受化学作用腐蚀；木材、竹材等有机材料常因菌类、虫蛀等生物作用而遭到损坏；沥青、高分子材料在阳光、空气、水的作用下，其性能将会逐渐变差，最后产生龟裂而破坏，这种现象一般称为“老化”。

由上述可知，影响材料耐久性的因素很多，要提高材料的耐久性，应根据材料所处建筑物的部位和使用环境采取相应措施，如下面的措施：

（1）通过对材料处理或者是构造措施来设法减轻外界因素对材料的破坏作用。

（2）选择合适的材料，提高密实度，改变孔隙构造。

（3）在材料表面设置保护层，如覆面、刷涂料等。

耐久性对材料来说是一项长期的综合性质，在使用过程中需要对其进行长期的观察和测定。一般根据使用要求和条件，在实验室进行快速试验，并根据试验结果对耐久性作出

评价。

第四节　材料基本性质实训项目

一、密度测定（李氏瓶法）

（一）实训目的

测定材料在绝对密实状态下单位体积的质量，即密度。密度可以用来计算材料的孔隙率、密实度等。

（二）主要仪器设备

李氏瓶（图1-6）、筛子（孔径0.2mm）、天平（感量0.01g）、烘箱、干燥器、温度计、恒温水槽、漏斗、小勺等。

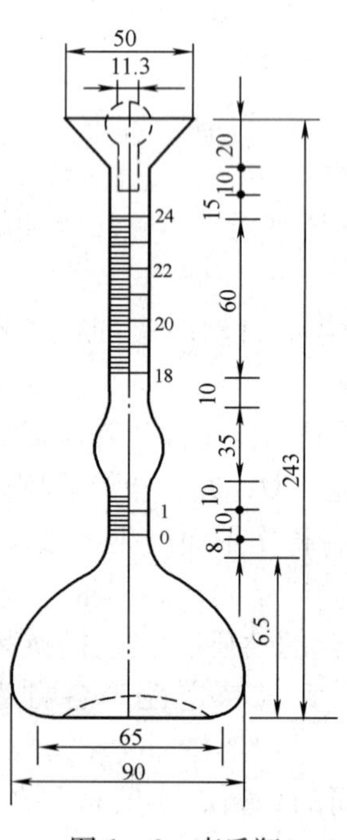

图1-6　李氏瓶

（三）实训步骤

（1）将试样粉碎，研磨，用筛子除去筛余物后放入烘箱中，以100℃±5℃的温度烘干至恒重，再放入干燥器中冷却至室温，以待取用。

（2）在李氏瓶中注入与试样不发生反应的液体至突颈下部的零刻度线以上，将李氏瓶放在温度为20℃±1℃的恒温水槽内，使刻度部分浸入水中，恒温30min，记下李氏瓶读数V_1（准确到0.1mL，下同）。

（3）用天平称取60～90g试样，用小勺和漏斗小心将试样送入李氏瓶内，要防止在李氏瓶喉部发生堵塞，直至液面上升至20mL刻度左右为止。轻轻摇动李氏瓶，排出其中空气，至液体不再发生气泡为止。再放入恒温水槽，在相同温度下恒温30min，记下液面刻度V_2。

（4）称取剩余的试样质量，计算出瓶内的试样质量m。

（四）结果计算

（1）试样密度按下式计算（精确至0.01g/cm^3）：

$$\rho=\frac{m}{V}$$

$$V=V_2-V_1$$

式中　ρ——材料的密度，g/cm^3；

m——装入瓶中试样的质量，g；

V——装入李氏瓶中试样粉末的绝对体积，cm^3，即两次液面读数之差。

（2）以两次试验结果的算术平均值作为测定值，如两次试验结果相差大于0.02g/cm^{3}时，应重新取样进行试验。

二、表观密度（体积密度）测定

（一）实训目的

测定材料在自然状态下单位体积的质量。通过测定体积密度可以计算材料的孔隙率、体积及结构自重，也可以估计材料的强度、导热性、保温性等。

（二）主要仪器设备

天平（感量 0.1g）、游标卡尺（精度 0.1mm）、烘箱、温度计、试件加工设备等。

（三）实训步骤

1. 几何形状规则的材料

（1）将待测试的试样放入烘箱内，以 100℃±5℃的温度烘干至恒重，取出冷却至室温。

（2）用游标卡尺量其尺寸，并计算其体积 V_0（cm^3）。

1）六面体试件，每边应在上、中，下三个位置分别量测，求其平均值 a、b、c，则

$$V_0 = abc \tag{1-25}$$

式中，a、b、c 分别为试件的长、宽、高。

2）圆柱体试件，在圆柱体上、下两个平行切面上及试件腰部，按两个互相垂直的方向量其直径，求 6 次量测的直径平均值 d，再在互相垂直的两直径与圆周交界的四点上量其高度，求四次量测的平均值 h，则

$$V_0 = \frac{\pi d^2}{4}h \tag{1-26}$$

（3）用天平称试样的质量 m（g）。

（4）结果计算，其计算式为

$$\rho_0 = \frac{m}{V_0}$$

式中　m——试件在干燥状态下的质量，g；

V_0——试件在干燥状态下的自然体积，cm^3。

2. 不规则材料

（1）将试件加工成长约为 20～50mm 的试件 5～7 个，放于 105℃±5℃的烘箱里烘干至恒重，并冷却至室温。

（2）取出 1 个试件，称出试件的质量 m，精确至 0.1g（下同）。

（3）将试件置于熔融的石蜡中 1～2s 取出，使试件表明沾上一层蜡膜，厚度不超过 1mm。

（4）称出蜡封试件的质量 m_1(g)。

（5）称出蜡封试件在水中的质量 m_2(g)。

（6）测定石蜡的密度 ρ。

（7）结果计算。

1）表观密度

$$\rho_0 = \frac{m}{\frac{m_2 - m_1}{\rho_W} - \frac{m_1 - m}{\rho}} \tag{1-27}$$

式中　m——试件质量，g；

m_1——蜡封试件的质量，g；

m_2——蜡封试件在水中的质量，g。

2）试件结构均匀者，以三个试件结果的算术平均值作为试验结果，各次结果的误差不得超过 $20kg/cm^3$ 或 $0.02g/cm^3$；如试件结构不均匀，应以 5 个试件结果的算术平均值作为

试验结果，并注明最大、最小值。

三、孔隙率的计算

将已经求出的同一石料的密度和表观密度（用同样的单位表示）代入下式计算得出该石料的孔隙率为

$$P=\frac{\rho-\rho_0}{\rho}\times 100\%$$

式中 P——石料孔隙率,%；

ρ——石料的密度，g/cm^3；

ρ_0——石料的体积密度，g/cm^3。

四、吸水率的测定

（一）主要仪器设备

天平（感量0.1g）、烘箱、干燥器、容器等。

（二）试验步骤

（1）将试件置于烘箱中，以100℃±5℃的温度烘干至恒重。在干燥器中冷却至室温后称其质量m(g)，精确至0.1g（下同）。

（2）将试件放在盛水容器中，在容器底部可放些垫条如玻璃棒使试件底面与盆底不紧贴，使水能够自由进入。

（3）加水至试件高度的1/4处：以后每隔2h分别加水至高度的1/2和3/4处；再隔2h后将水加至高出试件顶面20mm以上，并再放置24h让其自由吸水。这样逐次加水能使试件孔隙中的空气逐渐逸出。

（4）取出试件，用湿纱布擦去表面水分，立即称其质量m_1(g)。

（三）试验结果计算

（1）按下式计算试件吸水率为

$$W_{质}=\frac{m_{吸}-m_{干}}{m_{干}}\times 100\%$$

$$W_{体}=\frac{V_W}{V_0}\times 100\%=\frac{m_{吸}-m_{干}}{m_{干}}\frac{\rho_0}{\rho_W}\times 100\%=W_{质}\rho_0$$

式中 $m_{吸}$——材料吸水饱和时的质量，g；

$m_{干}$——材料干燥状态时的质量，g；

V_W——材料吸水饱和时水的体积，cm^3；

V_0——干燥材料在自然状态时的体积，cm^3；

ρ_0——试件的表观密度，g/cm^3；

ρ_W——水的密度，常温时$\rho_W=1.0g/cm^3$。

（2）取三个试件试验结果的平均值作为测定值。

思 考 题 与 习 题

一、名词解释

1. 材料的空隙率；2. 堆积密度；3. 平衡含水率；4. 材料的韧性。

二、填空题

1. 材料的吸水性用________表示，吸湿性用________表示。

2. 材料的抗冻性以材料在吸水饱和状态下所能抵抗的________来表示。

3. 材料表面容易被水润湿，这种性质称为________。

4. 材料的耐水性用________表示，材料耐水性越好，该值越________。

5. 比强度是衡量材料________性能指标，它等于材料的________与________之比。

三、单项选择题

1. 孔隙率增大，材料的（　　）降低。

A. 密度　B. 表观密度　C. 憎水性　D. 抗冻性

2. 材料在水中吸收水分的性质称为（　　）。

A. 吸水性　B. 吸湿性　C. 耐水性　D. 渗透性

3. 含水率为10%的湿砂220g，其中水的质量为（　　）。

A. 19.8g　B. 22g　C. 20g　D. 20.2g

4. 材料的孔隙率增大时，其性质保持不变的是（　　）。

A. 表观密度　B. 堆积密度　C. 密度　D. 强度

5. 材料的密度是指材料在（　　）下单位体积的质量。

A. 绝对密实状态　B. 自然堆积状态　C. 自然状态　D. 含水饱和状态

6. 材料的吸湿性是指材料在（　　）吸水的性能。

A. 水中　B. 干燥环境　C. 潮湿空气中　D. 任何环境中

7. 弹性模量 E 是衡量材料抵抗变形能力的一个指标，E 越大，材料越（　　）。

A. 容易变形　B. 不易变形　C. 容易恢复变形　D. 不易恢复变形

8. 材质相同的A、B两种材料，已知表观密度 $\rho_{OA}>\rho_{OB}$，则A材料的保温效果比B材料（　　）。

A. 好　B. 差　C. 差不多　D. 无法比

四、多项选择题

1. 下列性质属于材料力学性质的有（　　）。

A. 强度　B. 硬度　C. 弹性　D. 脆性

2. 下列材料中，属于复合材料的是（　　）。

A. 钢筋混凝土　B. 沥青混凝土　C. 建筑石油沥青　D. 建筑塑料

3. 材料的吸水率与含水率之间的关系可能为（　　）。

A. 吸水率小于含水率　B. 吸水率等于含水率

C. 吸水率大于含水率　D. 吸水率既可大于也可小于含水率

4. 相同种类的几种材料进行比较时，一般是表观密度小者，其（　　）。

A. 强度低　B. 强度高　C. 比较密实　D. 孔隙率大

5. 材料的吸水性与（　　）有关。

A. 亲水性　B. 憎水性　C. 孔隙特征　D. 材料自重

E. 材料空隙率的大小

6. 随着材料孔隙率的增大，下列性质将（　　）。

A. 表观密度变小　B. 密度不变　C. 强度降低　D. 吸水率降低

E. 保温隔热效果差

五、是非判断题

1. 同一种材料，其表观密度越大，则其孔隙率越大。 ( )
2. 表观密度是指材料在绝对密实状态下，单位体积的质量。 ( )
3. 材料吸水饱和状态时水占的体积可视为开口孔隙体积。 ( )
4. 材料的抗冻性与材料的孔隙率有关，与孔隙中的水饱和程度无关。 ( )
5. 材料的渗透系数越大，表面材料的渗透的水量越多，抗渗性则越差。 ( )
6. 材料的软化系数越大，材料的耐水性越好。 ( )
7. 在外力作用下材料产生变形，外力取消后变形消失，材料能完全恢复原来形状的性质。 ( )
8. 混凝土、砖、玻璃、石属于脆性材料。 ( )
9. 绝热材料的绝热性能用导热系数表示。该系数越大，绝热性能越好。 ( )
10. 多孔结构的材料，其孔隙率越大，则绝热和吸声性越好。 ( )

六、问答题

1. 生产材料时，在组成一定的情况下，可采取什么措施来提高材料的耐久性？
2. 亲水性材料与憎水性材料的区别是什么？

七、计算题

1. 已知碎石的表观密度为 2.65g/cm^3，堆积密度为 1.50g/cm^3，求 2.5m^3 松散状态的碎石需多少松散体积的砂子填充碎石的空隙？若已知砂子的堆积密度为 1.55g/cm^3，求砂子的重量为多少？

2. 收到含水率 5%的砂子 500t，实为干砂多少吨？若需干砂 500t，应买含水率 5%的砂子多少吨？

第二章　气硬性胶凝材料

教学要求

了解：石灰、石膏、水玻璃原料及生产。

掌握：气硬性胶凝材料的概念，掌握石灰的熟化、陈伏及硬化过程，水玻璃的化学式，水玻璃模数。

应用：建筑石膏的用途，石灰的应用，水玻璃的用途。

重点：建筑石膏、石灰的组成、性质、技术要求与应用。

难点：石膏、石灰和水玻璃的应用。

建筑材料中凡自身经过一系列物理、化学作用后，能将浆体变成坚硬的固体，并能将散粒材料（如砂、石等）或块状材料（如砖、石块等）胶结成一个整体的物质，称为胶凝材料。胶凝材料按其化学组成，可分为有机胶凝材料（亦称矿物胶凝材料，如沥青、树脂等）和无机胶凝材料（如石灰、水泥等）。

无机胶凝材料根据硬化条件又分为气硬性胶凝材料与水硬性胶凝材料两种。气硬性胶凝材料，只能在空气中硬化，并保持或继续提高其强度，如石灰、石膏、镁质胶凝材料及水玻璃等；水硬性胶凝材料，不仅能在空气中硬化而且能更好地在水中硬化，保持并继续提高其强度，如各种水泥。

第一节　石　　灰

石灰是一种古老的建筑材料，由于其原料分布广，生产工艺简单，成本低，使用方便，因此被广泛用于建筑工程。

一、石灰的生产工艺、化学成分与品种

凡是以碳酸钙为主要成分的天然岩石，如石灰岩、白垩、白云质石灰岩、贝壳等，都可用来生产石灰。

将主要成分为碳酸钙的天然岩石，经900～1100℃煅烧而得的块状产品，即为石灰，又称生石灰。生石灰的主要成分是CaO，煅烧时的反应为

$$CaCO_3 \xrightarrow{900\sim1100℃} CaO + CO_2\uparrow \qquad (2-1)$$

为了加快煅烧过程，常使温度高达1000～1100℃。煅烧时温度的高低及分布情况，对石灰质量有很大影响。如温度太低或温度分布不均匀，碳酸钙不能完全分解，则产生欠火石灰；若温度太高，则产生过火石灰。煅烧良好的石灰，质轻色匀，密度为3.2g/cm^3，堆积表观密度介于800～1000kg/m^{3}之间。原料中常含有碳酸镁，故生石灰中尚含有一些MgO。按MgO的多少，生石灰又分为钙质石灰（MgO≤5%）和镁质石灰（MgO>5%）。

根据成品的加工方法的不同，有五种成品。

1. 块状生石灰

由石灰石煅烧成的白色疏松结构的块状物，主要成分为 CaO。

2. 磨细生石灰

由块状生石灰磨细而成，水化时间短，直接加水即可，可以提高工效，但成本较高，不易储存。

3. 消石灰粉

将生石灰用适量的水经消化和干燥而成的粉末，主要成分为 $Ca(OH)_2$，也称为熟石灰。

4. 石灰膏

将消石灰用水（用水量约为生石灰体积的 3～4 倍）消化而成的具有一定稠度的膏状物，主要成分为 $Ca(OH)_2$ 和水。

5. 石灰乳

将消石灰用过量水消化而成的一种乳状液体，主要成分为 $Ca(OH)_2$ 和水，常用于粉刷墙面。

二、石灰的熟化

石灰的熟化又称熟化或消化，是指生石灰与水发生水化反应，生成 $Ca(OH)_2$ 的过程。其反应如下

$$CaO+H_2O \longrightarrow Ca(OH)_2+64.8kJ/mol \tag{2-2}$$

生石灰熟化时放出大量热，散热速度也很快，同时体积增大 1～2.5 倍。

陈伏指当石灰中含有过火生石灰时，它将在石灰浆体硬化以后才发生水化作用，于是会因产生膨胀而引起崩裂或隆起现象。为消除此危害现象，应将熟化的石灰浆在消化池中储存 2 周以上，称为“陈伏”。陈伏期间，石灰膏表面应有一层水，以隔绝空气，防止与 CO_2 作用产生碳化。

但若将生石灰磨细后使用，则不需要“陈伏”。这是因为磨细过程使过火石灰表面积大大增加，与水熟化反应速度加快，几乎可以同步熟化，而且均匀分布在生石灰粉中，不至于引起过火石灰的种种危害。

三、石灰的硬化

石灰浆体在空气中逐渐硬化，其硬化包括以下两个同时进行的过程：

(1) 石灰浆中水分逐渐蒸发，或被周围砌体所吸收，氢氧化钙从饱和溶液中析出结晶，即结晶过程。

(2) 氢氧化钙吸收空气中的二氧化碳，生成碳酸钙并放出水分，即碳化过程。其反应如下

$$Ca(OH)_2+CO_2+nH_2O \longrightarrow CaCO_3+(n+1)H_2O \tag{2-3}$$

碳化作用主要发生在与空气接触的表面，当表层生成致密的碳酸钙薄壳后，不但阻碍二氧化碳继续往深处透入，同时也影响水分的蒸发，因此在砌体的深处，氢氧化钙不能充分碳化，而是进行结晶，所以石灰浆的硬化是一个较缓慢的过程。

由于石灰浆的硬化是由碳化作用及水分的蒸发而引起的，故必须在空气中进行。又由于氢氧化钙能溶于水，故石灰一般不用于与水接触或潮湿环境下的建筑物。

镁质石灰的熟化与硬化均较慢，产浆量较少，但硬化后孔隙率较小，强度较高。

四、石灰的性质

1. 可塑性好、保水性好

生石灰水化为石灰浆时生成的氢氧化钙颗粒极细小，比表面积大，对水的吸附能力强，表面能吸附一层较厚的水膜，因而保水性好，水分不易泌出，并且水膜使颗粒间的摩擦力减小，所以可塑性也好。

2. 硬化缓慢、硬化后强度低

由于石灰浆体在硬化过程中的结晶作用和碳化作用都极为缓慢，故强度低。1∶3 配合比的石灰砂浆 28d 抗压强度一般只有 0.2～0.5MPa。

3. 硬化时体积收缩大

石灰浆体在硬化时要蒸发大量的水分，易引起体积收缩而产生开裂，所以石灰浆不宜单独使用。施工时常掺入一定量的集料，如砂子等。

4. 耐水性差

由于石灰浆体硬化慢，强度低，在石灰硬化体中大部分仍然是尚未碳化的氢氧化钙，其微溶于水，耐水性差，故不宜在潮湿的环境中使用。

五、石灰的应用

石灰在建筑上应用很广，主要用于以下几个方面。

1. 配制石灰乳

由石灰膏稀释成石灰乳，广泛应用于建筑室内墙及天棚等的粉刷。

2. 配制建筑砂浆

由石灰膏、砂、水泥配制而成的混合砂浆，通常用于砌筑墙体和抹灰用；由石灰膏与砂、麻刀、纸筋配制而成的石灰砂浆、石灰麻刀砂浆、石灰纸筋砂浆可用于内墙、天棚的抹面砂浆。

3. 拌制灰土和三合土

消石灰与黏土可配制成灰土，再加入砂子可配成三合土，经过夯实之后，具有一定的强度和耐水性，可用于建筑物的基础和垫层，也可用于小型水利工程。三合土或灰土可就地取材，施工技术简单，成本低，具有很大的使用价值。

4. 生产硅酸盐制品，

以石灰（生石灰粉或消石灰粉）与矿渣、炉渣、粉煤灰等硅质材料为原料，加水拌和，经成型，蒸压、蒸汽处理等工序得到的制品，称为硅酸盐制品。

5. 制作碳化石灰板

将生石灰粉、纤维状填料或轻质骨料和水按一定比例搅拌成型后，经人工碳化，可制成轻质的碳化石灰板。为减轻自重、提高碳化效果，可制成空心板，如石灰空心板。该制品的导热系数小，保温隔热性能好，主要用作隔墙板、天花板等。

第二节 石　　膏

石膏是一种重要的非金属矿产资源，自然界中蕴藏量十分丰富，用途广泛。1995 年我国石膏产量第一次超过美国，跃居世界第一石膏生产大国。随着我国经济建设的发展，石膏已被国家列入重点发展的非金属矿产业之一。石膏已不仅仅是水泥工业配套的原料，在我国墙体材料改革中，石膏建筑制品作为新型内墙材料的主导产品，起着举足轻重的作用。

一、石膏原料及其脱水相

（一）石膏原料

天然石膏矿物是海水蒸发盐度增高后，硫酸钙结晶沉积而成二水石膏，在埋藏过程中因温度、压力升高，石膏脱水转变为硬石膏，或称无水石膏，由于地质构造运动，深部的硬石膏可抬升到浅部地带，在地表水和地下水的淋滤作用下，又形成二水石膏。所以石膏、硬石膏常伴生产出又互相转化。

天然石膏按结构状态可分为：纤维石膏、普通石膏、雪花石膏、透明石膏、土石膏。

工业副产石膏也称化学石膏，是指工业生产中由化学反应生成的以硫酸钙（含零至两个结晶水）为主要成分的副产品或废渣。磷肥生产出的副产石膏简称磷石膏；燃煤锅炉烟道气用石灰或石灰石湿法脱硫产生的废渣称脱硫石膏；萤石用硫酸分解制氟化氢产出的废渣称氟石膏；发酵法制柠檬酸产出的废渣称柠檬石膏等。

工业副产石膏是一种非常好的再生资源，综合利用工业副产石膏，既有利于保护环境，又能节约能源和资源，符合我国可持续发展战略。

（二）石膏脱水相

从热力学来说，石膏及其脱水产物均是 $CaSO_4$—H_2O 系统中的一个相（phase），它们在特定条件下同处于 $CaSO_4$—H_2O 的平衡系统中。对此系统中的相已进行了长期的研究，目前比较公认的有 5 个相，7 个变体。它们是二水石膏、α 型与 β 型半水石膏、α 型与 β 型硬石膏Ⅲ、硬石膏Ⅱ、硬石膏Ⅰ。

1. 二水石膏（$CaSO_4 \cdot 2H_2O$）

二水石膏又称石膏或生石膏，是自然界中稳定存在的一个相。多数工业副产石膏也是二水石膏，均归属此类。它既是脱水相的原始材料，又是脱水相再水化的最终产物，这种最终产物又称为再生石膏。

2. 半水石膏$\left(CaSO_4 \cdot \frac{1}{2}H_2O\right)$

根据脱水条件不同分为 α 型半水石膏与 β 型半水石膏两个变体。当二水石膏在饱和水蒸气条件或在酸、盐的水溶液中加热脱水，即形成 α 型半水石膏；如果在干燥缺水环境中加热脱水则形成 β 型半水石膏。α 型半水石膏又称为高强石膏，β 型半水石膏又称为建筑石膏。

3. 硬石膏Ⅲ（Ⅲ$CaSO_4$）

硬石膏Ⅲ也称可溶性硬石膏。一般也分为 α 型与 β 型两个变体，它们分别由 α 型半水石膏与 β 型半水石膏脱水而形成。Ⅲ型硬石膏水化速度特快，能吸附空气中的水分而转变成半水石膏。

4. 硬石膏Ⅱ（Ⅱ$CaSO_4$）

硬石膏Ⅱ又称 β 硬石膏，或称不溶性硬石膏。它是二水石膏、半水石膏和硬石膏Ⅲ经高温脱水后在常温下稳定的最终产物。在自然界中稳定存在的天然硬石膏也属此类。

5. 硬石膏Ⅰ（Ⅰ$CaSO_4$）

硬石膏Ⅰ也称 α 硬石膏，是一种在 1180℃以上高温条件下才能存在的相，低于该温度又转变成硬石膏Ⅱ。

（三）石膏的煅烧脱水温度

石膏的脱水转变温度也称相变点，它与脱水条件有密切关系，因测试方法和条件各不相同，得到的结果也不完全相同，其理论值与实际工业生产的差距就更大。

二水石膏在干燥空气条件下脱水生成β-半水石膏的理论温度是45℃，工业生产上实际使用的温度在120～180℃；210～310℃生成β-硬石膏Ⅲ；360～1180℃生成硬石膏Ⅱ。

二水石膏在饱和水蒸气或水溶液中脱水形成α-半水石膏，理论温度是97℃，工业生产上实际使用的温度在105～160℃；220℃左右则生成α-硬石膏Ⅲ；360℃以上生成硬石膏Ⅱ。

（四）石膏脱水相的水化与凝结硬化

二水石膏脱水形成的半水石膏、硬石膏Ⅲ和硬石膏Ⅱ遇水后即可水化与凝结硬化，这是石膏胶凝材料所具有的宝贵性质。所谓水化即石膏胶结料与水所起的化合作用，也就是石膏脱水相与水化合重新变为二水石膏的反应；凝结硬化则是脱水相的水化物凝聚、结晶获得力学强度的过程。一般来说，水化是凝结硬化的前提，没有水化就不可能有凝结硬化。

不同温度下的脱水相，其水化与凝结硬化的速度是不相同的，它在很大程度上取决于脱水的温度、煅烧的时间和石膏产品的细度。半水石膏有很强的水化活性，一般在5～8min即开始水化结晶，30min基本上水化成二水石膏2h全部水化成二水石膏，形成结晶网络状硬化体。硬石膏Ⅲ的水化特快，遇水立即转变成半水石膏，接着转变成二水石膏，因标准需水量大，其强度很低。硬石膏Ⅱ的活性较低，随煅烧温度不同，其水化反应能力也有较大差别。天然硬石膏的晶体结构与硬石膏Ⅱ相同，但在水化性能上却有明显差异，这与硬石膏Ⅱ形成时留下的晶格缺陷、微孔结构和表面状态有密切关系。不经活化处理的天然硬石膏，其水化与硬化过程是十分缓慢的，几乎不具有实用价值。

对上述脱水相的水化与凝结硬化过程中的问题，已有多种机理可以解释。目前归纳起来主要有两种理论影响较大：一是溶解析晶理论；二是胶体理论。但结晶理论得到比较普遍的承认。按溶解析晶理论，半水石膏与水混合后，首先是半水石膏在水中溶解形成亚稳定的饱和溶液（20℃时半水石膏溶解度约为8g/L），这时对二水石膏的溶解度（20℃约为2g/L）来说，已是高度过饱和了，因此二水石膏从过饱和溶液中析晶。由于二水石膏的析出，便破坏了原有半水石膏溶解平衡状态，这时半水石膏进一步溶解，以补偿二水石膏析晶所减少的硫酸钙含量。如此不断地进行半水石膏的溶解和二水石膏的析晶，直到半水石膏完全水化为止。

二、建筑石膏及石膏建筑制品

建筑石膏是以β-半水石膏$\left(\beta CaSO_4 \cdot \frac{1}{2}H_2O\right)$为主要成分，不预加任何外加剂的粉状胶结料，主要用于制作石膏建筑制品。

建筑石膏也称熟石膏，它是二水石膏在120～180℃的干燥空气介质中煅烧脱水而成。可用来生产纸面石膏板、纤维石膏板、天花板、装饰吸音板、石膏砌块、石膏条板；配制粉刷石膏、石膏砂浆、石膏腻子等，是一种在建筑工程上应用广泛的建筑材料。

（一）建筑石膏的制备

建筑石膏的生产工艺是对天然二水石膏矿石，经过破碎、粉磨、煅烧和陈化；对化学石膏可以进行煅烧和陈化即可，如有些化学石膏含有害杂质较多，影响产品质量时，则需要进行水洗、脱水等预处理工序。

煅烧是建筑石膏最重要的工序，决定产量和质量，常用的煅烧设备有普通炒锅、自动化炒锅、回转窑、沸腾炉、气流煅烧磨等。

陈化是将新煅烧的熟石膏进行一段时间的储存或湿热处理，工艺虽很简单，但对提高建筑石膏产品质量却很重要。刚煅烧完的熟石膏会含有一定量的可溶性无水石膏和少量的二水石膏，物相组成不稳定，水化活性较高，从而出现凝结时间快，标准稠度需水量大，强度低等现象。陈化与一般储存的概念不一样，陈化是指熟石膏的均化，在陈化过程中，熟石膏内部要发生以下两种类型的相变，即

（1）可溶性无水石膏Ⅲ吸收水分转变成半水石膏。

（2）残存的二水石膏继续脱水转变成半水石膏。

（二）建筑石膏及石膏建筑制品的特性

（1）建筑石膏凝结硬化快。初凝时间不小于 6min，终凝时间不大于 30min，2h 完全硬化。

（2）建筑石膏制品的孔隙率大，吸水率也大，抗压强度偏低。

（3）石膏建筑制品的隔热保温和隔音吸声性能良好，但耐水性较差。其导热系数一般为 0.12～0.20W/(m·K)，软化系数为 0.3～0.45。

（4）石膏建筑制品具有良好的防火性能。建筑石膏硬化后生成二水石膏，当其遇火时能脱出其两个结晶水，在制品表面形成水蒸气膜，有效地延长墙体升温速度，赢得宝贵的疏散人员和灭火时间。

（5）石膏建筑制品具有特殊的“呼吸”功能。石膏建筑制品本身存在大量微孔结构，在自然环境中能够不断吸湿与解潮，其质量随环境温湿度变化而变化，维持着动态平衡。这种“呼吸”功能的最大特点，是能够自动调节居住环境的湿度，创造一个舒适的局部小气候。

（6）石膏建筑制品装饰性好，石膏硬化时体积有微膨胀性，其膨胀值在 0.05%～0.15%，这种微膨胀性使建筑制品表面光滑平整不开裂。

（7）石膏建筑制品的可施工性能好，可锯、可刨、可贴、可钉，施工与安装灵活方便。

三、高强石膏

高强石膏指 α 型半水石膏$\left(\alpha CaSO_4 \cdot \frac{1}{2}H_2O\right)$中结晶形态比较粗大的石膏。其晶体的长径比较小，晶体长径比在 1～5 之间强度最高，如图 2－1 所示，长径比越大，强度越低。如 α 型半水石膏的结晶形貌为针状或纤维状，如图 2－2 所示，其抗压强度还不如 β 型半水石膏。一般高强石膏的干抗压强度在 25～80MPa，超高强石膏的干抗压强度已超过 100MPa。

图 2－1 α 型半水石膏短柱状晶体（高强石膏）电镜相片

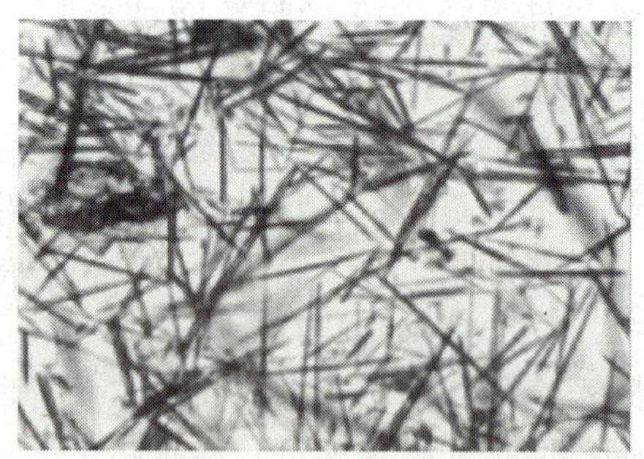

图 2－2 α 型半水石膏针状晶体（强度低）

α 型半水石膏的制备方法有两种：一种是在饱和水蒸气介质中脱水，称蒸压法；另一种是在水溶液中脱水，称水热法。水热法又可分为常压法和高压法两种：常压水热法是将粉末状二水石膏在常压（一个大气压）条件下的某些酸或盐类的水溶液中加热制取 α 型半水石膏，该法目前尚无工业生产应用。高压水热法也称动态水热法，是将磨细的二水石膏或化学石膏加入少量的晶形改良剂（也称转晶剂）制成 20％～50％悬浮液体，在带有搅拌装置的高压釜中，边搅拌边加热（120～160℃）制取 α 型半水石膏，再经过滤、干燥、粉磨即得高强石膏粉。

块状二水石膏、化学石膏用蒸压法制成。化学石膏需预先压制成块状，蒸压脱水后经干燥、粉磨即得高强石膏粉，其干抗压强度在 25～50MPa；动态水热法制取的高强石膏干抗压强度在 40～100MPa。

α 型高强石膏广泛应用于医学、航空、船舶、汽车、精密铸造、塑料、陶瓷、建筑艺术和工艺美术等领域，制作模型获得显著效果。

四、硬石膏

硬石膏又称无水石膏，有天然和人工制取的两种，后者是指由石膏或化学石膏经煅烧而成的硬石膏Ⅱ，具有一定活性，而天然硬石膏水化及凝结硬化极慢，甚至没有强度，因此用天然硬石膏制作胶凝材料时，必须经过活化处理才能具有胶结能力。所谓活化处理，就是为了提高硬石膏水化和凝结硬化能力所采取的措施。其方法可分为三类，即物理活化、化学活化和物理—化学相结合的方法。

物理活化方法常采用热处理和磨细的方法，煅烧增加晶格畸变和缺陷，粉磨提高比表面积，改善表面性能，以达到提高其水化活性，加快硬化过程。

化学活化方法是在硬石膏中掺入不同的酸、碱、盐等化学物质来激发硬石膏的活性，以提高硬石膏水化与硬化能力，这种方法效果比较明显。

目前，可使用的激发剂很多，根据其化学性质不同，分为两大类。

1. 硫酸盐类激发剂（也称酸性激发剂）

如 K_2SO_4、Na_2SO_4、$NaHSO_4$、$KHSO_4$、$Al_2(SO_4)_3$ 等，该类激发剂的作用机理，因符合催化反应理论，所以也称催化剂。

2. 碱性激发剂

如石灰、水泥、碱性矿渣、煅烧白云石、苛性钠等。

硬石膏胶结料也称硬石膏水泥，是硬石膏掺入活化剂经粉磨而成。硬石膏水泥的配合比根据用途不同，变化范围较宽。某单位使用的硬石膏水泥的配合比如下：

硬石膏：磨细矿粉：水泥：明矾石：硫酸盐＝60：30：6：3：1

该硬石膏水泥的凝结时间为 4h，28d 抗压强度为 32MPa，软化系数 0.80，可生产建筑砌块，抹灰砂浆等。

第三节 水 玻 璃

水玻璃俗称泡花碱，是一种水溶性的硅酸盐，由碱金属氧化物和二氧化硅结合而成，属于可溶性硅酸盐。如硅酸钠（$Na_2O \cdot nSiO_2$）、硅酸钾（$K2O \cdot nSiO_2$）等。

一、水玻璃的生产

建筑上常使用的水玻璃是硅酸钠的水溶液，为无色、青绿色或棕色黏稠液体。其制造方法是将石英砂粉或石英岩粉加入 Na_2CO_3 或 Na_2SO_4，在玻璃炉内以 1300～1400℃温度熔化，冷却后即成固态水玻璃。然后在（0.3～0.8）MPa 压力的蒸压锅内加热，将其溶解成液态水玻璃。它是一种胶质溶液，无色透明，具有胶结能力。

水玻璃中 SiO_2 和 Na_2O 的分子数比值 n 称为水玻璃硅酸盐模数，即 $n=SiO_2/Na_2O$，其大小决定水玻璃的品质及其应用性能。n 值越大，水玻璃中胶体组分越多，水玻璃的黏性越大，越难溶于水，但却容易分解硬化，黏结能力较强。建筑工程中常用水玻璃的 n 值一般在 2.5～3.5 之间。相同模数的液态水玻璃，其密度较大（即浓度较稠）者，则黏性较大，黏结性能较好。工程中常用的水玻璃密度为 1.3～1.48g/cm^3。

二、水玻璃的硬化

水玻璃在空气中与二氧化碳作用，析出无定形二氧化硅凝胶，并逐渐干燥而硬化，其反应式为

$$Na_2O \cdot nSiO_2 + CO_2 + mH_2O \longrightarrow Na_2CO_3 + nSiO_2 \cdot mH_2O \qquad (2-4)$$

由于空气中的 CO_2 含量有限，上述硬化过程进行得很慢，为加速此硬化过程，常加入促硬剂氟硅酸钠（Na_2SiF_6），以促使二氧化硅凝胶加速析出，加快水玻璃的凝结硬化。其反应式为

$$2(Na_2O \cdot nSiO_2) + Na_2SiF_6 + mH_2O \longrightarrow 6NaF + (2n+1)SiO_2 \cdot mH_2O \qquad (2-5)$$

氟硅酸钠的适宜掺用量为水玻璃质量的 12%～15%，掺量过少，硬化速度慢，强度低，而且未反应的水玻璃易溶于水，导致耐水性差；掺量过多会造成凝结硬化过快，造成施工困难。氟硅酸钠有一定的毒性，操作时，应注意安全。

三、水玻璃的特性和用途

1. 较强的耐腐蚀性

水玻璃能抵抗大多数无机酸（氢氟酸除外）的作用，故常与耐酸填料和骨料配制耐酸砂浆和耐酸混凝土。

2. 良好的耐热性能

在高温 1200℃下，强度不降低，可用于配制耐热砂浆和耐热混凝土。

3. 良好的抗风化性能

将水玻璃溶液涂刷于混凝土、砖、石、硅酸盐制品等材料的表面，使其渗入材料的缝隙中，可以提高材料的密实性和抗风化性。但不能用水玻璃涂刷石膏制品，因硅酸钠能与硫酸钙反应生成硫酸钠，结晶时体积膨胀，使制品破坏。

4. 加固土壤和地基

水玻璃与 $CaCl_2$ 溶液交替注入土壤中，反应析出硅酸胶体，胶结土壤，填充空隙，可阻止水分的渗透，提高土壤密实度和强度。

5. 配制速凝防水剂

水玻璃可与多种矾配制成速凝防水剂，用于堵漏抢修等。

思考题与习题

一、名词解释

1. 胶凝材料；2. 气硬性胶凝材料；3. 水硬性胶凝材料；4. 生石灰；5. 建筑石膏；6. 石

灰陈伏。

二、填空题

1. 建筑石膏的化学成分是________，高强石膏的化学成分是________，生石膏的化学成分________。

2. 生石灰的熟化是指________。熟化的特点是________、________。

3. 生石灰按照煅烧程度不同可分为________、________和________；按照 MgO 含量不同分为________、________。

4. 水玻璃的凝结硬化快，为了加速硬化，需加入________，作为促硬剂，适宜掺量为________。

三、单项选择题

1. 建筑石膏的主要化学成分是（　　）。

A. $CaSO_4 \cdot 2H_2O$　　B. $CaSO_4 \cdot \frac{1}{2}H_2O$

C. $CaSO_4$　　D. CaO

2. 为了保持石灰的质量，应使石灰储存在（　　）。

A. 潮湿的空气中　B. 干燥的环境中　C. 水中　D. 蒸汽的环境中

3. 石膏硬化过程中体积发生（　　）。

A. 微小收缩　B. 膨胀　C. 较大收缩　D. 没有变化

4. 石灰在熟化过程中（　　）。

A. 体积明显缩小　　B. 放出大量的热

C. 体积膨胀　　D. 与 $Ca(OH)_2$ 作用生成 $CaCO_3$

5. 为了消除过火石灰的危害，必须将石灰浆在储存坑中放置 2 周以上的时间，称为（　　）。

A. 碳化　B. 水化　C. 硬化　D. 陈伏

四、多项选择题

1. 建筑石膏具的特性（　　）。

A. 不溶于水　　B. 硬化时体积微膨胀

C. 凝结硬化快　　D. 防火性能好

E. 硬化以碳化作用为主

2. 下列材料中属于气硬性胶凝材料的是（　　）。

A. 水泥　B. 石灰　C. 石膏　D. 混凝土

E. 粉煤灰

3. 石灰的硬化过程包括（　　）过程。

A. 水化　B. 干燥　C. 结晶　D. 碳化

E. 固化

五、是非判断题

1. 建筑石膏最突出的技术性质是凝结硬化快，且在凝结硬化时体积略有膨胀。（　　）

2. 石灰陈伏是为了降低熟化时的放热量。（　　）

3. 生石灰在空气中受潮，消解为消石灰，并不影响使用。（　　）

4. 水玻璃硬化后耐水性好，因此可以涂刷在石膏制品的表面，以提高石膏制品的耐久性。 ( )

5. 水玻璃的模数 n 值越大，则其在水中的溶解度越大。 ( )

六、问答题

1. 气硬性胶凝材料与水硬性胶凝材料有何区别？
2. 建筑石膏是如何生产的？其主要化学成分是什么？
3. 石膏制品有哪些特点？建筑石膏可用于哪些方面？
4. 简述石灰的消化和硬化过程及特点。
5. 什么是欠烧石灰和过烧石灰？各有何特点？
6. 何谓陈伏？石灰在使用前为什么要进行陈伏？
7. 石灰的用途如何？在储存保管时需注意什么？
8. 水玻璃的性质是怎样的？有何用途？

第三章 水 泥

教学要求

了解：水泥熟料的矿物组成及水泥凝结硬化过程对水泥硬化体结构、性能的影响。

掌握：水泥的种类，水泥的性能特点，主要水泥的特性及使用范围，如何选用水泥。

应用：水泥的特性及不同工程的选用。

重点：不同工程对水泥的选用。

难点：水灰比对水泥性能的影响。

水泥是一种粉末状无机胶凝材料，加水拌和成塑性浆体后经物理化学作用可变成坚硬的石状体，并能将砂、石等材料胶结成为整体。水泥属于水硬性胶凝材料。

水泥的品种很多，可从不同的角度进行分类：

(1) 按化学成分分类：硅酸盐水泥、铝酸盐水泥、硫铝酸盐水泥、氟铝酸盐水泥等。

(2) 按用途分类：通用水泥、专用水泥、特种水泥。

通用水泥是指大量应用于一般土木工程的水泥，主要包括硅酸盐水泥、普通硅酸盐水泥、矿渣硅酸盐水泥、粉煤灰水泥、火山灰水泥、复合硅酸盐水泥等。

专用水泥是指有专门用途的水泥，如中、低热水泥，道路水泥，砌筑水泥等。

特种水泥是指有某种特殊性能的水泥，如快硬硅酸盐水泥、抗硫酸盐水泥、膨胀水泥等。

我国水泥产量的90%左右属于硅酸盐系列水泥。

第一节 硅 酸 盐 水 泥

一、硅酸盐水泥的定义、类型及代号

(一) 硅酸盐水泥的定义

凡由硅酸盐水泥熟料、0～5%石灰石或粒化高炉矿渣、适量的石膏磨细制成的水硬性胶凝材料，称为硅酸盐水泥[国外通称的波特兰水泥(Portland cement)]。

(二) 硅酸盐水泥类型及代号

Ⅰ型硅酸盐水泥：不掺混合材料的硅酸盐水泥，代号P·Ⅰ。

Ⅱ型硅酸盐水泥：粉磨时掺加不超过水泥质量5%的石灰石或粒化高炉矿渣混合材料，代号P·Ⅱ。硅酸盐水泥分42.5、42.5R、52.5、52.5R、62.5、62.5R 6个强度等级。

二、硅酸盐水泥的生产

(一) 原料

(1) 石灰质原料：主要提供CaO。采用石灰岩(石灰石)、凝灰岩和贝壳等。

(2) 黏土质原料：主要SiO_2、Al_2O_3及Fe_2O_3。采用黏土、黄土、页岩、泥岩、粉砂岩及河泥等。

(3) 辅助原料：铁矿粉等。

(二) 生产过程

目前，常把硅酸盐水泥的生产技术简称为“两磨一烧”，其生产工艺如图 3－1 所示。

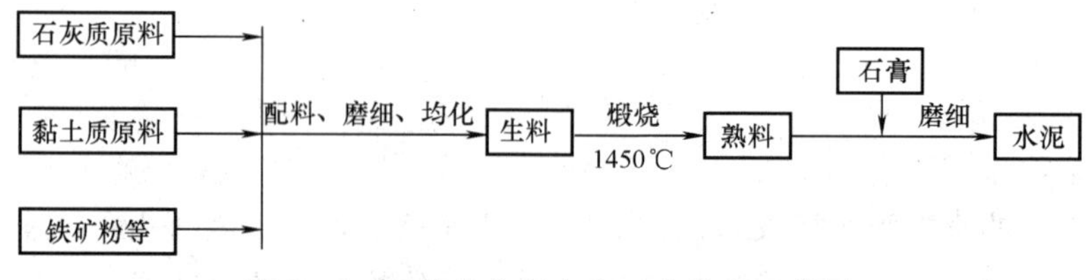

图 3－1 硅酸盐水泥生产工艺流程示意图

(三) 生料

CaO：62%～67%；

SiO_2：20%～24%；

Al_2O_3：4%～7%；

Fe_2O_3：2.5%～6.0%。

生料在窑内经历过程：干燥⟶预热⟶分解⟶烧成⟶冷却。

三、硅酸盐水泥熟料的矿物组成

(一) 主要成分

生料在水泥窑中经过煅烧之后主要生成以下四种熟料矿物，分别为：

硅酸三钙 $3CaO \cdot SiO_2$（简写为 C_3S），含量为 37%～60%；

硅酸二钙 $2CaO \cdot SiO_2$（简写为 C_2S），含量为 15%～37%；

铝酸三钙 $3CaO \cdot Al_2O_3$（简写为 C_3A），含量为 7%～15%；

铁铝酸四钙 $4CaO \cdot Al_2O_3 \cdot Fe_2O_3$（简写为 C_4AF），含量为 10%～18%。

上述四种矿物中硅酸钙矿物（包含 C_3S 和 C_2S）是主要的，其含量占 70%～85%。各种矿物单独与水作用时所表现出的特性见表 3－1。

表 3－1 硅酸盐水泥熟料主要矿物的特性

性能指标		熟料矿物			
		C_3S	C_2S	C_3A	C_4AF
水化速率		快	慢	最快	快，仅次于 C_3A
凝结硬化速率		快	慢	快	快
放热量		多	少	最多	中
强度	早期	高	早期低，后期高	低	低
	后期	高	高	低	低

水泥熟料是由各种不同特性的矿物所组成的混合物。因此，改变熟料矿物成分之间的比例，水泥的性质会发生相应的变化。

(二) 其他成分

游离 CaO、MgO 及 SO_3，其含量过高将造成水泥安定性不良；碱矿物及玻璃体等，其中的 Na_2O 和 K_2O 含量较高时，遇到活性骨料时，易产生碱—骨料反应，影响混凝土的质量。

（三）石膏

水泥中掺入石膏，主要作用是调节水泥凝结硬化的速度。适量的石膏能在水泥水化过程中与水化铝酸钙生成一定数量的水化硫铝酸钙晶体填充在水泥石的孔隙中，从而增加水泥石的致密性，有利于提高水泥的强度，尤其是早期强度。如不掺入少量石膏，水泥浆可在很短时间内迅速凝结。如果石膏的掺量过多会与水化铝酸钙继续反应生成钙矾石，体积膨胀，使水泥的强度降低，严重时还会造成安定性不良，因此要严格控制石膏的掺量。

四、硅酸盐水泥的水化与凝结硬化

（一）硅酸盐水泥的水化

硅酸盐水泥与水拌和后，熟料颗粒表面的四种矿物立即与水发生水化反应，生成五种水化产物：水化硅酸钙和水化铁酸钙凝胶，氢氧化钙、水化铝酸钙、水化硫铝酸钙晶体。其中，水化硅酸钙凝胶约占50%，氢氧化钙晶体约占20%。水泥早期强度增长快，后期强度增长缓慢，若温度和湿度适宜，其强度在几年或十几年后仍可缓慢增长。水泥熟料与水发生的反应如下

$$2(3CaO\cdot SiO_2)+6H_2O\longrightarrow 3CaO\cdot 2SiO_2\cdot 3H_2O+3Ca(OH)_2 \quad (3-1)$$

硅酸三钙　　水化硅酸钙　　氢氧化钙

$$2(2CaO\cdot SiO_2)+4H_2O\longrightarrow 3CaO\cdot 2SiO_2\cdot 3H_2O+Ca(OH)_2 \quad (3-2)$$

硅酸二钙　　水化硅酸钙　　氢氧化钙

$$3CaO\cdot Al_2O_3+6H_2O\longrightarrow 3CaO\cdot Al_2O_3\cdot 6H_2O \quad (3-3)$$

铝酸三钙　　水化铝酸三钙

$$4CaO\cdot Al_2O_3\cdot Fe_2O_3+7H_2O\longrightarrow 3CaO\cdot Al_2O_3\cdot 6H_2O+CaO\cdot Fe_2O_3\cdot H_2O \quad (3-4)$$

铁铝酸四钙　　水化铝酸三钙　　水化铁酸一钙

$$3CaO\cdot Al_2O_3\cdot 6H_2O+CaSO_4\longrightarrow 3CaO\cdot Al_2O_3\cdot 3CaSO_4\cdot 32H_2O \quad (3-5)$$

$$(或\ 3CaO\cdot Al_2O_3\cdot CaSO_4\cdot 12H_2O)$$

水化铝酸钙　　石膏　　多硫型水化硫铝酸钙（Aft 相）

[或单硫型水化硫铝酸钙（Afm 相）]

由上可知，所得主要水化产物（在完全水化的水泥石中）为

（1）水化硅酸钙凝胶：70%（是水泥石形成强度的最主要化合物）。

（2）氢氧化钙晶体：20%。

（3）水化铝酸钙：3%。

（4）多硫型水化硫铝酸钙晶体（也称钙矾石）：7%。

水化反应为放热反应，其放出的热量称为水化热。其水化热大，放热的周期也较长，但大部分（50%以上）热量是在3d以内，特别是在水泥浆发生凝结、硬化的初期放出。

（二）硅酸盐水泥的凝结硬化

水泥的凝结硬化过程是很复杂的物理化学过程。下面仅作简单介绍。

（1）水泥加水拌和后，未水化的水泥颗粒分散在水中，成为水泥浆体。

（2）水泥表面开始与水发生化学反应，逐渐形成水化物膜层。

（3）随着水泥颗粒不断水化，凝胶体膜层不断增厚而破裂，并继续扩展，在水泥颗粒之间形成网状结构，水泥浆体逐渐变稠，黏度不断增高，失去塑性，这就是水泥的凝结过程。

（4）随着水化的不断进行，水化产物不断生成并填充颗粒之间空隙，毛细孔越来越少，

使结构更加密实，水泥浆体逐渐产生强度而进入硬化阶段。

（三）影响硅酸盐水泥凝结硬化的主要因素

1. 熟料矿物组成的影响

硅酸盐水泥熟料矿物组成是影响水泥的水化速度、凝结硬化过程及强度等的主要因素。

硅酸三钙（C_3S），硅酸二钙（C_2S），铝酸三钙（C_3A），铁铝酸四钙（C_4AF），四种主要熟料矿物中，C_3S是决定性因素，是强度的主要来源。

改变熟料中矿物组成的相对含量，即可配制成具有不同特性的硅酸盐水泥。提高C_3S的含量，可制得快硬高强水泥；减少C_3A和C_3S的含量，提高C_2S的含量，可制得水化热低的低热水泥；降低C_3A的含量，适当提高C_4AF的含量，可制得耐硫酸盐水泥。

2. 水泥细度的影响

水泥的细度即水泥颗粒的粗细程度。水泥越细，与水接触的面积就越大，凝结速度越快，早期强度越高。但水泥过细时，易与空气中的水分及二氧化碳反应而降低活性，并且硬化时收缩也较大，且磨细的成本高。因此，水泥的细度应适当，硅酸盐水泥的细度测定采用比表面积法，比表面积应大于300m^2/kg。

3. 石膏的掺量

水泥中掺入石膏，可调节水泥凝结硬化的速度。掺入少量石膏，可延缓水泥浆体的凝结硬化速度，但石膏掺量不能过多，石膏掺量过多时，水泥硬化后过量的石膏还会继续与已固化的水化铝酸钙作用，生成钙矾石，体积增大1.5倍，引起水泥安定性不良。一般掺量约占水泥质量的3%～5%，具体掺量需通过试验确定。

4. 养护湿度和温度的影响

（1）湿度——应保持潮湿状态，保证水泥水化所需的化学用水。混凝土在浇筑后2～3周内必须加强洒水养护。

（2）温度——提高温度可以加速水化反应。如采用蒸汽养护和蒸压养护。冬期施工时，必须采取保温措施。

5. 养护龄期的影响

水泥水化硬化是一个较长时期不断进行的过程，随着龄期的增长水泥石的强度逐渐提高。水泥在3～14d内强度增长较快，28d后增长缓慢。水泥强度的增长可延续几年，甚至几十年。

五、硅酸盐水泥的技术性质

（一）密度、堆积密度、细度

硅酸盐水泥的密度主要取决于其熟料矿物组成，一般为3.05～3.20g/cm^3。堆积密度主要取决于堆积时的紧密程度。在混凝土配合比设计时，通常采用1300kg/m^3。硅酸盐水泥的细度一般不小于300m^2/kg，凡细度不符合规定者为不合格品。

（二）标准稠度用水量

标准稠度用水量是指拌制水泥净浆时为达到标准稠度所需的用水量，以水与水泥质量之比的百分数表示，不同的水泥品种，水泥的标准稠度用水量各不相同，一般在24%～33%之间。

（三）凝结时间

凝结时间是指水泥从加水开始到失去流动性所需的时间，分为初凝时间和终凝时间。

初凝时间为从水泥加水拌和起至水泥浆开始失去可塑性所需的时间。

终凝时间为从水泥开始加水拌和起至水泥浆完全失去可塑性并开始产生强度所需的时间。

水泥的初凝时间不宜过早，以便在施工时有足够的时间完成混凝土的搅拌、运输、浇捣和砌筑等操作；水泥的终凝时间不宜过迟，以免拖延施工工期。国家标准规定：硅酸盐水泥初凝时间不得早于45min，终凝时间不得迟于6.5h。初凝时间不符合要求的为废品，终凝时间不符合要求的为不合格品。

（四）体积安定性

水泥的体积安定性是指水泥浆体在凝结硬化过程中体积均匀变化的程度。如体积变化不均匀即体积安定性不良。安定性不良的水泥，在浆体硬化过程中或硬化后产生不均匀的体积膨胀，并引起开裂，所以应作为废品，不得使用在工程上。

安定性不良的原因：熟料中含有过量的游离氧化钙、游离氧化镁或掺入的石膏过多。

（五）水泥的强度与等级

水泥强度是表征水泥力学性能的重要指标。水泥强度必须按《水泥胶砂强度试验方法(ISO法)》的规定制作试块，该法是将水泥和标准砂按1∶3混合，加入规定数量的水，按规定的方法制成试件，并按规定进行养护，分别测定其3d和28d的抗压强度和抗折强度。并根据测定结果判断水泥强度等级。各强度等级水泥的各龄期强度不得低于表3-2的数值。

表3-2　　硅酸盐水泥的强度要求（GB 175—2007）

品　种	强度等级	抗压强度(MPa)		抗折强度(MPa)	
		3d	28d	3d	28d
硅酸盐水泥	42.5	17.0	42.5	3.5	6.5
	42.5R	22.0	42.5	4.0	6.5
	52.5	23.0	52.5	4.0	7.0
	52.5R	27.0	52.5	5.0	7.0
	62.5	28.0	62.5	5.0	8.0
	62.5R	32.0	62.5	5.5	8.0

注　R指早强型。

（六）水化热

水化热是指水泥和水之间发生化学反应放出的热量。大部分水化热是在水化初期（7d）放出的，以后则逐步减少。

水泥水化热大小主要取决于水泥的矿物组成和细度。冬期施工时，水化热有利于水泥的正常凝结硬化。但对大体积混凝土工程，如大型基础、大坝、桥墩等，水化热大是不利的，可使混凝土产生裂缝。因此对大体积混凝土工程，应采用水化热较低的水泥，如中热水泥、低热矿渣水泥等。

（七）氧化镁、三氧化硫、碱及不溶物含量

水泥中氧化镁含量不得超过5%，三氧化硫的含量不得超过3.5%。若使用活性骨料，水泥中碱含量不得大于0.60%。不溶物的含量，在Ⅰ型水泥中不得超过0.75%；在Ⅱ型水泥中不得超过1.5%。

六、水泥石的腐蚀与防止

（一）水泥石的腐蚀

在某些腐蚀性介质的作用下，水泥石的结构逐渐遭到破坏，强度下降以致全部崩溃的现象为水泥石的腐蚀。水泥石的抗腐蚀系数用耐蚀系数表示，以同一龄期浸在侵蚀性溶液中的水泥试体强度与在淡水中养护的水泥试体强度之比表示。耐蚀系数越大，水泥的抗侵蚀性越好。

1. 软水腐蚀（溶出性侵蚀）

软水指工业冷凝水、蒸馏水、天然的雨水以及含重碳酸盐很少的河水及湖水。氢氧化钙在水中具有一定的溶解度，所以导致 $Ca(OH)_2$ 溶解到水中使构件产生孔隙。

（1）静水中，$Ca(OH)_2$ 溶出至饱和使溶出停止，作用仅限于表面。

（2）流水、压力水中，$Ca(OH)_2$ 被带走，侵蚀不断深入内部，使水泥石孔隙增大，强度下降至全部崩溃。

（3）含重碳酸盐的硬水中产生如下反应

$$Ca(OH)_2+Ca(HCO_3)_2 \longrightarrow CaCO_3+2H_2O \tag{3-6}$$

生成的 $CaCO_3$ 积聚于水泥石空隙，形成密实保护层，阻止外界水入侵和内部 $Ca(OH)_2$ 溶出。

2. 盐类腐蚀

（1）硫酸盐腐蚀（膨胀性化学腐蚀）。

当海水、沼泽水、工业污水等中含有碱性硫酸盐（如 Na_2SO_4、K_2SO_4 等）时，水泥石也会受到侵蚀作用。

以硫酸钠为例，硫酸钠与水泥石中的氢氧化钙作用，生成硫酸钙，即

$$Ca(OH)_2+Na_2SO_4 \longrightarrow CaSO_4+2NaOH \tag{3-7}$$

然后硫酸钙也与水泥石中的固态水化铝酸钙作用，生成高硫型水化硫铝酸钙晶体（水泥杆菌）。

$$3CaO \cdot Al_2O_3 \cdot 6H_2O+3(CaSO_4 \cdot 2H_2O)+20H_2O \longrightarrow 3CaO \cdot Al_2O_3 \cdot 3CaSO_4 \cdot 32H_2O \tag{3-8}$$

高硫型水化硫铝酸钙结合着大量结晶水，其体积膨胀为原来的水化铝酸钙体积的 1.5 倍，此反应是在固相中进行的，因此在水泥石中产生很大的内应力，使水泥石开裂、强度降低和造成破坏。

（2）镁盐腐蚀（溶解性化学腐蚀）。

海水、地下水中常含有大量镁盐，如硫酸镁（$MgSO_4$）和氯化镁（$MgCl_2$）。它们与水泥石中的氢氧化钙反应，生成不易溶于水的新化合物 $Mg(OH)_2$。

$$MgSO_4+Ca(OH)_2+2H_2O \longrightarrow CaSO_4 \cdot 2H_2O+Mg(OH)_2 \tag{3-9}$$

$$MgCl_2+Ca(OH)_2 \longrightarrow CaCl_2+Mg(OH)_2 \tag{3-10}$$

反应的结果是：氢氧化镁［$Mg(OH)_2$］松软而无胶凝能力；二水硫酸钙（$CaSO_4 \cdot 2H_2O$）又将引起硫酸盐的破坏作用；氯化钙（$CaC1_2$）易溶解于水。

以上反应均能使水泥石强度降低或破坏，因此硫酸镁对水泥石起着双重腐蚀作用。

（3）酸类腐蚀。

1）碳酸腐蚀。在工业污水、地下水中常溶解有较多的二氧化碳，二氧化碳与水泥石中的氢氧化钙反应生成碳酸钙，继续与含碳酸的水作用变成易溶于水的碳酸氢钙［$Ca(HCO_3)_2$］。同时由于碳酸氢钙的溶解使 $Ca(OH)_2$ 浓度降低，导致水泥石中其他产物的分解，而使水泥石结构破坏。反应方程式如下

$$Ca(OH)_2 + CO_2 + H_2O \longrightarrow CaCO_3 + 2H_2O \quad (3-11)$$

$$CaCO_3 + CO_2 + H_2O \longrightarrow Ca(HCO_3)_2 \quad (3-12)$$

由碳酸钙转变为碳酸氢钙的反应是可逆的，只有当水中所含的碳酸超过平衡浓度（溶液中的 $pH<7$）时，则上式反应向右进行，形成碳酸腐蚀。

2）一般酸的腐蚀（HCl、H_2SO_4）。在工业废水、地下水、沼泽水中常含无机酸和有机酸。各种酸类与水泥石中的氢氧化钙作用，生成化合物，这些化合物或者易溶于水，或者体积膨胀而导致水泥石破坏。

对水泥石腐蚀作用最快的是无机酸中的盐酸、氢氟酸、硝酸、硫酸和有机酸中的醋酸、蚁酸和乳酸等。

例如盐酸和硫酸分别与水泥石中氢氧化钙作用，其反应式如下

$$2HCl + Ca(OH)_2 \longrightarrow CaCl_2 + 2H_2O$$（氯化钙易溶于水而导致化学腐蚀型破坏）

(3-13)

$$H_2SO_4 + Ca(OH)_2 \longrightarrow CaSO_4 \cdot 2H_2O$$（石膏对水泥石产生硫酸盐膨胀型破坏）

(3-14)

（4）强碱腐蚀。

碱类溶液如浓度不大时一般是无害的，但铝酸盐含量较高的硅酸盐水泥遇到强碱作用后也会破坏。

1）如 NaOH 可与水泥熟料中未水化的铝酸盐作用，生成易溶的铝酸钠，其反应式为

$$3CaO \cdot Al_2O_3 + 6NaOH \longrightarrow 3Na_2O \cdot Al_2O_3 + 3Ca(OH)_2 \quad (3-15)$$

2）当水泥石被氢氧化钠溶液浸透后又在空气中干燥，与空气中的二氧化碳作用生成碳酸钠。

$$2NaOH + CO_2 \longrightarrow Na_2CO_3 + H_2O \quad (3-16)$$

碳酸钠在水泥石毛细孔中结晶沉淀，可使水泥石胀裂。

（二）腐蚀的防止

可采取以下防腐措施：

（1）根据侵蚀环境特点，合理选用水泥品种。硅酸盐水泥的水化产物中氢氧化钙和水化铝酸钙含量都比较高，所以耐腐蚀性差。在有腐蚀性的环境下优先选用掺混合料的硅酸盐水泥。

（2）提高水泥石的密实度。水泥石的密实度越高，抗渗能力越强，腐蚀介质就难以进入。降低水灰比、掺加减水剂、改进施工方法等可以提高水泥石的密实度。

（3）表面加保护层。可以在材料表面加设保护层。如采用各种防腐涂料、陶瓷、沥青、塑料防腐层等。

七、硅酸盐水泥的特性及应用

（一）特性

（1）凝结硬化快，强度高，尤其早期强度高。

（2）抗冻性、耐磨性较好。

（3）水化放热量大。

（4）不耐腐蚀。

（5）不耐高温。

（6）抗碳化性好、干缩小。

(二) 应用

(1) 适用于重要结构的高强混凝土及预应力混凝土工程。

(2) 适用于早期强度要求高的工程及冬期施工的工程。

(3) 适用于严寒地区，遭受反复冻融的工程及干湿交替的部位。

(4) 不宜用于受流动的软水和水压作用工程，也不宜用于受海水和矿物水作用的工程。

(5) 不宜用于大体积混凝土。

(6) 不宜用于高温的工程。

第二节 混合材料及掺混合材料的硅酸盐水泥

一、混合材料

(一) 定义

磨细水泥时掺入人工的或天然的矿物材料称为混合材料。混合材料分为活性混合材料和非活性混合材料。

其作用是改善水泥的性能、增加品种、提高产量、节约熟料、降低成本、扩大水泥的使用范围。

1. 活性混合材料

常温下与氢氧化钙和水发生反应生成有一定胶凝性的物质，且具有水硬性的混合材料称为活性混合材料。其主要成分为 SiO_2、Al_2O_3 等。

常用活性混合材料有：

(1) 粒化高炉矿渣：指高炉冶炼生铁时，浮在铁水表面的熔融物，经水淬急冷处理得到的。主要化学成分为 CaO、SiO_2 和 Al_2O_3，具有潜在水硬性。

(2) 火山灰：指火山爆发时，随着熔岩一起喷发出的大量碎屑沉积在地面或水中的松软物质，主要化学成分为 SiO_2 和 Al_2O_3，具有火山灰性。火山灰混合材料分为天然火山灰混合材料和人工火山灰混合材料两种。天然火山灰混合材料指火山灰、凝灰岩、浮石等；人工火山灰混合材料指煤矸石渣、烧页岩、烧黏土等。

(3) 粉煤灰：指燃煤发电厂排出的烟道灰，主要化学成分为 SiO_2 和 Al_2O_3，也具有火山灰性，由于粉煤灰为大量的工业废料，所以单独列出。

2. 非活性混合材料

常温下不与氢氧化钙和水反应的混合材料称为非活性混合材料。仅起调节水泥性质、降低水化热、降低标号、提高产量等作用，又称填充性混合材料。

主要有磨细的石英砂、石灰石、黏土、慢冷矿渣等，不符合技术要求的活性混合材料可作为非活性材料。

(二) 应用

在硅酸盐水泥熟料中掺入适量的混合材料可制成六大品种的通用硅酸盐水泥，即硅酸盐水泥、普通硅酸盐水泥、矿渣硅酸盐水泥、火山灰硅酸盐水泥、粉煤灰硅酸盐水泥、复合硅酸盐水泥。

二、普通硅酸盐水泥 (代号 P·O)

(一) 定义

凡由硅酸盐水泥熟料，再加入 6%～20%混合材料及适量石膏，经磨细制成的水硬性胶凝材料称为普通硅酸盐水泥。

在硅酸盐水泥熟料中掺入6%～20%混合材料及适量石膏，经磨细得到普通水泥。普通水泥中活性材料的最大掺量不超过20%，非活性材料的最大掺量不超过8%。

（二）国家标准对普通硅酸盐水泥的技术要求

1. 细度

筛孔尺寸为80μm的方孔筛的筛余量不得超过10%或45μm方孔筛筛余量不大于30%，否则为不合格。

2. 凝结时间

初凝时间不得早于45min，终凝时间不得迟于600min。

3. 强度等级

根据抗压和抗折强度，将普通硅酸盐水泥划分为42.5、42.5R、52.5、52.5R 4个强度等级。

（三）性质与应用

普通硅酸盐水泥由于混合材料掺量较少，其性质与硅酸盐水泥基本相同，略有差异，主要表现为：

（1）早期强度略低。

（2）耐腐蚀性稍好。

（3）水化热略低。

（4）抗冻性和抗渗性好。

（5）抗碳化性较好。

（6）耐磨性略差。

普通硅酸盐水泥的应用与硅酸盐水泥范围基本相同，甚至更广，广泛应用于各种工程建设中。

三、矿渣硅酸盐水泥（代号P·S）

（一）定义

凡由硅酸盐水泥熟料、粒化高炉矿渣和适量石膏磨细制成的水硬性胶凝材料，称为矿渣硅酸盐水泥，简称矿渣水泥。20%＜粒化高炉矿渣掺量≤50%时称为P·S·A；50%＜粒化高炉矿渣掺量≤70%时称为P·S·B。

（二）特性

（1）密度：2.8～3.1g/cm^3，堆积密度：1000～1200kg/m^3，较硅酸盐略小。

（2）凝结时间：初凝不得早于45min，终凝不得迟于600min。

（3）早期强度低，后期强度增长率大。

（4）硬化时对湿热敏感性强。

（5）水化热低。

（6）具有较好的化学稳定性，抗溶出性侵蚀及抗硫酸盐侵蚀的能力较强。

（7）耐热性较强。

（8）干缩性较大，保水性差，泌水性较大。

（9）抗冻性和耐磨性较差，且抗干湿交替循环等性能亦不如普通水泥。

（10）与钢筋的黏结力较好，能防止钢筋锈蚀。

（三）强度等级

矿渣水泥是我国产量最大的水泥品种，分 6 个强度等级：32.5、32.5R、42.5、42.5R、52.5、52.5R。

四、火山灰硅酸盐水泥（代号 P·P）

凡由硅酸盐水泥熟料和火山灰质混合材料、适量石膏磨细制成的水硬性胶凝材料称为火山灰质硅酸盐水泥，简称火山灰水泥。20%＜火山灰质混合材料掺量≤40%。火山灰水泥强度等级为 32.5、32.5R、42.5、42.5R、52.5、52.5R 6 个强度等级。

火山灰硅酸盐水泥的特性与矿渣水泥较相似，且有其本身的特点，如抗渗性及耐水性高，抗裂性差等。

五、粉煤灰硅酸盐水泥（代号 P·F）

凡由硅酸盐水泥熟料和粉煤灰、适量石膏磨细制成的水硬性胶凝材料称为粉煤灰硅酸盐水泥，简称粉煤灰水泥。20%＜粉煤灰掺量≤40%。粉煤灰水泥强度等级为 32.5、32.5R、42.5、42.5R、52.5、52.5R 6 个强度等级。

粉煤灰水泥的凝结硬化过程与火山灰极为相似，但有其自身的特点：如干缩性较小，抗裂性好；配制的混凝土和易性较好。

六、复合硅酸盐水泥（代号 P·C）

凡由硅酸盐水泥熟料，两种或两种以上的混合材料，适量石膏磨细制成的水硬性胶凝材料，称为复合硅酸盐水泥，简称复合水泥。20%＜复合材料总掺量≤50%。复合水泥强度等级为 32.5、32.5R、42.5、42.5R、52.5、52.5R 6 个强度等级，其余性能同火山灰水泥。

六种常用水泥的成分、特性和适用范围具体见表 3－3。

表 3－3　六种常用水泥的成分、特性和适用范围

品种	硅酸盐水泥	普通水泥	矿渣水泥	火山灰水泥	粉煤灰水泥	复合水泥
成分	水泥熟料，0～5%的粒化高炉矿渣及少量石膏	在硅酸盐水泥中掺活性混合材料 20%以下或掺非活性混合材料 8%以下	在硅酸盐水泥中掺入 20%～70%的粒化高炉矿渣	在硅酸盐水泥中掺入 20%～40%火山灰质混合材料	在硅酸盐水泥中掺入 20%～40%粉煤灰	硅酸盐水泥熟料，20%～50%的混合材料
特性	早期强度高；水化热较大；抗冻性较好；耐蚀性较差；干缩较小	与硅酸盐水泥基本相同	早期强度低，后期强度增长较快；水化热较低；耐蚀性较强；抗冻性差；干缩较大	早期强度低；后期强度增长较快；水化热较低；耐蚀性较强；抗渗性好；抗冻性差；干缩性大	早期强度低；后期强度增长较快；水化热较低；耐蚀性较强；抗冻性差；干缩性小；抗裂性较高	3d 强度高于矿渣水泥，早期强度低；后期强度增长较快；水化热较低；耐腐蚀性较强；抗冻性差
适用范围	一般土建工程中钢筋混凝土结构；受反复冻融的结构；配制高强混凝土	与硅酸盐水泥基本相同	高温车间和有耐热耐火要求的混凝土结构；大体积混凝土结构；蒸汽养护的构件；有抗硫酸盐侵蚀要求的工程	地下、水中大体积混凝土结构和有抗渗要求的混凝土结构；有抗硫酸盐侵蚀要求的工程	地上、地下及水中大体积混凝土构件；抗裂性要求较高的构件；有抗硫酸盐侵蚀要求的工程	地上、地下及水中大体积混凝土结构；有抗硫酸盐侵蚀要求的工程

续表

品种	硅酸盐水泥	普通水泥	矿渣水泥	火山灰水泥	粉煤灰水泥	复合水泥
不适用范围	大体积混凝土结构；受化学及海水侵蚀的工程	与硅酸盐水泥基本相同	早期强度要求高的工程；有抗冻要求的混凝土工程	处在干燥环境中的混凝土工程；其他同矿渣水泥	有抗碳化要求的工程；其他同矿渣水泥	快硬、早强要求的工程；有抗冻要求的混凝土工程

第三节　其他品种水泥

其他品种水泥主要是为了满足特殊工程需要而生产的水泥。比如需要满足紧急抢修、冬期施工、海港和地下工程的特殊要求而生产的具有某种比较突出性能的水泥。常用的有白色（彩色）硅酸盐水泥、快硬硅酸盐水泥、高铝水泥、膨胀水泥、自应力水泥和抗硫酸盐硅酸盐水泥。这些水泥大多是通过改变水泥熟料的矿物组成而获得。

一、白色与彩色硅酸盐水泥

（一）白色水泥

1. 定义

凡以适当成分的生料烧至部分熔融，所得以硅酸钙为主要成分、氧化铁含量很少的白色硅酸盐水泥熟料，再加入适量石膏，共同磨细制成的水硬性胶凝材料称为白色硅酸盐水泥，简称白水泥。

制造时严格控制水泥原料的铁含量，水泥中含铁量越高则水泥颜色越深。氧化铁含量为0.35%～0.4%时为白色；氧化铁含量为0.45%～0.7%时为淡绿色；氧化铁含量为3%～4%时为暗灰色。

2. 技术性质

（1）强度：分为32.5、42.5、52.5、62.5 4个强度等级。

（2）白度：分为特级、一级、二级、三级4个等级。

（3）细度、凝结时间及体积安定性。

细度：0.08mm方孔筛筛余不得超过10%。

初凝：不得早于45min；终凝：不得迟于12h，各龄期强度必须合格。

体积安定性：用沸煮法检验必须合格。

（二）彩色硅酸盐水泥

将硅酸盐水泥熟料（白水泥熟料或普通水泥熟料）、适量石膏和碱性颜料共同磨细而成，即染色法。

（三）运用

白色和彩色硅酸盐水泥用于装饰工程：

（1）用来配制彩色水泥浆，配制装饰混凝土。

（2）配制各种彩色砂浆用于装饰抹灰。

（3）制造各种色彩的水刷石、人造大理石及水磨石等制品。

二、快硬硅酸盐水泥

（一）定义与特点

1. 定义

凡以硅酸钙为主要成分的水泥熟料，加入适量石膏，经磨细制成的具有早期强度增长率较快的水硬性胶凝材料，称为快硬硅酸盐水泥，简称快硬水泥。

2. 特性

凝结硬化快，早期强度增长率快。

强度等级：快硬水泥以3d抗压强度确定其强度等级：分为32.5、37.5、42.5 3个等级。

组成成分：适当增加了熟料中硬化快的矿物，即C_3S、C_3A，同时适当增加石膏掺量并提高水泥的磨细度，其中C_3S（硅酸三钙）占50%～60%，C_3A（铝酸三钙）占8%～14%，两者总量应不少于60%～65%，石膏掺量8%。

细度：0.08mm方孔筛筛余不得超过10%。

初凝：不得早于45min，终凝：不得迟于10h。

体积安定性：要求沸煮法合格。

（二）应用

主要用于：配制早强混凝土，适用于紧急抢修工程和低温施工工程以及制作预应力钢筋混凝土或高强混凝土预制构件。

三、铝酸盐水泥

（一）定义

以铝酸钙为主的铝酸盐水泥熟料，磨细而成的水硬性胶凝材料称为铝酸盐水泥，代号CA，又称为高铝水泥。

（二）分类

铝酸盐水泥按Al_2O_3质量百分数分为四类：

CA-50：$50\% \leqslant Al_2O_3 < 60\%$；

CA-60：$60\% \leqslant Al_2O_3 < 68\%$；

CA-70：$68\% \leqslant Al_2O_3 < 77\%$；

CA-80：$Al_2O_3 \geqslant 77\%$。

（三）技术要求

1. 细度

比表面积大于等于300m^2/kg或45μm筛余量小于等于20%。

2. 凝结时间要求

CA-50、CA-70、CA-80初凝时间不得早于30min，终凝时间不得迟于6h；CA-60初凝时间不得早于60min，终凝时间不得迟于18h。

3. 强度

各种类型强度值不得低于表3-4中规定。

表3-4 **铝酸盐水泥胶砂强度**

类型	抗压强度(MPa)				抗折强度(MPa)			
	6h	1d	3d	28d	6h	1d	3d	28d
CA-50	20	40	50	—	3.0	5.5	6.5	—
CA-60	—	20	45	85	—	2.5	5.0	10.0
CA-70	—	30	40	—	—	5.0	6.0	—
CA-80	—	25	30	—	—	4.0	5.0	—

（四）特点

(1) 快硬早强：1d 强度可达最高强度的 80%以上。

(2) 水化热大，且放热量集中：1d 内放出水化热总量的 70%～80%，使混凝土内部温度上升较高，故即使在 -10℃下施工，高铝水泥也能很快凝结硬化。

(3) 耐腐蚀性性能很强，因其水化后无 $Ca(OH)_2$ 生成。

(4) 耐热性好：能耐 1300～1400℃高温。

(5) 长期强度会降低：一般降低 40%～50%。

（五）应用

适用于紧急军事工程（筑路、桥）、抢修工程（堵漏等）、临时性工程，以及配制耐热混凝土（如高温窑炉炉衬等）。

不能用于长期承重的结构及高温高湿环境中的工程。

四、抗硫酸盐侵蚀水泥

抗硫酸盐侵蚀水泥简称抗硫酸盐水泥，是以硅酸钙为主的特定矿物组成的熟料，加入适量石膏，磨细制成的具有一定抗硫酸盐侵蚀性能的水硬性胶凝材料。适当降低 C_3A 的含量，以 C_4AF 代替 C_3A，可提高水泥的抗侵蚀性。

抗硫酸盐水泥具有较高的抗硫酸盐侵蚀的性能，水化热较低，适用于受硫酸盐侵蚀的海港、水利、地下隧涵、引水、道路与桥梁基础等工程。

五、道路水泥

道路水泥是由道路硅酸盐水泥熟料、0～10%活性混合材料和适量石膏，经磨细制成的水硬性胶凝材料。

道路硅酸盐水泥熟料中铝酸三钙的含量不得大于 5.0%，铁铝酸四钙的含量不得小于 16.0%。

道路水泥分为 42.5、52.5 和 62.5，3 个强度等级，其早期强度较高，干缩值小，耐磨性好。适于修筑道路路面和飞机场地面，也可用于一般土建工程。

六、中热硅酸盐水泥和低热矿渣硅酸盐水泥

中热硅酸盐水泥，简称中热水泥，是以适当成分的硅酸盐水泥熟料，加入适量石膏，经磨细制成的具有中等水化热的水硬性胶凝材料，分 42.5、52.5，2 个强度等级。

低热矿渣硅酸盐水泥简称低热水泥，是以适当成分的硅酸盐水泥熟料，加入矿渣、适量石膏，经磨细制成的具有低水化热的水硬性胶凝材料，分 32.5、42.5，2 个强度等级。

中、低热水泥适用于要求水化热较低的大体积混凝土，如大坝、大体积建造物和厚大的基础等工程中，可以克服因水化热引起的温度应力而导致的混凝土破坏。

第四节 水泥的选用、验收及保管

由于不同品种的水泥在性能上各有其特点，因此在应用中，应根据工程所处的环境条件、建筑物所处环境特点及混凝土所处的部位，选用适当的水泥品种，以满足工程的不同要求。

对一般条件下的普通混凝土，可采用普通硅酸盐水泥或矿渣硅酸盐水泥、火山灰质硅酸盐水泥、粉煤灰硅酸盐水泥。

水位变化区的外部混凝土，建筑物的溢流面和有耐磨要求的混凝土，有抗冻性要求的混凝土，应优先选用中热硅酸盐水泥、硅酸盐水泥或普通硅酸盐水泥。

大体积建筑物的内部混凝土，位于水下的混凝土和基础混凝土，宜选用低热水泥、低热矿渣水泥、矿渣硅酸盐水泥、粉煤灰硅酸盐水泥和火山灰质硅酸盐水泥。

当环境水对混凝土有硫酸盐侵蚀时，应选用抗硫酸盐水泥。

受蒸汽养护的混凝土，宜选用矿渣硅酸盐水泥，火山灰质硅酸盐水泥和粉煤灰硅酸盐类水泥。

水泥强度等级的选用原则，应根据混凝土的性能要求来考虑。高强度等级的水泥，适用于配制高强度的混凝土或对早强有特殊要求的混凝土。低强度等级的水泥，适用于配制低强度的混凝土或配制砌筑砂浆等。水泥强度等级越高，其抗冻性及耐磨性越高，为了保证混凝土的耐久性，对于建筑物外部水位变化区、溢流面和经常受水流冲刷的混凝土，以及受冰冻作用的混凝土，其中水泥强度等级不宜低于42.5MPa。

作为灌浆材料使用的水泥，除应根据环境水有无侵蚀作用选用水泥品种外，对水泥的细度也要求较高，一般水泥颗粒应小于裂隙宽度的1/3～1/5，通过80μm方孔筛的数量最好不少于98%。灌浆水泥的强度等级，应根据灌浆用途的不同而定，一般不低于42.5MPa。

水泥除主要用于混凝土、砂浆及灌浆材料外，还可用来配制水泥土，水泥土是在土料中掺入一定量的水泥及适量的水，经拌和均匀后，用夯打或碾压密实而成。水泥土可最大限度地就地取材，比较经济、方便，而且抗渗性良好，具有一定的力学强度和抗冻性能，可用于堤坡防护、渠道衬砌、土坝心墙等防护工程。

水泥的运输与保管，最重要的是防止受潮或混入杂物，不同品种和强度等级的水泥，应分别储运，不得混杂，避免错用。

水泥在储运过程中，由于吸收空气中的水分而逐渐受潮变质，使强度降低。磨得越细的水泥，受潮变质越迅速。水泥强度降低的程度，随储运时防潮条件的不同而有差别。根据某些工程的测定结果，在正常储存条件下，一般水泥每天强度损失率大致为0.2%～0.3%。通常储存3个月的水泥，其强度降低15%～25%；储存6个月的水泥，其强度降低25%～40%。因此水泥不宜存放过久。工程中随时加强水泥强度等级的测定工作，尤其对于储存过久的水泥，必须重新进行强度检验，方能使用。

第五节 水泥实训项目

一、水泥细度测定

（一）实训目的

通过试验来检验水泥的粗细程度，作为评定水泥质量的依据之一；掌握《水泥细度检验方法筛析法》（GB/T 1345—2005）的测试方法，正确使用所用仪器与设备，并熟悉其性能。

（二）主要仪器设备

（1）试验筛。

（2）负压筛析仪。

（3）水筛架和喷头。

（4）天平。

（三）实训步骤

1. 负压筛法

（1）筛析试验前，应把负压筛放在筛座上，盖上筛盖，接通电源，检查控制系统，调节负压至 4000～6000Pa 范围内。

（2）称取试样 25g，置于洁净的负压筛中。盖上筛盖，放在筛座上，开动筛析仪连续筛析 2min，在此期间如有试样附着筛盖上，可轻轻地敲击，使试样落下。筛毕，用天平称量筛余物。

（3）当工作负压小于 4000Pa 时，应清理吸尘器内水泥，使负压恢复正常。

2. 水筛法

（1）筛析试验前，应检查水中无泥、砂，调整好水压及水筛架的位置，使其能正常运转。喷头底面和筛网之间的距离为 35～75mm。

（2）称取试样 50g，置于洁净的水筛中，立即用洁净的水冲洗至大部分细粉通过后，放在水筛架上，用水压为 0.05MPa±0.02MPa 的喷头连续冲洗 3min。

（3）筛毕，用少量水把筛余物冲至蒸发皿中，等水泥颗粒全部沉淀后小心将水倾出，烘干并用天平称量筛余物。

（四）试验结果计算

水泥试样筛余百分数按下式计算

$$F=\frac{R_S}{W}\times 100\% \tag{3-17}$$

式中　F——水泥试样的筛余百分数，%；

R_S——水泥筛余物的质量，g；

W——水泥试样的质量，g。

结果计算至 0.1%。

二、水泥标准稠度用水量测定

（一）实训目的

通过试验测定水泥净浆达到水泥标准稠度（统一规定的浆体可塑性）时的用水量，作为水泥凝结时间、安定性试验用水量之一；掌握《水泥标准稠度用水量、凝结时间、安定性检验方法》（GB 1346—2001）的测试方法，正确使用仪器设备，并熟悉其性能。

（二）主要仪器设备

（1）水泥净浆搅拌机。

（2）标准法维卡仪。

（3）天平。

（4）量筒。

（三）实训方法及步骤

（1）标准稠度用水量可用调整水量和不变水量两种方法的任一种测定，如发生争议时以调整水量方法为准。

（2）试验前须检查：仪器的金属棒应能自由滑动，试锥降至模顶面位置时指针应对准标尺零点；搅拌机应运转正常。

（3）水泥净浆拌和前，搅拌锅和搅拌叶片先用湿棉布擦过，将称好的 500g 水泥试样倒入搅拌锅内。拌和时，先将搅拌锅放到搅拌机锅座上，升至搅拌位置，开动机器，同时徐徐加入拌和水，慢速搅拌120s，停拌15s，接着快速搅拌120s后停机。

采用调整水量方法时拌和水量按经验用水，采用不变水量方法时拌和水量用142.5mL水，水量精确至0.5mL。

(4) 拌和结束后，立即将拌好的净浆装入锥模内，用小刀插捣，振动数次，刮去多余净浆，抹平后迅速放到试锥下面固定位置上，将试锥降至净浆表面拧紧螺钉，然后突然放松，让试锥自由沉入净浆中，到试锥停止下沉时记录试锥下沉深度。整个操作应在搅拌后1.5min内完成。

(5) 用调整水量方法测定时，以试锥下沉深度28mm±2mm时的净浆为标准稠度净浆。其拌和水量为该水泥的标准稠度用水量（P），按水泥质量的百分比。如下沉深度超出范围，需另称试样，调整水量，重新试验，直至达到28mm±2mm时为止。

(6) 用不变水量方法测量时，根据测得的试锥下沉深度S（mm）按下式（或仪器上对应标尺）计算得到标准稠度用水量P（%）。

$$P=33.4-0.185S \tag{3-18}$$

当试锥下沉深度小于13mm时，应改用调整水量方法测定。

三、水泥净浆凝结时间测定

（一）实训目的

测定水泥达到初凝和终凝所需的时间（凝结时间以试针沉入水泥标准稠度净浆至一定深度所需时间表示），用以评定水泥的质量。掌握《水泥标准稠度用水量、凝结时间、定性检验方法》（GB 1346—2001）的测试方法，正确使用仪器设备。

（二）实训仪器

与水泥稠度测定试验基本相同，不同的是试锥改成试针，装净浆的锥模改成圆模。

（三）实训方法和步骤

(1) 测定前，将圆模放在玻璃板上，在内侧稍稍涂上一层机油，调整凝结时间测定仪使试针接触玻璃板时，指针对准标尺零点。

(2) 称取水泥试样500g，以标准稠度用水量按测定标准稠度时制备净浆的方法，制成标准稠度净浆，立即一次装入圆模，振动数次后刮平，然后放入湿汽养护箱内。记录开始加水的时间作为凝结时间的起始时间。

(3) 凝结时间的测定：试件在湿汽养护箱中养护至加水后30min时进行第一次测定。测定时，从养护箱中取出圆模放到试针下，使试针与净浆面接触，拧紧螺钉1～2s后突然放松，试针垂直自由沉入净浆，观察试针停止下沉时指针读数。当试针沉至距底板2～3mm时，即为水泥达到初凝状态；当下沉不超过1～0.5mm时为水泥达到终凝状态。由加水开始至初凝、终凝状态的时间分别为该水泥的初凝时间和终凝时间，用小时（h）和分钟（min）来表示。测定时应注意，在最初测定的操作时应轻轻扶持金属棒，使其徐徐下降以防试针撞弯，但结果以自由下落为准，在整个测试过程中试针贯入的位置至少要距圆模内壁10mm。临近初凝时，每隔5min测定一次，临近终凝时每隔15min测定一次，到达初凝或终凝状态时应立即重复测一次，当两次结果相同时才能定为到达到初凝或终凝状态。每次测定不得让试针落入原针孔，每次测试完毕须将试针擦净并将圆模放回养护箱内，整个测定过程中要防止圆模受振。

四、水泥安定性的测定试验

（一）实训目的

安定性是指水泥硬化后体积变化的均匀性情况。通过试验可掌握《水泥标准稠度用水量、凝结时间、定性检验方法》（GB 1346—2001）的测试方法，正确评定水泥的体积安定性。

安定性的测定方法有雷氏法和试饼法，有争议时以雷氏法为准。

（二）仪器设备

（1）沸煮箱。

（2）雷氏夹。

（3）雷氏夹膨胀值测定仪。

（4）其他同标准稠度用水量试验。

（三）实训方法及步骤

1. 测定前的准备工作

若采用饼法时，一个样品需要准备两块约 100mm×100mm 的玻璃板；若采用雷氏法，每个雷氏夹需配备质量约为 75～85g 的玻璃板两块。凡与水泥净浆接触的玻璃板和雷氏夹表面都要稍稍涂一薄层机油。

2. 水泥标准稠度净浆的制备

以标准稠度用水量加水，按前述方法制成标准稠度水泥净浆。

3. 成型方法

（1）试饼成型。将制好的净浆取出一部分分成两等份，使之成球形，放在预先准备好的玻璃板上，轻轻振动玻璃板，并用湿布擦过的小刀由边缘向中间抹动，做成直径为 70～80mm、中心厚约 10mm、边缘渐薄、表面光滑的试饼，然后将试饼放入湿汽养护箱内养护 24h±2h。

（2）雷氏夹试件的制备。将预先准备好的雷氏夹放在已稍擦油的玻璃板上，并立即将已制好的标准稠度净浆装满试模，装模时一只手轻轻扶持试模，另一只手用宽约 10mm 的小刀插捣 15 次左右，然后抹平，盖上稍涂油的玻璃板，接着立即将试模移至湿汽养护箱内养护 24h±2h。

4. 沸煮

（1）调整沸煮箱内的水位，使试件能在整个沸煮过程中浸没在水里，并在煮沸的中途不需添补试验用水，同时又保证能在 30min±5min 内升至沸腾。

（2）脱去玻璃板取下试件，先测量雷氏夹指针尖端间的距离（A），精确到 0.5mm，接着将试件放入沸煮箱水中的试件架上，指针朝上，试件之间互不交叉，然后在 30min±5min 内加热至沸，并恒沸 3h±5min。

沸煮结束，即放掉箱中的热水，打开箱盖，待箱体冷却至室温，取出试件进行判别。

5. 试验结果的判别

（1）饼法判别。目测试饼未发现裂缝，用直尺检查也没有弯曲时，则水泥的安定性合格，反之为不合格。若两个判别结果有矛盾时，该水泥的安定性为不合格。

（2）雷氏夹法判别。测量试件指针尖端间的距离（C），记录至小数点后 1 位，当 2 个试件煮后增加距离（$C-A$）的平均值不大于 5.0mm 时，即认为该水泥安定性合格，否则为不合格。当2个试件沸煮后的（$C-A$）超过4.0mm时，应用同一样品立即重做一次试验。再如此，则认为该水泥安定性不合格。

五、水泥胶砂强度检测

（一）实训目的

检验水泥各龄期强度，以确定强度等级；或已知强度等级，检验强度是否满足规范要求。掌握国家标准《水泥胶砂强度的检验方法（ISO法）》（GB/T 17671—1999），正确使用仪器设备并熟悉其性能。

（二）实训仪器

（1）胶砂搅拌机。

（2）试模。

（3）胶砂振实台。

（4）抗折强度试验机。

（5）抗压试验机。

（6）抗压夹具。

（7）刮平尺、养护室等。

（三）实训方法及步骤

1. 试验前准备

成型前将试模擦净，四周的模板与底板接触面上应涂黄油，紧密装配，防止漏浆，内壁均匀刷一薄层机油。

2. 胶砂制备

试验用砂采用ISO标准砂，其颗粒分布和湿含量应符合《水泥胶砂强度的检验方法（ISO法）》（GB/T 17671—1999）的要求。

（1）胶砂配合比。试体是按胶砂的质量配合比为水泥∶标准砂∶水＝1∶3∶0.5进行拌制的。一锅胶砂成三条试体，每锅材料需要量为：水泥450g±2g；标准砂1350g±5g；水225mL±1mL。

（2）搅拌。每锅胶砂用搅拌机进行搅拌。可按下列程序操作：

1）胶砂搅拌时先把水加入锅里，再加水泥，把锅放在固定架上，上升至固定位置。

2）立即开动机器，低速搅拌30s后，在第二个30s开始的同时均匀地将砂子加入；把机器转至高速再拌30s。

3）停拌90s，在第一个15s内用一胶皮刮具将叶片和锅壁上的胶砂，刮入锅中间，在高速下继续搅拌60s，各个搅拌阶段的时间误差应在±1s以内。

3. 试体成型

试件是40mm×40mm×160mm的棱柱体。胶砂制备后应立即进行成型。将空试模和模套固定在振实台上，用一个适当勺子直接从搅拌锅里将胶砂分两层装入试模，装第一层时，每个槽里约放300g胶砂，用大播料器垂直架在模套顶部沿每一个模槽来回一次将料层播平，接着振实60次。再装第二层胶砂，用小播料器播平，再振实60次。移走模套，从振实台上取下试模，用一金属直尺以近似90℃的角度架在试模模顶的一端，然后沿试模长度方向以横向锯割动作慢慢向另一端移动，一次将超过试模部分的胶砂刮去，并用同一直尺以近乎水平的情况下将试体表面抹平。

4. 试体的养护

(1) 脱模前的处理及养护。将试模放入雾室或湿箱的水平架子上养护，湿空气应能与试模周边接触。另外，养护时不应将试模放在其他试模上。一直养护到规定的脱模时间时取出脱模。脱模前用防水墨汁或颜料对试体进行编号和做其他标记，两个龄期以上的试体，在编号时应将同一试模中的三条试体分在两个以上龄期内。

(2) 脱模。脱模应非常小心，可用塑料锤或橡皮榔头或专门的脱模器。对于24h龄期的，应在破型试验前20min内脱模；对于24h以上龄期的，应在20～24h之间脱模。

(3) 水中养护。将做好标记的试体水平或垂直放在20℃±1℃水中养护，水平放置时刮平面应朝上，养护期间试体之间间隔或试体上表面的水深不得小于5mm。

5. 强度试验

(1) 强度试验试体的龄期。试体龄期是从加水开始搅拌时算起的。各龄期的试体必须在表3－5规定的时间内进行强度试验。试体从水中取出后，在强度试验前应用湿布覆盖。

表3－5　各龄期强度试验时间规定

龄　期	时　间	龄　期	时　间
24h	24h±15min	7d	7d±2h
48h	48h±30min	>28d	28d±8h
72h	72h±45min		

(2) 抗折强度试验。

1) 每龄期取出3条试体先做抗折强度试验。试验前需擦去试体表面的附着水分和砂粒，清除夹具上圆柱表面粘着的杂物，试体放入抗折夹具内，应使侧面与圆柱接触。

2) 采用杠杆式抗折试验机试验时，试体放入前，应使杠杆成平衡状态。试体放入后调整夹具，使杠杆在试体折断时尽可能地接近平衡位置。

3) 抗折试验的加荷速度为50N/s±5N/s。

抗折强度按下式计算（计算至0.1MPa）

$$R_f = \frac{1.5F_tL}{b^3} \tag{3-19}$$

式中　R_f——单个试件抗折强度，MPa；

F_t——折断时施加于棱柱体中部的荷载，N；

L——支撑圆柱之间的距离，mm；

b——棱柱体正方形截面的边长，mm。

(3) 抗压强度试验。

1) 抗折强度试验后的断块应立即进行抗压试验。抗压试验须用抗压夹具进行，试体受压面为40mm×40mm。试验前应清除试体受压面与压板间的砂粒或杂物。试验时以试体的侧面作为受压面，试体的底面靠紧夹具定位销，并使夹具对准压力机压板中心。

2) 压力机加荷速度为2400N/s±200N/s，直至破坏。

抗压按下式计算（计算至0.1MPa）

$$R_c = \frac{F_c}{A} \tag{3-20}$$

式中 R_c——单个试件抗压强度，MPa；

F_c——破坏时的最大荷载，N；

A——受压部分面积，即 40mm×40mm＝1600mm^2。

以一组三个棱柱体上得到的 6 个抗压强度测定值的算术平均值作为抗压强度的试验结果（精确至 0.1MPa）。如 6 个测定值中有一个超出 6 个平均值±10％，应剔除这个结果，而以剩下 5 个的平均值为试验结果。如果 5 个测定值中再有超过它们平均值±10％的，则此组结果作废。

思考题与习题

一、名词解释

1. 硅酸盐水泥；2. 体积安定性；3. 凝结时间；4. 细度；5. 混合材料。

二、填空题

1. 国家标准规定，硅酸盐水泥的初凝时间应不早于________ min，终凝时间应不迟于________ min。

2. 体积安定性不良的水泥________使用、强度不合格的水泥________使用，凝结时间不合格的水泥________使用。

3. 硅酸盐水泥熟料的主要矿物成分有________、________、________和________。

4. 硅酸盐水泥的细度用________表示。

三、单项选择题

1. 硅酸盐水泥熟料中对强度贡献最大的是（　　）。

A. C_3A　　B. C_3S　　C. C_4AF　　D. 石膏

2. 为了调节硅酸盐水泥的凝结时间，常掺入适量的（　　）。

A. 石灰　　B. 石膏　　C. 粉煤灰　　D. MgO

3. 火山灰水泥（　　）用于受硫酸盐介质侵蚀的工程。

A. 可以　　B. 部分可以　　C. 不可以　　D. 适宜

4. 用蒸汽养护加速混凝土硬化，宜选用（　　）水泥。

A. 硅酸盐　　B. 高铝　　C. 矿渣　　D. 低热

5. 高铝水泥最适宜使用的温度为（　　）。

A. 80℃　　B. 30℃　　C. ＞25℃　　D. 15℃左右

6. 用沸煮法检验水泥体积安定性，只能检查出（　　）的影响。

A. 游离 CaO　　B. 游离 MgO　　C. 石膏　　D. $Ca(OH)_2$

7. 硅酸盐水泥技术性质（　　）不符合国家标准规定为废品水泥。

A. 细度　　B. 初凝时间

C. 终凝材料　　D. 强度低于该商品强度等级规定

四、多项选择题

1. 硅酸盐水泥熟料中含有（　　）矿物成分。

A. C_3S　　B. C_3A　　C. C_2S　　D. C_4AF

E. CaO

2. 六大品种水泥初凝时间为（ ），硅酸盐水泥终凝时间不迟于（ ），其余五种水泥终凝时间不迟于（ ）。

A. 不早于45min B. 6.5h C. 10h D. 5～8h

五、是非判断题

1. 由于矿渣水泥比硅酸盐水泥抗软水侵蚀性能差，所以在我国北方气候严寒地区，修建水利工程一般不用矿渣水泥。（ ）

2. 硅酸盐水泥水化在28d内由 C_3S 起作用，1年后 C_2S 与 C_3S 发挥同等作用。（ ）

3. 高铝水泥制作的混凝土构件，采用蒸汽养护，可以提高早期强度。（ ）

4. 因为水泥是水硬性胶凝材料，故运输和储存时不怕受潮和淋湿。（ ）

5. 用沸煮法可以全面检验硅酸盐水泥的体积安定性是否良好。（ ）

6. 硅酸盐水泥的细度越细越好。（ ）

7. 活性混合材料掺入石灰和石膏即成水泥。（ ）

8. 水泥石中的 $Ca(OH)_2$ 与含碱高的骨料反应，形成碱—骨料反应。（ ）

9. 凡溶有二氧化碳的水均对硅酸盐水泥有腐蚀作用。（ ）

10. 水泥和熟石灰混合使用会引起体积安定性不良。（ ）

六、问答题

1. 在下列不同条件下，宜选择什么品种的水泥？①水下部位混凝土工程；②大体积混凝土工程；③北方水位升降处混凝土工程；④海港工程。

2. 为什么矿渣水泥早期强度低，水化热较小？

七、计算题

进场32.5号普通硅酸盐水泥，送实验室检验，28d强度结果如下：

抗压破坏荷载：54.0kN，53.5kN，56.0kN，52.0kN，55.0kN，54.0kN。

抗折破坏荷载：2.83kN，2.81kN，2.82kN。

问该水泥28d试验结果是否达到原等级强度？该水泥存放期已超过3个月，可否凭上述试验结果判定该水泥仍按原强度等级使用？

第四章 混 凝 土

教学要求

了解：混凝土的定义与分类，混凝土的特点，混凝土的变形性质。

掌握：混凝土各组成成分的技术要求，混凝土拌和物的和易性、强度、耐久性，会进行混凝土配合比设计。

应用：普通混凝土配合比设计。

重点：混凝土的和易性和强度，混凝土配合比设计。

难点：普通混凝土配合比参数确定原则，配合比设计步骤、方法，影响混凝土各种性能的因素及相互联系。

第一节 概 述

混凝土由胶凝材料、骨料（或集料，又分为粗骨料、细骨料）、水、必要时掺入外加剂，按适当比例配合，搅拌成混凝土拌和物，再经密实、成型及养护、硬化而成的人造石材。混凝土是当今世界用量最大、用途最广的人造石材。混凝土作为最大的人造材料，极大地改善了人类的居住环境、工作环境和出行环境。无论在工业与民用建筑、水利水电工程，还是道路桥梁、地下工程和国防工程中，都发挥着其他材料无法替代的作用。

一、混凝土的特点

混凝土之所以在建筑工程中得到广泛应用，是因为混凝土与其他材料相比，有许多其他材料无法替代的性能及良好地经济效益。混凝土的特点主要有：

（一）优点

（1）原料丰富，价格低廉。混凝土组成材料中的砂、石骨料，来源十分丰富，符合就地取材与经济的原则。

（2）使用灵活，施工方便。混凝土在凝结硬化前，有良好的塑性，可以浇筑成任意形状、规格的整体结构或构件。

（3）混凝土与钢筋有牢固的黏结力，可做成较高承载力的钢筋混凝土结构，而且两者的线胀系数相近，大大拓宽了混凝土的应用范围。

（4）按合理方法配置的混凝土具有较高的耐久性、抗冻性、抗渗性、耐腐蚀性较好。

（5）可调整性能好。

（6）混凝土结构的维修较方便。

（7）可充分利用工业废料作骨料和掺和料。

（二）缺点

（1）自重大。

（2）抗拉强度低。

(3) 易产生裂缝。

(4) 硬化时间长。

(5) 在施工中影响质量因素较多，质量波动较大。

(三) 混凝土缺点的克服措施

(1) 采用轻质骨料可显著降低混凝土的自重，提高强度。

(2) 掺入纤维或聚合物，可提高抗拉强度，大大降低混凝土脆性。

(3) 掺入减水剂、早强剂等外加剂，可显著缩短硬化时间，改善力学性能。

(4) 采用预拌混凝土。

二、混凝土的分类

1. 按使用功能（或用途）分类

结构混凝土、道路混凝土、水工混凝土、耐热混凝土、耐酸混凝土、保温混凝土、防水混凝土等。

2. 按胶凝材料分类

水泥混凝土、沥青混凝土、聚合物混凝土、石膏混凝土、水玻璃混凝土、硅酸盐混凝土等。

3. 按体积密度分类

(1) 重混凝土：干表观密度＞2800kg/m^3，采用特别密实和密度特别大的骨料（如重晶石、铁矿石、钢屑等）制成。它们具有防辐射的性能，故又称防辐射混凝土，是广泛用于核工业屏蔽结构的材料。

(2) 普通混凝土：干表观密度为2000～2800kg/m^3，是以水泥为胶凝材料，采用天然的普通砂、石作为粗细骨料配置而成的混凝土，是建筑工程中应用范围最广、用量最大的混凝土，主要用作各种建筑材料的承重结构材料。

(3) 轻混凝土：干表观密度小于1950kg/m^3的混凝土，又分为三类：轻骨料混凝土，采用浮石、陶粒、火山灰等多种轻骨料制成；多孔混凝土是内部充满大量微小气泡，没有骨料的轻混凝土，如加气混凝土和泡沫混凝土；大孔混凝土（普通大孔混凝土、轻骨料大孔混凝土）其组成中无细骨料。轻混凝土按其用途可分为结构用、保温用和结构兼保温用等几种。

4. 按施工方法分类

现浇混凝土、预制混凝土、泵送混凝土、喷射混凝土、离心混凝土等。

第二节　普通混凝土的组成材料

普通混凝土是由水泥、水、砂、石子等几种基本组成按适当比例配制，经搅拌均匀而成的浆体，称为混凝土拌和物，再经凝结硬化而成坚硬的人造石材称为硬化混凝土。硬化后混凝土的结构图如图4-1所示。

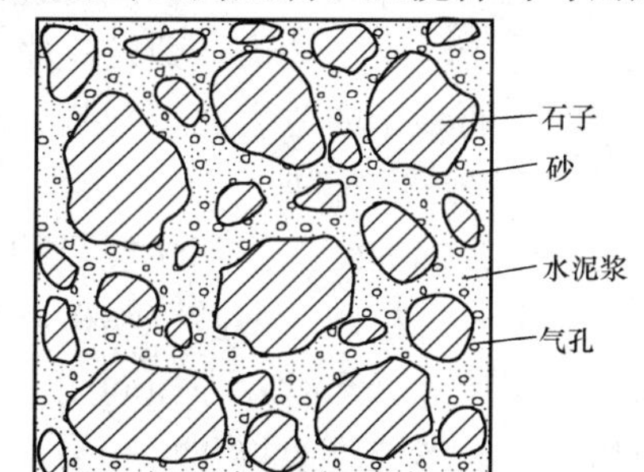

图4-1　硬化后混凝土结构图

(1) 混凝土组成材料的作用。

1) 水泥和水形成水泥浆包裹砂、石颗粒表面，并填充砂、石空隙，水泥浆在硬化前主要起润滑、填充、包裹等作用；硬化以后，主要起胶结作用，将砂、石黏结成整体，使其具有良好的强度和耐久性。

2）砂、石是骨料，对混凝土起骨架作用，骨料可以抑制混凝土的收缩，减少水泥用量，提高混凝土的强度及耐久性。粗、细骨料的总体积要占混凝土体积的70%～80%。

(2) 混凝土原材料的选择。

原则：在保证原材料质量的前提下，尽可能节省水泥，提高混凝土的强度和耐久性。

方法：减小骨料间空隙，则填充骨料空隙的水泥浆量减少；减小骨料的总表面积，则包裹骨料表面的水泥浆量减少。

一、水泥

1. 水泥品种的选择

根据工程特点，所处环境以及设计、施工的要求，选用适当品种的水泥。

2. 水泥强度等级的选择

水泥强度等级应与混凝土的强度等级相适应。一般情况下（C60以下），水泥强度为混凝土强度等级的1.5～2.0倍较合适；配制高强度等级混凝土（C60以上）时，水泥强度可为混凝土强度的0.9～1.5倍。用高强度等级的水泥配低强度等级混凝土时，水泥用量偏少，会影响和易性及强度，可掺适量混合材料（火山灰、粉煤灰、矿渣等）予以改善。

二、细骨料—砂

混凝土用砂可分为天然砂、人工砂两类。天然砂是自然风化、水流搬运和分选堆积形成的粒径小于4.75mm的岩石颗粒，按产源不同天然砂可以分为河砂、海砂、山砂等。河砂、海砂长期受水流的冲刷作用，颗粒表面较为光滑，且产源较广，与水泥黏结性差，用它拌制的混凝土流动性好，但强度低，海砂中常含有贝壳碎片及可溶性盐类等有害物质；山砂表面粗糙、棱角多，与水泥的黏结力强，但含泥量和有机质含量多。

人工砂是经除土处理的机制砂、混合砂的统称。机制砂是由机械破碎、筛分制成的，粒径小于4.75mm的岩石颗粒；混合砂是由机制砂、天然砂混合制成的砂。

人工砂表面粗糙、棱角多，较为洁净，但砂中还有较多的片状颗粒及石粉，成本较高。一般仅在天然砂缺乏的时候才使用。

砂按要求分为Ⅰ类、Ⅱ类、Ⅲ类：

Ⅰ类宜用于强度等级大于C60的混凝土；Ⅱ类宜用于强度等级在C30～C60及抗冻、抗渗或其他要求的混凝土；Ⅲ类宜用于强度等级小于C30的混凝土和砂浆。

混凝土对砂的质量和技术要求主要有下述几个方面。

（一）砂的粗细程度与颗粒级配

在混凝土拌和物中，水泥浆包裹骨料的表面，并填充骨料的空隙，为了节省水泥，降低成本，并使混凝土结构达到较高密实度，选择骨料时，应尽可能选用总表面积小、空隙率小的骨料。而砂子的总表面积与粗细程度有关，空隙率则与颗粒级配有关。

1. 砂的粗细程度

砂的粗细程度是指不同粒径的砂粒混合在一起后的总体粗细程度。

砂可分为粗砂、中砂、细砂和特细砂等几种。

在配制混凝土时，当相同用砂量条件下，采用细砂则其总表面积较大，而用粗砂其总表面积较小。当混凝土拌和物和易性要求一定时，用较粗的砂拌制混凝土比用较细的砂所需的水泥浆量节省。

2. 砂的颗粒级配

砂的颗粒级配是粒径大小不同的砂粒互相搭配的情况。砂的粒径相同，则其空隙率很大，在混凝土中填充砂子空隙的水泥浆用量就多［图 4－2（a)］。

在拌制混凝土时，砂的粗细程度和颗粒级配要同时考虑。当砂中含有较多的粗颗粒，并以适量的中粗颗粒及少量的细颗粒填充其空隙，即具有良好的颗粒级配，可达到使砂的空隙率和总表面积均较小，这种砂是比较理想的［图 4－2（c)］。

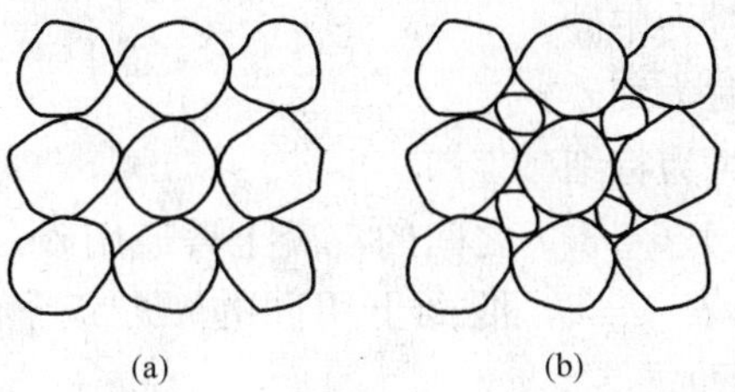

图 4－2　骨料的颗粒级配

良好级配的砂，不仅所需水泥浆量较少，经济性好，而且还可提高混凝土的和易性、密实度和强度，耐久性也较高，还可减少混凝土的干缩与徐变。

3. 砂的粗细程度与颗粒级配的测定

测定砂的粗细程度及颗粒级配，可用筛分析法。颗粒级配用级配区来表示，粗细程度用细度模数 M_x 来表示。

采用一套标准的方孔筛，孔径为 4.75mm，2.36mm，1.18mm，0.6mm，0.3mm，0.15mm 的砂样筛，称取试样 500g，将试样倒入孔径由大到小顺序叠放的套筛上，加底盘后，将试样倒入最上层 4.75mm 筛内，然后进行筛分，称取各号筛的筛余试样质量（精确至 0.1g)，计算各筛上分计筛余百分数 a_1、a_2、a_3、a_4、a_5、a_6（各筛上的筛余量占砂样总质量的百分数）及累计筛余百分数 A_1、A_2、A_3、A_4、A_5、A_6（各筛和比该筛粗的所有分计筛余百分数之和)，累计筛余百分数与分计筛余百分数计算关系见表 4－1。

表 4－1　累计筛余百分数与分计筛余百分数计算关系

筛孔尺寸（mm)	筛余量（g)	分计筛余百分数（%）	累计筛余百分数（%）
4.75	m_1	$a_1=(m_1/500)\times100\%$	$A_1=a_1$
2.36	m_2	$a_2=(m_2/500)\times100\%$	$A_2=a_1+a_2$
1.18	m_3	$a_3=(m_3/500)\times100\%$	$A_3=a_1+a_2+a_3$
0.6	m_4	$a_4=(m_4/500)\times100\%$	$A_4=a_1+a_2+a_3+a_4$
0.3	m_5	$a_5=(m_5/500)\times100\%$	$A_5=a_1+a_2+a_3+a_4+a_5$
0.15	m_6	$a_6=(m_6/500)\times100\%$	$A_6=a_1+a_2+a_3+a_4+a_5+a_6$

细度模数 M_x 的计算公式如下

$$M_x=\frac{(A_2+A_3+A_4+A_5+A_6)-5A_1}{100-A_1} \tag{4-1}$$

式中　M_x——细度模数；

$A_1 \sim A_6$——4.75mm、2.36mm、1.18mm、0.6mm、0.3mm、0.15mm 筛的累计筛余百分数。

细度模数 M_x 越大表示砂越粗，普通混凝土用砂的细度模数范围一般在 1.6～3.7 之间，其中：

M_x=3.7～3.1 时为粗砂；

M_x=3.0～2.3 时为中砂；

M_x=2.2～1.6 时为细砂；

M_x=1.5～0.7 时为特细砂。

对于细度模数为 1.6～3.7 之间的混凝土普通用砂，根据 0.6mm 筛的累计筛余百分数值分为三个级配区，见表 4-2，混凝土用砂的颗粒级配应处于三个级配区中的任一级配区（特殊情况见表中注解）。

表 4-2　　砂的颗粒级配

筛孔尺寸（mm）	Ⅰ	Ⅱ	Ⅲ
9.50	0	0	0
4.75	10～0	10～0	10～0
2.36	35～5	25～0	15～0
1.18	65～35	50～10	25～0
0.6	85～71	70～41	40～16
0.3	95～80	92～70	85～55
0.15	100～90	100～90	100～90

注　1. 砂的实际颗粒级配与表中所列数字相比，除 4.75mm 和 0.6mm 筛档外，可以略有超出，但超出总量应小于 5%。
2. Ⅰ区人工砂中 0.15mm 筛孔的累计筛余可以放宽到 100～85，Ⅱ区人工砂中 0.15mm 筛孔的累计筛余可以放宽到 100～80，Ⅲ区人工砂中 0.15mm 筛孔的累计筛余可以放宽到 100～75。

砂的颗粒级配曲线，纵坐标为累计筛余百分数，横坐标为筛孔尺寸，如图 4-3 所示。

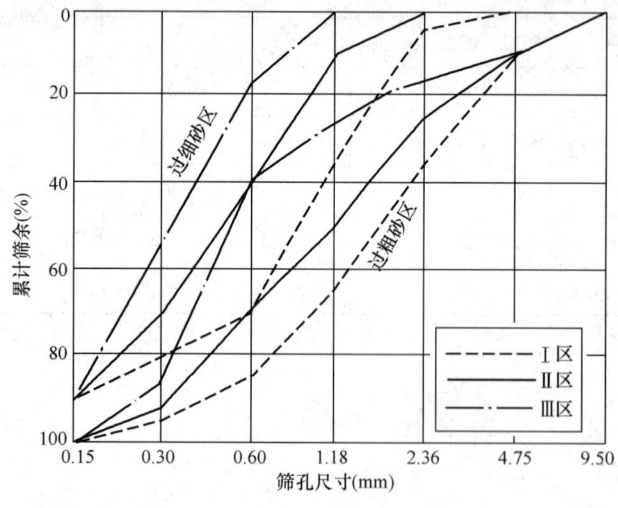

图 4-3　筛分曲线

一般处于Ⅰ区的砂较粗，属于粗砂，保水性较差，应该提高砂率，并保证足够的水泥用量，以满足混凝土的和易性；Ⅲ区砂细颗粒多，配制混凝土的黏聚性、保水性易满足，但混凝土干缩性大，容易产生微裂缝，宜适当降低砂率；Ⅱ区砂粗细适中，级配良好，拌制混凝土时宜优先选用。

在实际工程中，可采用人工掺配的方法来改变砂的颗粒级配，即将粗、细砂按适当的比例掺和，也可将砂过筛，筛除过粗或过细的颗粒，达到颗粒级配合格再使用。

【例 4-1】 某工程混凝土用砂，取样烘干后称取 500g 进行筛分试验，各筛上的筛余量见表 4-3，计算该砂的细度模数并评价其颗粒级配。

表 4-3　砂样筛分析结果

筛孔尺寸（mm）	筛余量（g）	分计筛余百分数（%）	累计筛余百分数（%）
4.75	25	5	5
2.36	65	13	18
1.18	70	14	32
0.6	140	28	60
0.3	120	24	84
0.15	70	14	98
<0.15	10	2	100
总计	500	—	—

细度模数为

$$M_x=\frac{(A_2+A_3+A_4+A_5+A_6)-5A_1}{100-A_1}=\frac{(18+32+60+84+98)-5\times5}{100-5}=2.8$$

因为 $M_x=2.8$，所以属于中砂。此砂级配曲线完全在Ⅱ区，级配良好可用于配制混凝土。

（二）有害杂质的含量

用来配制混凝土的砂要求清洁不含杂质，以保证混凝土的质量。砂中常含有云母、泥土、硫化物、硫酸盐、氯盐、有机物等有害物质，这些杂质黏附在砂的表面，妨碍水泥与砂的黏结，降低混凝土的强度，同时还增加混凝土的用水量，加大混凝土的干燥收缩，降低混凝土的耐久性。硫化物、硫酸盐等对水泥石有腐蚀作用，氯盐会对钢筋造成锈蚀。因此，混凝土用砂必须严格控制有害物质的含量，根据国家标准，砂中有害物质的含量应符合表 4-4 的规定。

表 4-4　砂中有害杂质含量

项　目	指　标		
	Ⅰ　类	Ⅱ　类	Ⅲ　类
云母（按质量计）%，<	1.0	2.0	2.0
轻物质（按质量计）%，<	1.0	1.0	1.0
有机物（比色法）	合格	合格	合格
硫化物及硫酸盐（按 SO_3 质量计）%，<	0.5	0.5	0.5
氯化物（按氯离子质量计）%，<	0.01	0.02	0.06
含泥量（按质量计）%，<	1.0	3.0	5.0
泥块含量（按质量计）%，<	0	1.0	2.0

石粉是指人工砂中粒径小于 75μm 的颗粒。过多的石粉会妨碍水泥与骨料的黏结，对混凝土有害。但适量的石粉可以弥补人工砂颗粒多棱角对混凝土带来的不利，反而对混凝土有益。为了判断人工砂中粒径小于 75μm 颗粒含量主要是泥土还是石粉采用亚甲蓝试验检验。

（三）砂子的坚固性

砂子的坚固性，是指其在自然风化和其他外界物理、化学作用下抵抗破坏的能力。天然砂的坚固性采用硫酸钠溶液法进行试验。砂样经过硫酸钠溶液 5 次循环后质量损失应符合

表 4－5 规定。

表 4－5 坚固性指标

项目	指标		
	Ⅰ类	Ⅱ类	Ⅲ类
质量损失%，<	8	8	10

人工砂采用压碎指标值法来判断砂的坚固性，压碎指标值应小于表 4－6 中的规定。

表 4－6 人工砂压碎指标

项目	指标		
	Ⅰ类	Ⅱ类	Ⅲ类
单级最大压碎指标%，<	20	25	30

（四）表观密度、堆积密度、空隙率

砂的表观密度、堆积密度、空隙率应符合如下规定：表观密度大于 2500kg/m^3；松散堆积密度大于 1350kg/m^3；空隙率小于 47%。

三、粗骨料—石子

粗骨料一般是指粒径大于 4.75mm 的岩石颗粒，有碎石和卵石。卵石是指经过自然条件而形成的粒径大于 4.75mm 的岩石颗粒，可以分为河卵石、海卵石和山卵石；碎石是指天然岩石经机械破碎、筛分而得到的粒径大于 4.75mm 的岩石颗粒。卵石表面光滑，多为球形，与水泥的黏结力较差；碎石多棱角，表面粗糙，与水泥的黏结力较好。在拌制混凝土时采用卵石拌制的流动性较好，但硬化后强度较低；采用碎石拌制的流动性较差，硬化后强度较高。

根据《建筑用卵石、碎石》（GB/T 14685—2001）的技术要求，碎石、卵石分为Ⅰ类、Ⅱ类、Ⅲ类。Ⅰ类宜用于强度等级大于 C60 的混凝土，Ⅱ类宜用于强度等级 C30～C60 及抗冻、抗渗或其他要求的混凝土，Ⅲ类宜用于强度等于小于 C30 的混凝土。

（一）最大粒径和颗粒级配

1. 最大粒径

骨料公称粒径的上限称为该粒级的最大粒径。例如 5～40mm 粒级的粗骨料时，该骨料的最大粒径为 40mm。

粗骨料最大粒径增大时，骨料的总表面积较小，有利于节省水泥。研究表明，骨料最大粒径大于 80mm 后节省水泥的效果不明显，同时还会给混凝土搅拌、运输、振捣等带来困难，所以粗骨料的最大粒径要受到限制。

《混凝土结构工程施工质量验收规范》（GB 50204—2002）规定：粗骨料的最大粒径不得超过结构截面最小尺寸的 1/4，同时不得超过钢筋最小净距的 3/4；对于混凝土实心板，粗骨料最大粒径不得超过板厚的 1/3，且不得超过 40mm；对于泵送混凝土，粗骨料最大粒径与输送管内径之比要求碎石不宜大于 1∶3，卵石不宜大于 1∶2.5。

2. 颗粒级配

粗骨料的级配原理和细骨料一样，要求有良好的级配，从而可以降低混凝土的空隙率。节约水泥，提高混凝土的强度和密实度。

粗骨料的颗粒级配也是通过筛分析法来评定的，用一套孔径为 2.36mm、4.75mm、

9.5mm、16.0mm、19.0mm、26.5mm、31.5mm、37.5mm、53.0mm、63.0mm、75.0mm 及 90.0mm 的筛进行筛分，称取每个筛上的筛余量，计算出各筛上的分计筛余百分数和累计筛余百分数。粗骨料的颗粒级配有连续粒级和单粒级，混凝土用粗骨料的颗粒级配应符合表 4－7 规定。

表 4－7　　混凝土用碎石或卵石的颗粒级配要求

累计筛余（%）		筛孔尺寸											
		2.36	4.75	9.5	16.0	19.0	26.5	31.5	37.5	53.0	63.0	75.0	90.0
连续粒级	5～10	95～100	80～100	0～15	0	—	—	—	—	—	—	—	—
	5～16	95～100	85～100	30～60	0～10	0	—	—	—	—	—	—	—
	5～20	95～100	90～100	40～80	—	0～10	0	—	—	—	—	—	—
	5～25	95～100	90～100	—	30～70	—	0～5	0	—	—	—	—	—
	5～31.5	95～100	90～100	70～90	—	15～45	—	0～5	0	—	—	—	—
	5～40	—	95～100	70～90	—	30～65	—	—	0～5	0	—	—	—
单粒级	5～20	—	95～100	85～100	—	0～15	0	—	—	—	—	—	—
	16～31.5	—	95～100	—	85～100	—	—	0～10	0	—	—	—	—
	20～40	—	—	95～100	—	80～100	—	—	0～10	0	—	—	—
	31.5～63	—	—	—	95～100	—	—	75～100	45～75	—	0～10	0	—
	40～80	—	—	—	—	95～100	—	—	70～100	—	30～60	0～10	0

连续粒级是石子粒级呈连续性，由小到大的都有，每级石子占用一定的比例。连续粒级的石子颗粒之间粒径相差较小，配制的混凝土和易性较好，水泥用量小，不易发生分层离析现象，在建筑工程中一般采用连续粒级。

单粒级是指粒径大小差别比较小，级配不连续。一般不单独使用，常用于组合成连续粒级，或与连续粒级配合使用。

（二）有害杂质含量

石子中含有的有害物质对混凝土的危害与细骨料基本相同，但由于粗骨料的粒径大，从而对混凝土造成的危害更大。同时粗骨料中可能还含有针状（石子颗粒的长度大于相应粒级平均粒径 2.4 倍）和片状（厚度小于平均粒径 0.4 倍）颗粒，针状、片状颗粒容易折断，同时对使骨料的空隙率和总表面积增大，从而会使混凝土的和易性、强度、耐久性降低。粗骨料中有害杂质及其针状、片状颗粒允许含量见表 4－8 规定。

表 4－8　　粗骨料中有害杂质及针、片状颗粒含量

项　目	指　标		
	Ⅰ　类	Ⅱ　类	Ⅲ　类
含泥量（按质量计）%，＜	0.5	1.0	1.5
泥块含量（按质量计）%，＜	0	0.5	0.7
有机物	合格	合格	合格
硫化物及硫酸盐（按 SO_3 质量计）%，＜	0.5	1.0	1.0
针片状颗粒含量（按质量计）%，＜	5	15	25

（三）强度

为了保证混凝土具有足够的强度，所采用的粗骨料也应具有足够的强度。粗骨料的强度测定可采用岩石立方体抗压强度和压碎指标值两种方法。

1. 岩石立方体抗压强度

岩石立方体抗压强度是把母岩制成50mm×50mm×50mm的立方体试件或制成直径和高度均为50mm的圆柱体试件，在水中浸泡48h后，测其饱和状态下的立方体抗压强度。岩石立方体抗压强度与设计要求的混凝土强度等级之比不应低于1.5，且火成岩不低于80MPa，变质岩不低于60MPa，水成岩不低于30MPa。

2. 压碎指标值法

压碎指标值法是指将一定质量的气干状态下粒径为10～20mm的石子，装入压碎值测定仪内，在压力机上均匀加荷至200kN，卸荷后称取试样的质量G_1，再用孔径为2.36mm的筛子筛除被压碎的颗粒，称取试样的筛余量G_2，则压碎指标Q_C可按下式计算

$$Q_C = \frac{G_1 - G_2}{G_1} \times 100\% \qquad (4-2)$$

压碎指标值越小，石子的抗压强度越高。压碎指标值应小于表4-9规定。

表4-9 石子的压碎指标值

项 目	指 标		
	Ⅰ 类	Ⅱ 类	Ⅲ 类
碎石压碎指标%，<	10	20	30
卵石压碎指标%，<	12	16	16

（四）坚固性

坚固性是指碎石、卵石在自然风化和其他外界物理、化学因素作用下抵抗破坏的能力。石子的坚固性要求和检验方法与细骨料基本相同，采用硫酸钠溶液法进行试验，试验经过5次循环以后，其质量损失应符合表4-10的规定。

表4-10 坚固性指标

项 目	指 标		
	Ⅰ 类	Ⅱ 类	Ⅲ 类
质量损失%，<	5	8	12

四、混凝土拌和和养护用水

混凝土拌和用水的质量要求：不影响混凝土的和易性及凝结；不降低混凝土的强度；不降低混凝土的耐久性；不污染混凝土的表面；不加快钢筋的锈蚀等。《混凝土结构工程施工质量验收规范》（GB 50204—2002）规定，混凝土用水应优先采用符合国家标准的饮用水。若采用其他水，水质要求应符合《混凝土用水标准》（JGJ 63—2006）的规定，水中各杂质的含量应符合表4-11的规定。

表 4-11　混凝土用水中的物质含量限制值

项　目	预应力混凝土	钢筋混凝土	素混凝土
pH 值，＞	5	4.5	4.5
不溶物（mg/L），＜	2000	2000	5000
可溶物（mg/L），＜	2000	5000	10000
氯化物（以 Cl 计）（mg/L），＜	500	1200	3500
硫酸盐（SO_4^{2-} 计）（mg/L），＜	600	2700	2700
硫化物（以 S^{2-} 计）（mg/L），＜	100	—	—

第三节　普通混凝土的主要性质

普通混凝土的主要性质有：混凝土拌和物的和易性、硬化后混凝土的强度、变形性能以及耐久性。

一、混凝土拌和物的和易性

（一）和易性的概念

和易性是指混凝土拌和物易于各种施工操作（搅拌、运输、浇筑、振捣、成型等），并能获得质量均匀、密实的混凝土的性能。混凝土和易性是一项综合技术性质，包括流动性、黏聚性和保水性。

流动性是指拌和物在自重或施工机械的作用下，能产生流动并且能均匀密实地填满模板的性能。流动性大小反应了混凝土拌和物的稀稠程度，流动性良好的拌和物，易于浇筑、振捣、成型。如果混凝土拌和物太稠，混凝土难以振捣密实，如果拌和物太稀，容易产生分层离析现象，从而影响混凝土的质量。

黏聚性指混凝土拌和物在施工中具有一定的黏聚力，不致产生分层离析现象，并能保持整体均匀的性能。黏聚性反应了混凝土拌和物的整体均匀性，黏聚性好的混凝土拌和物易于施工操作，不会产生分层离析现象；黏聚性不好的混凝土拌和物容易造成混凝土不均匀，振捣后容易出现蜂窝、空洞、麻面现象。

保水性是指混凝土拌和物具有一定的保水能力，施工中不易产生严重泌水的性能。保水性反应混凝土的稳定性。保水性差的混凝土会在内部形成泌水通道，使混凝土密实性变差，降低混凝土的质量。

（二）和易性的测定

混凝土拌和物是一项综合性技术性质，包括流动性、黏聚性、保水性三个方面，目前还很难用单一的指标来衡量。通常评定混凝土拌和物和易性的方法是：用坍落度和维勃稠度测定流动性，用观察法判断黏聚性和保水性。

1. 坍落度法

坍落度试验方法适用于坍落度值不小于 10mm，骨料最大粒径不大于 40mm 的混凝土拌和物。在平整、光滑、不吸水的光滑面上放置坍落度筒，将混凝土拌和物分 3 层装入坍落度筒，分层均匀振捣，装满刮平后，垂直提起坍落度筒，拌和物在自重作用下会向下坍塌，测量出筒高与混凝土试件最高点之间的高度差（以 mm 计），即为坍落度值（用 T 表示），如

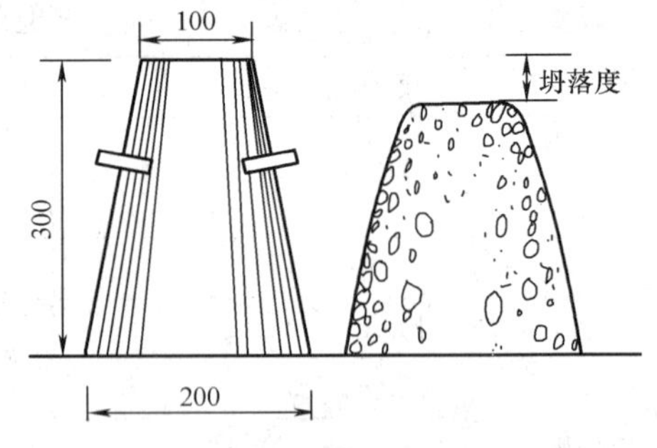

图 4-4 坍落度示意图（mm）

图 4-4 所示。坍落度值越大，流动性越好。

黏聚性、保水性的测定，用捣棒在已坍落的混凝土拌和物锥体一侧轻轻敲打，如果锥体渐渐下沉，表示拌和物黏聚性良好；如果锥体突然倒塌或部分崩裂或出现分层离析现象，表示拌和物黏聚性不好。如果有较多的稀浆或水从锥体底部析出，或锥体部分的混凝土因失浆而骨料外露，则表示混凝土拌和物的保水性不好。

混凝土拌和物根据坍落度大小，可分为四级：干硬性混凝土（坍落度＜10mm），塑性混凝土（坍落度为 10～90mm），流动性混凝土（坍落度为 100～150mm），大流动性混凝土（坍落度＞160mm）。

2. 稠度试验

适用于骨料粒径≤40mm，且坍落度值＜10mm 的混凝土拌和物，维勃稠度值在 5～30s 之间。测定时先按规定的方法，在圆柱形容器内做坍落度试验，提起坍落度筒后，在拌和物顶面放一个透明圆盘，开启振动台同时启动秒表并观察拌和物下落情况，当透明圆盘下全部布满水泥浆时关闭振动台，停表。秒表的读数即为维勃稠度值。维勃稠度值越小，表示拌和物的流动性大。

（三）混凝土拌和物流动性的选择

原则：在满足施工条件及混凝土成型密实的条件下，应尽可能选用较小的流动性。具体选用时，流动性大小取决于构件截面尺寸、钢筋疏密程度及捣实方法。若构件截面尺寸小、钢筋密实、振捣作用不强时应选择流动性大一些。混凝土的坍落度值可参考表 4-12。

表 4-12 混凝土浇筑时的坍落度

结构种类	坍落度（mm）
基础或地面等的垫层、无配筋的大体积结构（挡土墙、基础等）或配筋稀疏的结构	10～30
板、梁和大型及中型截面的柱子	30～50
配筋密列的结构（薄壁、斗仓、筒仓、细柱等）	50～70
配筋特密的结构	70～90

（四）影响混凝土和易性的主要因素

1. 水泥浆的用量

水泥浆的用量是指单位体积混凝土内水泥浆的数量。水灰比不变时，水泥浆的用量越多，拌和物的流动性越大，但水泥浆过多，不仅水泥用量大，还会出现流浆现象，造成混凝土的和易性变差；若水泥浆过少，水泥浆的作用不能充分发挥，黏聚性变差。所以在拌制混凝土过程中，要保证混凝土的和易性，水泥浆数量不宜过多，也不能过少，以满足流动性要求为宜。

2. 水灰比

水灰比是指水的质量与水泥的质量之比。水泥浆的稀稠是由水灰比的大小来决定的。水泥用量一定时，水灰比越小，水泥浆越稠，拌和物的流动性越小。如果水灰比过小时，水泥浆过于干稠，拌和物流动性过低，影响混凝土施工。水灰比变大会增加混凝土的流动性，但是水灰比过大，又会使混凝土的黏聚性和保水性变差，会产生流浆、离析现象，同时还会降低混凝土的强度和耐久性。具体在使用过程中，水灰比不能过大也不能过小，应根据混凝土的强度和耐久性合理选用，一般在0.4～0.8之间。

3. 砂率

砂率是指混凝土中砂子的质量占砂、石总质量的百分比。砂率的变动会使骨料的总表面积发生显著变化，从而会影响混凝土的和易性。在水泥用量一定时，砂率过大，会增大骨料总面积，总面积增大，包裹用的水泥浆就多，流动用的水泥浆就少，所以流动性小；砂率过小，空隙率增大，作为填充用的水泥浆多而包裹骨料表面的水泥浆较薄，从而使流动性变低。因此，在混凝土配合比设计时砂率不宜过大也不宜过小，中间存在一个合理的砂率值，能使混凝土的流动性最大而且还具有良好的黏聚性和保水性，如图4-5所示，或是拌和物流动性最大的前提下，水泥用量最小的砂率，如图4-6所示。

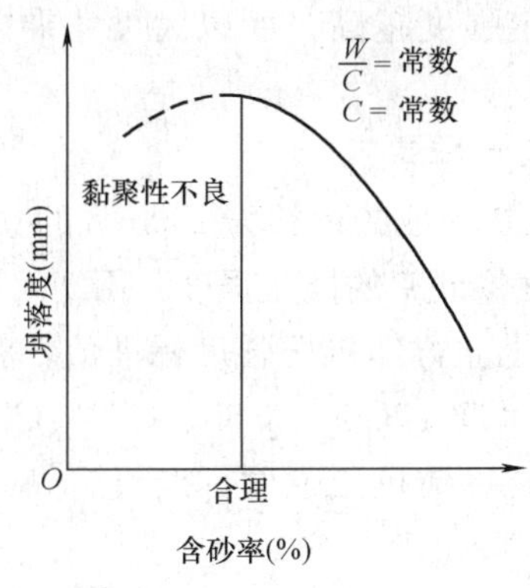

图4-5 砂率与流动性的关系

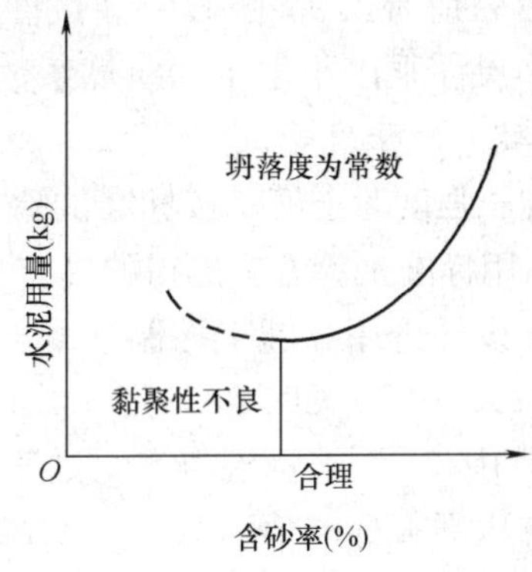

图4-6 砂率与水泥用量的关系

合理砂率的选择，要根据所用材料及施工条件是否能满足混凝土拌和物的和易性。

4. 组成材料的影响

水泥对和易性的影响主要是不同的水泥品种，其标准稠度用水量不同，对流动性有一定的影响。例如在用水量和水灰比一定的条件下，火山灰水泥的流动性比普通水泥要小，但保水性和黏聚性好。

砂和石子的性质对混凝土拌和物的和易性影响也很大。级配良好地砂、石骨料配制的混凝土拌和物，流动性较大，黏聚性和保水性较好；表面光滑的骨料，其拌和物流动性较大，若杂质含量多，针状颗粒多，则其流动性差。

5. 环境的温度和湿度

环境的温度升高，水泥水化速度加快，加快了混凝土的凝结硬化速度，使得混凝土拌和物的坍落度减小，尤其是夏季高温季节施工时，上述现象更为明显。

空气湿度低，拌和物的水分蒸发较快，也会降低混凝土拌和物的流动性。

6. 外加剂

在拌制混凝土时，加入外加剂，可以使混凝土拌和物在不增加用水量的条件下，获得较大的流动性，良好的黏聚性和保水性。而且，在混凝土配合比不变的情况下，还能提高强度和耐久性。

7. 时间（龄期）

混凝土拌和后，随着时间的延长水泥浆变得干稠，流动性减小，导致和易性变差。主要原因是随着时间延长一部分水被骨料吸收，一部分水分蒸发。所以，在混凝土施工过程中，搅拌均匀后应尽快完成施工操作。

二、混凝土的强度

混凝土的强度包括抗压强度、抗拉强度、抗剪强度等，其中抗压强度最大，抗拉强度最小。混凝土的抗压强度是混凝土结构设计的主要参数，也是混凝土质量评定的重要指标。在建筑工程中主要利用混凝土来承受压力作用，所以下面重点研究混凝土的抗压强度。

（一）混凝土的立方体抗压强度

根据标准方法制成边长为150mm的立方体试件，在标准条件下（温度20℃±2℃，相对湿度95%以上）养护至28d龄期，经标准试验方法测定的抗压强度值，称为混凝土立方体抗压强度，以f_{cu}表示。

测定混凝土立方体抗压强度时，也可选用边长为100mm和200mm的立方体非标准试件，换算系数分别为0.95和1.05。试件越小，其测定强度越高，所以大尺寸乘以大于1的换算系数，小尺寸乘以小于1的换算系数。

（二）混凝土的强度等级

立方体抗压强度标准值是按标准试验方法制作和养护而成的边长为150mm的立方体试件，在28d龄期，用标准试验方法测得的具有95%以上强度保证率的抗压强度，用$f_{cu,k}$表示。

为了便于设计选用和施工控制混凝土，根据混凝土立方体抗压强度标准值，将混凝土划分为C15、C20、C25、C30、C35、C40、C45、C50、C55、C60、C65、C70、C75、C80等14个等级。其中“C”表示混凝土，数字表示混凝土立方体抗压强度标准值。如C25表示混凝土立方体抗压强度标准值$f_{cu,k}=25MPa$。

（三）混凝土轴心抗压强度

混凝土的强度等级测定是采用立方体试件确定的，但在实际工程中，混凝土结构构件很少是立方体，大部分是棱柱体和圆柱体。为了更好地反应混凝土的实际抗压性能，在钢筋混凝土结构计算中，常采用混凝土的轴心抗压强度作为设计依据。

测定混凝土的轴心抗压强度采用150mm×150mm×300mm的棱柱体作为标准试件，也可采用100mm×100mm×300mm和200mm×200mm×400mm的非标准试件，换算系数分别为0.95和1.05。

（四）混凝土的抗拉强度

混凝土的抗拉强度很低，一般只有抗压强度的（1/10～1/20），而且随着混凝土强度等级的提高，比值有所降低。因此，混凝土在工作时一般不依靠抗拉强度。但抗拉强度对混凝土的抗裂性有着重要意义，是确定抗裂度的重要技术指标。

立方体混凝土抗拉强度的测定一般采用劈裂抗拉试验来测定。劈裂抗拉强度是采用边长为150mm的立方体试件，按规定的劈裂抗拉试验方法测定混凝土的劈裂抗拉强度，劈裂抗拉强度计算公式如下

$$f_{ts}=\frac{2P}{\pi A}=0.637\frac{P}{A} \tag{4-3}$$

式中 f_{ts}——混凝土的劈裂抗拉强度，MPa；

P——破坏荷载，N；

A——试件劈裂面积，mm^2。

（五）影响混凝土立方体强度的主要因素

混凝土受压破坏形式可能有三种：骨料与水泥石界面的黏结破坏、水泥石本身破坏、骨料发生破坏。试验证明，混凝土的破坏形式主要是前两种，因为骨料的强度一般都比水泥石的强度和黏结强度大。所以混凝土的强度主要取决于水泥石强度及其水泥石与骨料表面的黏结强度。而水泥石强度及其骨料的黏结强度又与水泥强度等级、水灰比及其骨料性质有关，同时还受施工质量、养护条件和龄期的影响。

1. 水泥强度等级和水灰比

水泥强度等级和水灰比是影响混凝土强度等级的首要因素。在相同的配合比条件下，水泥强度等级越高，制成的混凝土强度等级也越高；在水泥强度等级相同的情况下，水灰比越小，混凝土的强度越高。但是如果水灰比太小，拌和物过于干硬会造成施工困难，出现较多的蜂窝、空洞，反而会降低混凝土的强度，耐久性变差。

试验证明，混凝土的强度随着水灰比的增大而降低，呈双曲线关系，而混凝土强度和灰水比的关系，呈直线关系，如图 4-7 所示。

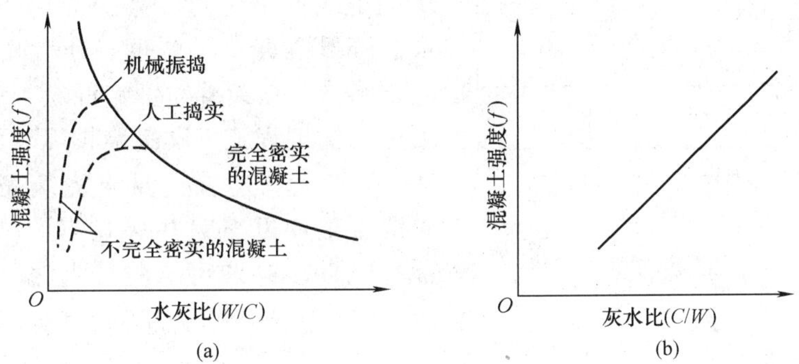

图 4-7　强度与水灰比、灰水比的关系

瑞士学者保罗米，通过大量试验研究，应用数理统计方法，提出在原材料一定的情况下，混凝土 28d 龄期抗压强度与水泥实际强度及水灰比（W/C）之间的关系如下

$$f_{cu}=\alpha_a f_{ce}\left(\frac{C}{W}-\alpha_b\right) \tag{4-4}$$

式中　f_{cu}——混凝土 28d 龄期抗压强度，MPa。

f_{ce}——水泥 28d 抗压强度的实际测量值 MPa。水泥厂为了保证水泥的出厂等级，实际强度往往高于水泥的强度等级（$f_{ce,k}$）。在无法取得水泥的实测强度值时按 $f_{ce}=\gamma_c\times f_{ce,k}$计算，$\gamma_c$为水泥强度等级的富余系数（一般取 1.13）。

α_a，α_b——回归系数，与骨料的品种有关，该值可通过试验确定，若无试验资料时，其回归系数可按表 4-13 选用。

表 4-13　　回归系数 α_a、α_b选用表

石子品种	碎　石	卵　石
α_a	0.46	0.48
α_b	0.07	0.33

利用保罗米公式，可以根据所用的水泥强度等级和水灰比来估计 28d 混凝土的强度，也可以根据水泥的强度等级和要求配置的混凝土的强度来确定所采用的水灰比。一般只适用于流动性混凝土和低流动性混凝土且强度等级在 C60 以下的混凝土。

2. 养护温度和湿度

混凝土强度增长的过程是水泥凝结硬化的过程，必须在一定的温度和湿度下才能进行。温度升高，水化速度加快，混凝土强度发展也快；反之，在低温下混凝土强度发展相应较慢。当温度低于 0℃以下时，混凝土中的水分大部分结冰，混凝土的强度不仅停止增长，而且可能还会受到冻胀破坏作用，严重影响混凝土的强度，混凝土的强度与养护温度之间的关系如图 4－8 所示。

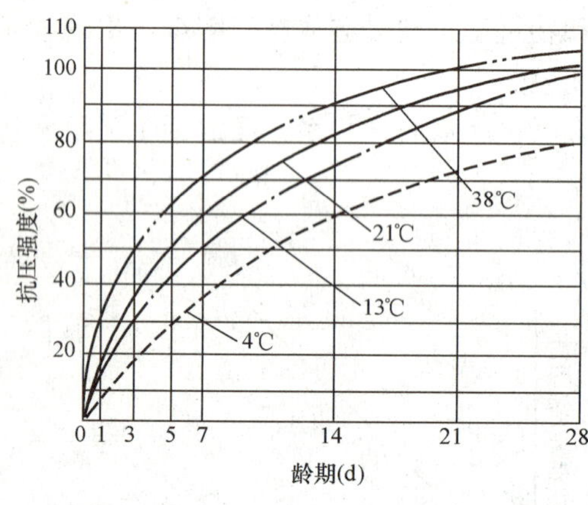

图 4－8　混凝土强度与养护温度关系

周围环境的湿度对混凝土强度发展也很重要，水是水化反应的必要成分，只有含有适当的水分，水化反应才能顺利进行，混凝土强度才能得到充分发挥。如果湿度不够，水泥水化反应不能正常进行，甚至会停止水化，这样不仅会降低混凝土的强度，还会使混凝土结构疏松，形成干缩裂缝，影响混凝土的耐久性。《混凝土结构工程施工质量验收规范》（GB 50204—2002）规定：应在混凝土浇筑完毕后的 12h 内对混凝土加以覆盖并保湿养护；混凝土浇水养护的试件，对采用硅酸盐水泥、普通硅酸盐水泥和矿渣水泥拌制的混凝土，不得少于 7d；对掺用缓凝型外加剂或有抗渗要求的混凝土，不得少于 14d。

3. 骨料

骨料的强度、级配、砂石中含有杂质的多少都会影响混凝土强度。骨料的级配良好，针、片状及有害杂质颗粒含量少，且砂率合理，有利于提高混凝土的强度。对于粗骨料来讲，采用表面粗糙含有棱角的碎石配制混凝土的强度要高于卵石的强度。

4. 养护时间（龄期）

混凝土在正常养护条件下，强度将随着龄期的增加而增大。混凝土的强度在最初的 7～14d 增长较快，28d 以后逐渐减慢，在适宜的温度和湿度条件下，强度会一直有所增长。

在标准养护条件下，用普通水泥配制的中等强度的混凝土，强度发展与其龄期的对数成正比例关系，计算式如下

$$\frac{f_n}{f_{28}}=\frac{\lg n}{\lg 28} \tag{4-5}$$

式中　f_n——n 天龄期混凝土的抗压强度；

f_{28}——28d 龄期混凝土的抗压强度；

n——龄期天数，$n \geqslant 3$。

如果知道混凝土的早期强度，由上式可以估算混凝土的 28d 龄期的强度，也可以根据 28d 强度估算出混凝土的早期强度。但由于影响混凝土强度的因素很多，此式一般只作参

考，如图 4-9 所示。

5. 试验条件

试验条件主要包括：试件的形状、尺寸、表面状态、含水程度以及加载速度等。

（1）试件形状。

试件形状不同，测出的强度值不一样。例如棱柱体试件和立方体试件相比测出的强度值较低。因为当试件受压时，试件受压面与试件承压板之间的摩擦力，对试件相对于承压板的横向膨胀起压缩作用，越接近于试件的端面，这种约束力就越大，其影响范围约为试件边长的$\frac{\sqrt{3}}{2}a$，这种约束力称为“环箍效应”，如图 4-10 所示。棱柱体试件的高宽比大，中间区受到环箍效应的影响小，因此棱柱体抗压强度比立方体抗压强度值小。

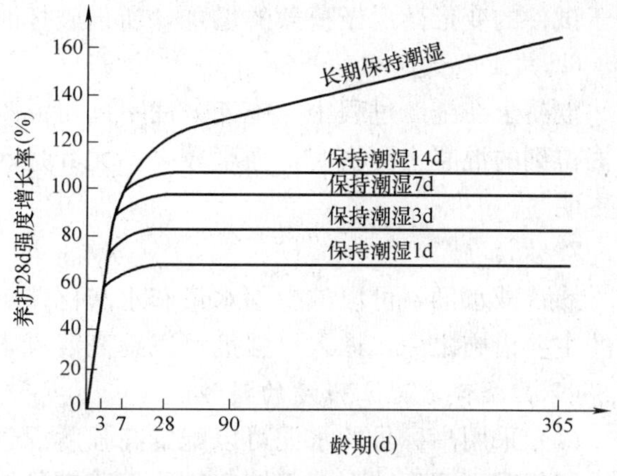

图 4-9　混凝土强度与养护时间的关系

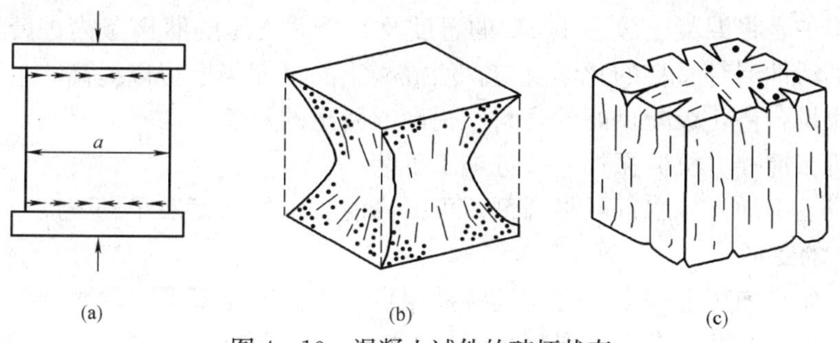

图 4-10　混凝土试件的破坏状态

（a）压缩机压板对试件的约束作用；（b）试件破坏后残存的棱锥体；

（c）不受压板约束时试件的破坏情况

（2）试件尺寸。

对于同种混凝土来讲，试件尺寸越小，测定的强度值越高。主要原因有两个方面，一是试件尺寸越大，试块内部出现空隙、裂缝等缺陷的几率越大；二是由于“环箍效应”的影响，大试块中间区域受到环箍效应的作用力相对较小，所以测得的强度值较低。在用非标准试件测定混凝土抗压强度时，所测得的抗压强度换算系数见表 4-14。

表 4-14　混凝土立方体试件尺寸选用及换算系数

骨料最大粒径（mm）	试件尺寸（mm）	换算系数
31.5	100×100×100	0.95
40	150×150×150	1
63	200×200×200	1.05

（3）试件的表面状态。

当试件承压面有油脂类润滑剂时，压板与试件之间摩擦力变小，使得环箍效应减弱，试件将出现垂直裂纹而破坏（图 4-10），测出的强度值偏低。

（4）加载速度。

试件的加载速度对强度值影响也很大，加载速度越大测出的强度值强度值越大。主要是由于试件的变形落后于荷载的增加，所以破坏时强度值偏高。

6. 施工条件

混凝土在施工过程中，施工方法不同对混凝土的强度影响也不同。例如机械搅拌、机械振捣得到的混凝土更密实，强度较高。尤其是水灰比比较小的干硬性混凝土采用机械振捣效果更明显。

7. 外加剂

掺入减水剂，可以减少用水量和水灰比，可以提高混凝土的强度，这也是提高混凝土强度的主要措施之一，掺入早强剂可以提高混凝土的早期强度。

（六）提高混凝土强度的措施

（1）采用高标号的水泥可以配置高强度混凝土，但成本较高。

（2）采用干硬性混凝土拌和物，但不容易振捣密实。

（3）采用湿热处理提高水泥石与骨料之间的黏结强度。

常用的有蒸汽养护和蒸压养护。蒸汽养护是将混凝土放在低于100℃常压蒸汽中进行养护；例如掺加混合材料的三种水泥在蒸汽养护条件下不仅可以提高早期强度还可以提高28d的强度。蒸压养护是将混凝土放在175℃的温度及8个大气压的蒸压釜内进行养护，在高温高压下，加快了活性混合材料的化学反应，使混凝土的早期强度得以提高。

（4）采用质量合格，级配良好的骨料，提高混凝土的密实度。

（5）采用机械搅拌、机械振捣，改进施工工艺。

（6）在混凝土中加入减水剂或早强剂，可提高混凝土的强度及早期强度。

三、混凝土的变形

混凝土在硬化和使用过程中，会受到各种因素作用而产生变形，混凝土的变形会影响混凝土的强度和耐久性，尤其是会使混凝土产生裂缝。引起混凝土变形的原因很多，归纳起来可以分为两大类：一类是非荷载作用下的变形，另一类是荷载作用下的变形。

（一）非荷载作用下的变形

1. 化学收缩

混凝土在硬化过程中，水泥水化以后的体积要小于水化之前反应物的体积，从而会使混凝土体积收缩，这种收缩称为化学收缩。化学收缩随着混凝土的龄期的延长而增加。一般在混凝土成型40d增长较快，以后逐渐趋于稳定。化学收缩是不能恢复的，其值较小，一般对混凝土结构没有破坏作用，但在混凝土内部会产生微细裂缝。

2. 干湿变形

干湿变形是指由于混凝土周围环境湿度的变化引起混凝土中水分的变化，导致混凝土的湿胀干缩。混凝土在有水浸入时，会使凝胶体中胶体粒子表面的水膜增厚，胶体粒子间距变大，使混凝土产生微小的湿胀现象。凝胶体在干燥空气中，毛细孔中的自由水和凝胶体中的吸附水相继蒸发，使得混凝土产生干缩。干缩后的混凝土再遇到水，部分变形是可以恢复的，但仍有30%～50%是不可恢复的。

混凝土的湿胀变形很小，一般无破坏作用。但是干缩变形对混凝土结构危害很大，干缩可以使混凝土表面产生较大的拉应力，导致混凝土表面开裂，使得混凝土强度降低，耐久性变差。

影响干缩的主要因素是水泥用量和水灰比，同时也与水泥品种、用水量、骨料种类、养护条件等有关系。因此减少混凝土的收缩可以采取以下措施：

（1）减少水泥用量。水泥用量越多，干燥收缩越大。

（2）选择合适的水泥品种。水泥颗粒越细，用水量越多，干燥收缩越大。例如使用火山灰水泥干缩较大，粉煤灰水泥干缩较小。

（3）减小水灰比。水灰比越大，硬化以后的孔隙越多，干缩越大。

（4）加强养护。潮湿环境可以推迟混凝土的干缩产生与发展，采用湿热处理可以降低混凝土的干缩率。

（5）采用级配良好，空隙率小，弹性模量大的骨料。含泥量小的砂石可以降低混凝土的干缩率。

（6）加强振捣。混凝土振捣越密实，内部孔隙越少，干缩也越小。

3．温度变形

混凝土与其他材料一样具有热胀冷缩的性能。混凝土的温度膨胀系数为（1～1.5）×10^{-5}/℃，即温度每升降1℃，每米胀缩0.01～0.015mm。

温度变形对大体积混凝土工程尤为不利，在混凝土硬化初期，水泥水化放出大量的热量，而由于混凝土导热性很差，散热慢，使大体积混凝土内外产生较大的温差，从而在混凝土表面产生很大的拉应力，容易引起混凝土的裂缝。在实际工程中大体积混凝土应尽量采用低热水泥、减小水泥用量、采用人工降温等措施。

对于纵向较长的钢筋混凝土结构，应考虑温度变形产生的危害，每隔一段距离应设置温度伸缩缝。

（二）荷载作用下的变形

1．短期荷载作用下的变形

（1）弹塑性变形。

混凝土是由水泥石、砂、石子、水等组成的一种不均匀复合材料，属于弹塑性材料。混凝土在荷载作用下既会产生弹性变形又会产生塑性变形。所以混凝土的全部变形（ε）由弹性变形（$\varepsilon_{弹}$）和塑性变形（$\varepsilon_{塑}$）组成。混凝土的应力—应变关系曲线如图4－11所示。

（2）混凝土的弹性模量。

在应力—应变关系曲线上任一点的应力与其应变的比值，称为混凝土在该应力下的弹性模量。混凝土的弹性模量是反映应力与应变关系的物理量，混凝土应力与应变之间的关系不是直线而是曲线，因此混凝土的弹性模量不是定值。混凝土的弹性模量有三种表示方法，即初始弹性模量 $E_0=\tan\alpha_0$、割线弹性模量 $E_c=\tan\alpha_1$ 和切线弹性模量 $E_h=\tan\alpha_2$，α_0、α_1、α_2 见图4－12。

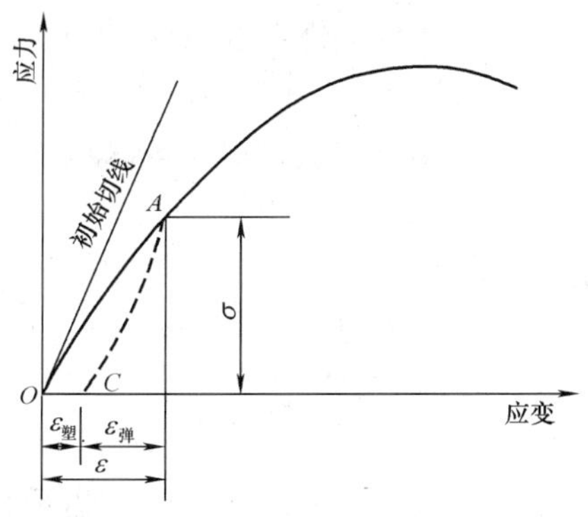

图4－11　混凝土应力—应变关系曲线

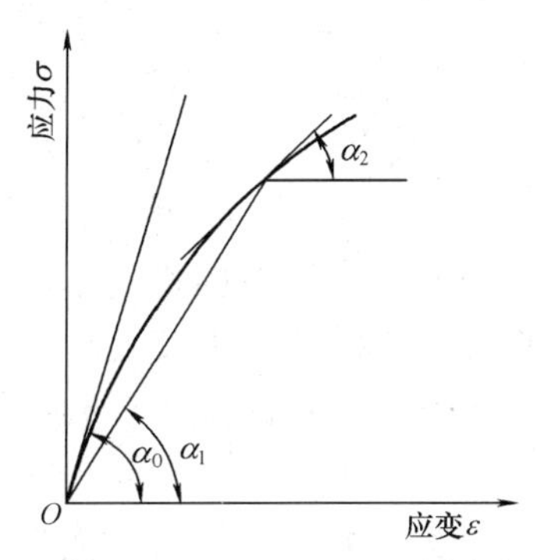

图4－12　α_0、α_1、α_2 示意图

混凝土的强度等级越高，弹性模量也越高，两种存在一定的相关性。当混凝土强度等级由C10增加到C60时，其弹性模量由1.75×10^4MPa增加到3.60×10^4MPa。

2．长期荷载作用下的变形—徐变

混凝土在长期不变荷载作用下，随时间而增长的非弹性变形，称为徐变。图4－13表示混凝土的徐变曲线。在混凝土加荷的瞬间产生瞬时变形，随着荷载作用时间的延长而逐渐产生徐变变形。徐变变形初期增长较快，以后逐渐缓慢，一般要延续2～3年才能稳定。当混凝土卸载后，一部分变形会很快恢复，其值小于加载时的瞬时变形，称为瞬时恢复。在卸载一段时间内，变形还会慢慢恢复，称为徐变恢复，最后不能恢复的变形称为残余变形。

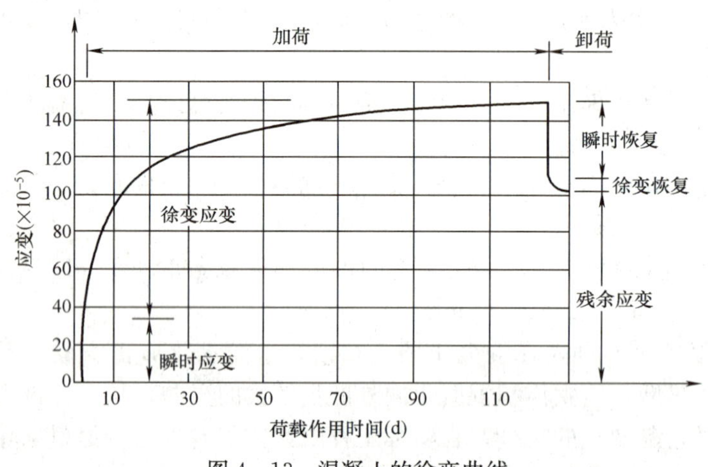

图4－13　混凝土的徐变曲线

影响混凝土徐变的因素主要有：水泥的用量及水灰比、骨料的弹性模量、骨料的规格与质量、养护龄期、养护湿度等。

徐变对钢筋混凝土及大体积混凝土有利，能消除混凝土内的应力集中，使应力重新均匀的分布；并能减少或消除大体积混凝土由于温度变形所产生的破坏应力；但对预应力混凝土不利，会使钢筋的预应力值受到损失，从而降低结构的承载力。

四、混凝土的耐久性

混凝土抵抗其自身因素和环境因素的长期破坏，保持其原有性能的能力，称为耐久性。在建筑工程中不仅要求混凝土具有足够的强度还要求混凝土具有与环境适应的耐久性来延长建筑物的使用寿命。耐久性是一项综合性技术指标，主要包括抗渗性、抗冻性、抗侵蚀性、抗碳化性等。

（一）抗渗性

抗渗性是指混凝土抵抗水、油等压力液体渗透的能力。抗渗性是混凝土耐久性的一项重要指标，它直接影响混凝土的抗冻性和抗侵蚀性。

混凝土的抗渗性可用抗渗等级来表示，它是以28d的标准试件，在规定的试验方法下所能承受的最大静水压来确定的。混凝土的抗渗等级有P4、P6、P8、P10、P12，5个等级，分别表示混凝土能抵抗0.4MPa、0.6MPa、0.8MPa、1.0MPa、1.2MPa的水压力而不渗透的现象。

混凝土渗水的主要原因是由于内部连通的孔隙、毛细孔、混凝土浇筑时形成的孔洞及蜂窝等。因此提高混凝土的密实度、减小水灰比、选用级配良好地砂石骨料、加强养护、精心施工、加入外加剂都可以提高混凝土的抗渗性。

（二）抗冻性

抗冻性是指混凝土在使用环境中，经多次冻融循环作用而不被破坏，同时也不严重降低强度的性能。混凝土抗冻性以抗冻等级来表示。以28d的混凝土标准试件，在饱水后承受反复冻融循环，以抗压强度损失小于等于25%，且质量损失小于等于于5%的最大循环次数来确定。混凝土的抗冻等级有F10、F15、F25、F50、F100、F150、F200、F250、F300，9个等级，分别表示为最大冻融次数不小于10、15、25、50、100、150、200、250和300次。

混凝土的抗冻性主要取决于混凝土的构造特征和含水程度。比较密实的或具有闭口孔隙的混凝土是比较抗冻的。选用适当的水泥品种，采用高标号的水泥或掺入外加剂（引气剂）等措施，可提高混凝土抗冻性能。

（三）抗侵蚀性

抗侵蚀性是指混凝土在外界各种侵蚀介质作用下抵抗破坏的能力。混凝土的抗侵蚀性主要与所选用的水泥品种、混凝土的密实度、孔隙特征等有关系。采用掺加混合材料的三种水泥抗侵蚀性要比硅酸水泥、普通硅酸盐水泥好，混凝土的密实度大、封闭孔隙多的混凝土抗侵蚀性好。

（四）碳化

碳化是指空气中 CO_2 在适宜的湿度条件下，与水泥水化生成的 $Ca(OH)_2$ 发生反应，生成 $CaCO_3$ 和水，使混凝土的碱度降低的过程。

碳化使混凝土内部碱度降低，减弱了对钢筋的保护，可能导致钢筋的锈蚀；碳化会使混凝土表面产生收缩，并由此产生裂缝，使混凝土抗拉强度及抗弯强度降低，但抗压强度和硬度有所提高。总的来说，碳化对混凝土的影响利少于弊，因此应设法提高混凝土的抗碳化能力。提高混凝土的抗碳化能力采取的措施：

（1）选取适当的水泥品种，如硅酸盐水泥水化生成的 $Ca(OH)_2$ 含量多，碳化速度相对较慢。

（2）采用较小的水灰比，水灰比越小，混凝土越密实，碳化速度越慢。

（3）加强养护，精心施工使混凝土结构密实。

（4）掺入外加剂，改善混凝土内部的孔结构，使混凝土内部的开口孔孔隙变成闭口孔，碳化速度变慢。

（5）改变环境因素。环境因素主要指空气中的 CO_2 浓度及相对湿度等，CO_2 浓度增高，碳化速度加快，在相对湿度50%～70%的环境中，碳化速度最快，在相对湿度达到100%或25%时，碳化将停止进行。

（五）碱—骨料反应

混凝土的碱—骨料反应，是指骨料中的（SiO_2）与水泥中的碱（Na_2O、K_2O）反应生成碱—硅酸凝胶。这种凝胶吸水以后，体积膨胀会造成混凝土膨胀开裂而破坏。

碱—骨料反应必须具备以下条件：

（1）水泥中含有较高的碱量，水泥中总碱量大于0.6%，才会与有活性 SiO_2 发生碱—骨料反应。

（2）砂、石中含有活性 SiO_2 并超过一定的数量。

（3）有水分存在，在干燥状态下不会发生碱—骨料反应。

三个条件中缺少一个都不会发生碱—骨料反应。

碱—骨料反应比较缓慢，有一定的潜伏期，可经过几年甚至十几年才会发生，一旦发生，很难控制，危害较为严重，会明显降低混凝土的力学性能。在实际工程中为了防止发生碱—骨料反应发生，可以采取以下措施：控制水泥中碱的含量不得超过0.6%；选用非活性骨料；降低混凝土中的单位水泥用量；掺加混合材料等。

（六）提高混凝土耐久性的措施

（1）根据工程特点、混凝土所处的环境条件，合理的选择水泥品种。

（2）使用杂质含量少，质量优，级配良好的砂、石骨料。

（3）严格控制水灰比及水泥用量，以保证混凝土的密实性，见表4-15。

（4）在混凝土中掺入减水剂、引气剂，可减少用水量并改善混凝土的耐久性能。

（5）在混凝土施工中，加强质量控制，以提高混凝土的质量，增强耐久性。

（6）在结构表面设防护层或进行表面处理，以防止腐蚀或碳化。

表4-15　　混凝土的最大水灰比和最小水泥用量

环境条件		结构物类别	最大水灰比			最小水泥用量（kg）		
			素混凝土	钢筋混凝土	预应力混凝土	素混凝土	钢筋混凝土	预应力混凝土
干燥环境		正常的居住或办公用房部件	不做规定	0.65	0.60	200	260	300
潮湿环境	无冻害	1. 高湿度的室内部件 2. 室外部件 3. 在非侵蚀性土（或）水中的部件	0.70	0.60	0.60	225	280	300
	有冻害	1. 经受冻害的室外部件 2. 在非侵蚀性土（或）水中经受冻害的部件 3. 高湿度且经受冻害的室内部件	0.55	0.55	0.55	250	280	300
有冻害和除冰剂的潮湿环境		经受冻害和除冰剂作用的室内和室外部件	0.50	0.50	0.50	300	300	300

第四节　混凝土的质量控制与强度评定

为了使混凝土的技术性能满足设计要求的和易性、强度、耐久性，首先要选择适宜的原材料、确定适当的配合比外，还应对整个施工过程的各个环节进行检验和控制，包括准确的计量、均匀搅拌、减少转运次数、缩短运输时间和采用正确的装卸方法、合理的浇筑程序、充分捣实、严格执行规定的养护制度等。

一、混凝土质量评定的方法

混凝土质量的波动最终会影响混凝土的强度，混凝土的抗压强度又与其他性能具有较好的相关性。所以在混凝土生产质量管理中，通常以混凝土的抗压强度作为评定和控制混凝土质量的主要指标。

（一）混凝土强度的波动规律

试验证明，同一强度等级的混凝土，在相同的施工条件下，其强度波动服从正态分布曲线如图 4-14 所示。

(1) 曲线呈钟形，在对称轴两侧曲线上各有一个拐点，拐点距对称轴等距离。

(2) 曲线以平均强度为对称轴，两边对称。高峰处为混凝土平均强度 $\bar{f}_{cu}$ 的概率，距对称轴越远出现的概率越小，并逐渐趋近于零。

(3) 曲线与横轴之间围成的面积概率总和(100%)，对称轴两边的概率各为 50%。

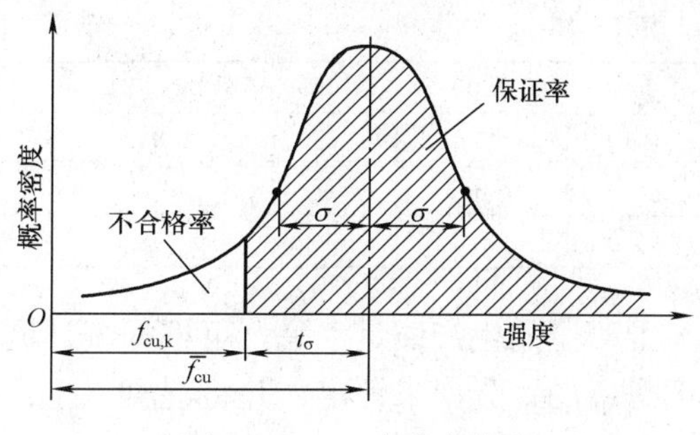

图 4-14　正态分布曲线

(二) 混凝土质量均匀性的评定

1. 强度平均值

$$\bar{f}_{cu} = \frac{1}{N}(f_{cu,1} + f_{cu,2} + \cdots + f_{cu,N}) = \frac{1}{N}\sum_{i=1}^{N} f_{cu,i} \tag{4-6}$$

式中　$\bar{f}_{cu}$——混凝土抗压强度的算术平均值，MPa；

N——试件的组数；

$f_{cu,i}$——第 i 组试件的抗压强度，MPa。

2. 标准差

$$\sigma = \sqrt{\frac{\sum_{i=1}^{N}(f_{cu,i} - \bar{f}_{cu})^2}{N-1}} = \sqrt{\frac{\sum_{i=1}^{N} f_{cu,i}^2 - N\bar{f}_{cu}^2}{N-1}} \tag{4-7}$$

式中　N——试件的组数 ($N \geqslant 25$)；

$f_{cu,i}$——第 i 组试件的抗压强度，MPa；

$\bar{f}_{cu}$——N 组试件抗压强度的算术平均值，MPa。

标准差 σ 是评定混凝土质量均匀性的一种指标，在数值上等于曲线拐点至强度平均值的距离。σ 值越小，强度分布曲线越窄而高，说明强度值分布较集中，则混凝土质量均匀性越好。

3. 变异系数

$$C_V = \frac{\sigma}{\bar{f}_{cu}} \times 100\% \tag{4-8}$$

变异系数也是评定混凝土质量均匀性的指标，C_V 值越小，说明混凝土质量越均匀，施工管理水平越高。主要适用于平均强度不同的混凝土之间质量的评定。

(三) 混凝土强度保证率 (P)

强度保证率是指在混凝土强度总体中，强度不低于要求强度等级值 ($f_{cu,k}$) 的百分率，在正态分布曲线上以阴影面积表示，如图 4-14 所示。阴影部分以外的面积为低于强度等级的概率，为不合格率。

混凝土强度保证率的计算方法如下

$$t = \frac{\bar{f}_{cu} - f_{cu,k}}{\sigma} = \frac{\bar{f}_{cu} - f_{cu,k}}{C_V \bar{f}_{cu}} \tag{4-9}$$

根据标准正态分布曲线方程，可得到概率度 t 与强度保证率 P (%) 的关系，见表 4-16。

表 4-16 **不同 t 值的保证率 P**

t	0.00	0.50	0.84	1.00	1.20	1.28	1.40	1.60
P（%）	50.0	69.2	80.0	84.1	88.5	90.0	91.9	94.5
t	1.645	1.70	1.81	1.88	2.00	2.05	2.33	3.00
P（%）	95.0	95.5	96.5	97.0	97.7	99.0	99.4	99.87

混凝土的生产质量水平，可根据统计同期内混凝土强度标准差 σ 和试件强度不低于要求强度等级的百分率来评定．并将混凝土生产单位的质量管理水平划分为"优良"、"一般"及"差"三个等级。

二、混凝土强度的评定

根据《混凝土强度检验评定标准》（GB/T 50107—2010）规定，混凝土强度评定方法可以分为统计方法和非统计方法。

（一）统计方法评定

1. 标准差已知法

当混凝土的生产条件在较长时间内能保持一致，同一品种混凝土的强度变异性能保持稳定时，强度评定应由连续三个试件组成一个验收批。其强度应满足如下要求

$$\bar{f}_{cu} \geqslant f_{cu,k} + 0.7\sigma_0 \tag{4-10}$$

$$f_{cu,min} \geqslant f_{cu,k} - 0.7\sigma_0 \tag{4-11}$$

当混凝土强度等级小于等于 C20 时，强度最小值满足下式要求

$$f_{cu,min} \geqslant 0.85 f_{cu,k} \tag{4-12}$$

当混凝土强度等级大于 C20 时，强度最小值满足下式要求

$$f_{cu,min} \geqslant 0.90 f_{cu,k} \tag{4-13}$$

式中 $\bar{f}_{cu}$——同一验收批混凝土立方体抗压强度平均值，MPa；

$f_{cu,min}$——同一验收批混凝土立方体抗压强度最小值，MPa；

$f_{cu,k}$——混凝土立方体抗压强度标准值，MPa；

σ_0——同一验收批混凝土立方体抗压强度的标准差，MPa。

2. 标准差未知统计法

如果混凝土连续生产性差，在较长时间内不能保持一致，强度变异系数不能保持稳定时，或在前一个检验期内的同一品种混凝土没有足够的数据用以确定验收批混凝土立方体抗压强度的标准差时，应由不少于 10 组的试件组成一个验收批，其强度应满足下式要求

$$\bar{f}_{cu} - \lambda_1 s f_{cu} \geqslant f_{cu,k} \tag{4-14}$$

$$f_{cu,min} \geqslant \lambda_2 f_{cu,k} \tag{4-15}$$

式中 sf_{cu}——同一验收批混凝土立方体抗压强度标准差，MPa，当计算值$<0.06f_{cu,k}$时，取 $sf_{cu}=0.06f_{cu,k}$；

λ_1，λ_2——合格判定系数，按表 4-17 取用。

表 4-17 **混凝土强度合格判定系数**

试件组数	10～14	15～19	≥20
λ_1	1.15	1.05	0.95
λ_2	0.90	0.85	

验收批混凝土强度标准差 sf_{cu} 按下式计算

$$sf_{cu}=\sqrt{\sum_{i=1}^{N}\frac{f_{cu,i}^{2}-N\bar{f}_{cu}^{2}}{N-1}} \tag{4-16}$$

式中　$f_{cu,i}$——第 i 组混凝土试件立方体抗压强度值，MPa；

N——一个验收批混凝土试件的组数。

采用统计方法进行混凝土强度评定，适用于预制混凝土构件厂、现场搅拌混凝土的施工单位。

（二）非统计法评定

对于小批量零星生产的混凝土，其试件数量有限，不具备按统计方法评定混凝土强度的条件，可以采用非统计法评定混凝土的强度。

按非统计方法评定混凝土强度时，试件组数一般为 2～9 组，强度一般应满足下式条件

$$\bar{f}_{cu}\geqslant\lambda_3 f_{cu,k} \tag{4-17}$$

$$f_{cu,min}\geqslant\lambda_4 f_{cu,k} \tag{4-18}$$

式中　λ_3，λ_4——合格判定系数，按表 4-18 取用。

表 4-18　　混凝土强度的非统计法合格判定系数

混凝土强度等级	<C60	≥C60
λ_3	1.15	1.10
λ_4	0.95	

非统计法评定混凝土强度，适用于小批量生产的预制构件厂的混凝土、现场搅拌量不大的混凝土。

（三）混凝土强度合格性判定

对混凝土强度要分批进行评定时，如果检验结果能满足上述规定要求时，则混凝土质量合格，否则为不合格。对于评为不合格的混凝土结构或构件，应进行实体鉴定，经鉴定仍未达到设计要求的结构或构件必须及时处理。当对混凝土试件强度的代表性有怀疑时，可对结构采用非破损（回弹法、超声法）或半破损（钻孔取芯法）试验，并按相关规定对结构或构件中的混凝土强度进行评定。

第五节　普通混凝土的配合比设计

混凝土配合比是指混凝土中各组成材料用量之间的比例关系。

一、混凝土配合比设计的基本要求

（1）满足施工要求的混凝土的和易性。

（2）满足结构设计要求的强度等级。

（3）满足工程所处环境混凝土耐久性要求。

（4）在满足上述条件下，尽量降低混凝土成本。

二、混凝土配合比设计的表示方法

（1）以 $1m^3$ 中各种材料的质量表示，如水泥 300kg，水 180kg，砂 720kg，石子 1250kg。

（2）以混凝土各项组成材料的质量比来表示，以水泥质量为1，例如水泥∶砂∶石子＝1∶2.4∶4.2，$W/C=0.6$。

三、混凝土配合比设计的基本参数及其确定方法

（一）混凝土配合比的三个基本参数

（1）水与水泥之间的比例关系，用水灰比表示。

（2）砂与石子之间的关系，用砂率表示。

（3）水泥浆与骨料之间的比例关系，常用单位用水量表示。

（二）三个参数与混凝土基本要求密切相关

1. 水灰比的确定

确定水灰比的原则是：必须同时满足强度和耐久性的要求，并尽可能选用较大的水灰比，以便使混凝土更经济。

具体方法：

（1）满足强度要求。

根据试配强度，按混凝土强度经验公式求得相应的水灰比。

（2）满足耐久性的要求。

为了保证混凝土的耐久性，根据混凝土所处的环境条件规定最大水灰比的限制。

2. 单位用水量的确定

方法：先按拌和物坍落度的要求及所用骨料的条件，利用根据恒定用水量方法所建立混凝土用水量表进行初步估计，然后用估计的用水量试拌混凝土拌和物，测其坍落度，如坍落度不符合要求，应适当调整用水量，再作试验直至符合要求为止。

3. 砂率的确定

配合比设计中确定的原则：必须选定合理砂率，才能获得需要的流动性且节约水泥。

确定砂率的方法：先凭实际经验或参考图表进行初步估计，然后按初步估计的砂率拌制混凝土进行和易性试验，再通过调整确定。

在条件许可或确有必要时，可选几个砂率，在用水量及水泥用量相同的条件下拌制几组不同砂率的混凝土拌和物。测出每组的混凝土拌和物的坍落度值，同时检验其黏聚性及保水性，作出坍落度与砂率关系曲线，从中可选择合理砂率值。

四、混凝土配合比设计的基本资料

在进行配合比设计前，应掌握的有关资料包括：

（1）设计要求的强度等级。

（2）工程所处环境，耐久性要求。

（3）混凝土结构类型。

（4）施工条件，包括施工质量，管理水平及施工方法。

（5）各项原材料的性质及技术指标。

五、混凝土配合比设计的方法与步骤

根据已经给定的原材料性能和对混凝土的技术要求，进行初步配合比设计，得出“初步配合比”，在初步配合比的基础上，经过试拌、检验、调整和易性得到“基准配合比”，在基准配合比的基础上进行强度检验，得出“设计配合比”，最后根据现场砂、石含水情况对配合比做出调整，得到“施工配合比”。

（一）初步配合比的计算

1. 确定配制强度 $f_{cu,0}$

为了保证混凝土的强度达到设计要求的强度等级，在配制混凝土时，混凝土的配制强度要高于其设计强度等级。按《普通混凝土配合比设计规程》（JGJ 55—2000）规定，混凝土的配制强度按下式计算

$$f_{cu,0} \geqslant f_{cu,k} + t\sigma \tag{4-19}$$

式中　$f_{cu,0}$——混凝土的配制强度，MPa；

$f_{cu,k}$——混凝土的设计强度等级，MPa；

σ——混凝土强度的标准差，MPa；

t——强度保证率系数，当强度保证率为 95%时，$t=1.645$。

混凝土强度标准差 σ 的确定方法如下：

（1）当施工单位具有近期同一品种混凝土强度资料时，σ 值可按下式进行计算

$$\sigma = \sqrt{\frac{\sum_{i=1}^{N} f_{cu,i}^2 - N\bar{f}_{cu}^2}{N-1}} \tag{4-20}$$

式中　N——同一强度等级的混凝土试件组数（$N \geqslant 25$）；

$f_{cu,i}$——第 i 组试件的抗压强度，MPa；

$\bar{f}_{cu}$——同一验收批混凝土抗压强度平均值，MPa；

σ——N 组试件抗压强度的标准差，MPa。

当混凝土强度等级为 C20 或 C25 时，如果计算得到的 $\sigma < 2.5\text{N/mm}^2$，取 $\sigma = 2.5\text{N/mm}^2$；混凝土强度等级>C25 时，如计算得到的 $\sigma < 3.0\text{N/mm}^2$，取 $\sigma = 3.0\text{N/mm}^2$。

（2）当施工单位不具有近期的同一品种混凝土强度资料时，其混凝土强度标准差 σ 可按表 4-19 采用。

表 4-19　σ 值（GB 50204—2002）

混凝土强度等级	低于 C20	C20～C35	高于 C35
σ 值（N/mm^2）	4.0	5.0	6.0

2. 确定水灰比（W/C）

混凝土强度等级小于 C60 时，根据式（4-4）计算水灰比

$$f_{cu,0} = \alpha_a f_{ce}\left(\frac{C}{W} - \alpha_b\right)$$

则

$$\frac{W}{C} = \frac{\alpha_a f_{ce}}{f_{cu,0} + \alpha_a \alpha_b \times f_{ce}} \tag{4-21}$$

根据混凝土的使用条件，由上式计算出的水灰比应满足耐久性对最大水灰比的要求，计算出的水灰比与表 4-15 中的最大水灰比相比，取两者中的较小值。

3. 确定单位用水量（m_w）

（1）干硬性和塑性混凝土用水量的确定。

1）水灰比在 0.4～0.8 之间时，根据骨料的种类、最大粒径及施工要求的混凝土和易性，其用水量可按表 4－20 和表 4－21 选用。

表 4－20　干硬性混凝土的用水量（kg/m^3）

拌和物稠度		卵石最大粒径（mm）			碎石最大粒径（mm）		
项目	指标	10	20	40	16	20	40
维勃稠度	16～20	175	160	145	180	170	155
	11～15	180	165	150	185	175	160
	5～10	185	170	155	190	180	165

表 4－21　塑性混凝土的用水量（kg/m^3）

拌和物稠度		卵石最大粒径（mm）				碎石最大粒径（mm）			
项目	指标	10	20	31.5	40	16	20	31.5	40
坍落度	10～30	190	170	160	150	200	185	175	165
	35～50	200	180	170	160	210	195	185	175
	55～70	210	190	180	170	220	205	195	185
	75～90	215	195	185	175	230	215	205	195

注 1. 本表用水量是采用中砂时的平均取值。采用细砂时，每立方米混凝土用水量可增加 5～10kg；采用粗砂时，则可减少 5～10kg。
2. 掺用各种外加剂或掺和料时，用水量应相应调整。

2）水灰比小于 0.4 的混凝土以及采用特殊成型工艺的混凝土用水量，应通过试验确定。

（2）流动性和大流动性混凝土用水量的确定。

1）以表 4－21 中坍落度 90mm 的用水量为基础，按坍落度每增加 20mm，用水量增加 5kg，计算出未掺外加剂时混凝土的用水量。

2）掺外加剂时混凝土的用水量按下式计算

$$m_{wa} = m_w(1-\beta) \tag{4-22}$$

式中 m_{wa}——掺外加剂混凝土每立方米的用水量，kg；

m_w——未掺外加剂混凝土每立方米的用水量，kg；

β——外加剂的减水率，β 值按试验确定。

4. 计算混凝土的单位水泥用量（m_c）

根据已经确定的用水量和水灰比，计算水泥用量

$$m_c = \frac{m_w}{\frac{W}{C}} = m_w \times \frac{C}{W} \tag{4-23}$$

计算出的水泥用量应符合表 4－15 中最小水泥用量相比，两者取较大值。

5. 确定合理的砂率（β_s）

合理砂率的选择一般可根据本单位的使用经验或者通过试验来确定。如果没有历史资料可参考时，可根据骨料的种类、规格及混凝土的水灰比查表 4－22。

6. 确定砂、石的用量（m_s、m_g）

砂、石用量的计算既可用体积法也可用质量法来计算。

表 4-22 混凝土的砂率（%）

水灰比	卵石粒径（mm）			碎石粒径（mm）		
	10	20	40	16	20	40
0.40	26～32	25～31	24～30	30～35	29～34	27～32
0.50	30～35	29～34	28～33	33～38	32～37	30～35
0.60	33～38	32～37	31～36	36～41	35～40	33～38
0.70	36～41	35～40	34～39	39～44	38～43	36～41

注 1. 表中数值是中砂的选用砂率，对细砂、粗砂可相应减小或增大砂率。

2. 一个单粒级粗骨料配制混凝土时，砂率应适当增大。

3. 对薄壁构件，砂率取偏大值。

4. 本表摘自《普通混凝土配合比设计规程》(JGJ 55—2000)。适用 10mm≤T≤60mm 的情形。当 T≥60mm 时，按坍落度每增大 20mm 砂率相应增大 1%处理；对于坍落度小于 10mm 的混凝土及掺用外加剂的混凝土，其砂率应根据试验确定。

（1）体积法。

假定 1m³ 混凝土拌和物的体积等于各个组成材料的绝对体积与拌和物中所含空气的体积之和。可用下列方程计算出砂、石的用量，即

$$\begin{cases}\dfrac{m_c}{\rho_c}+\dfrac{m_s}{\rho_s}+\dfrac{m_g}{\rho_g}+\dfrac{m_w}{\rho_w}+0.01\alpha=1\\[2ex]\beta_s=\dfrac{m_s}{m_s+m_g}\times100\%\end{cases}\tag{4-24}$$

式中 ρ_c——水泥的密度，kg/m³；

ρ_s，ρ_g——砂、石子的表观密度，kg/m³；

ρ_w——水的密度，kg/m³；

α——混凝土含气量的百分数%，在未使用引气型外加剂时 α=1。

（2）质量法。

根据经验，若使用的原材料比较稳定时，所配制的混凝土拌和物的表观密度将将近一个固定值，这样可以先假定 1m³ 混凝土拌和物的质量 m_{cp}，由以下两式联立，计算出砂、石子（m_s、m_g）的用量。

$$\begin{cases}m_c+m_w+m_s+m_g=m_{cp}\\[1ex]\beta_s=\dfrac{m_s}{m_s+m_g}\times100\%\end{cases}\tag{4-25}$$

m_{cp}可根据积累的试验资料确定，在无资料时，可以在 2350～2450kg 范围内取值。通过上述几个步骤可以求出 1m³ 混凝土中砂、石子、水、水泥的用量，即为混凝土的初步配合比。

（二）确定基准配合比

混凝土的初步配合比是借助经验公式或经验资料查得的，因此不一定符合工程实际情况，应进行试验室检验，进行配合比调整，直到混凝土拌和物的和易性满足要求为止，此时得到的配合比为混凝土的基准配合比，可以作为检验混凝土强度来用。

混凝土试配时拌和物的最小用量应符合如下规定：骨料最大粒径≤31.5mm 时，为

15L，最大粒径为 40mm 时试拌体积为 25L；采用机械搅拌时，搅拌量不宜小于搅拌机额定量的 1/4。

调整混凝土和易性的方法：若流动性大于要求的值，可保持砂率不变，适当增加砂、石用量；若流动性小于要求值，可保持水灰比不变，适当增加水，水泥用量；若黏聚性和保水性差，可适当增加砂率。

和易性合格后，测得该拌和物的实际表观密度（$\rho_{c,t}$），并计算出各组成材料的拌和用量：水泥 $m_{c拌}$、水 $m_{w拌}$、砂 $m_{s拌}$、石子 $m_{g拌}$，拌和物总量 $m_{总拌}=m_{w拌}+m_{c拌}+m_{s拌}+m_{g拌}$，由此计算出 $1m^3$ 各组成材料等用量，即为基准配合比，计算式为

$$\begin{cases} m_{c1}=\dfrac{m_{c拌}}{m_{总拌}}\times\rho_{c,t} \\ m_{w1}=\dfrac{m_{w拌}}{m_{总拌}}\times\rho_{c,t} \\ m_{s1}=\dfrac{m_{s拌}}{m_{总拌}}\times\rho_{c,t} \\ m_{g1}=\dfrac{m_{g拌}}{m_{总拌}}\times\rho_{c,t} \end{cases} \tag{4-26}$$

（三）确定设计配合比

上述得出的混凝土配合比仅是满足和易性的要求，其强度是否满足要求，还要进一步进行强度试验。进行强度试验时，一般采取三组配合比，一组是基准配合比，另外二组是在基准配合比基础上分别增加和减少 0.05，而砂、石、水的用量不变（必要时也可以适当调整砂率，可分别增、减 1%）。另外 2 组也要通过试拌、检验、调整和易性，保证三组均满足和易性要求。

然后做混凝土试验，每组配合比至少制作一组（三块）试块，经成型、养护 28d 测其抗压强度值，由三个抗压强度值和对应的三个灰水比，绘制出抗压强度和灰水比的关系曲线，从曲线中找出 $f_{cu,0}$ 对应得灰水比。然后再确定 $1m^3$ 混凝土中各种材料的用量。用水量（m_w）应在基准配合比用水量的基础上，根据制作试件时的和易性调整来进行确定；水泥用量（m_c）应以用水量乘以选定的灰水比计算确定；砂、石子（m_s、m_g）应在基准配合比基础上，按选定的灰水比进行调整后确定。此时，四种材料的体积之和不一定等于 $1m^3$，所以还要测定实际的表观密度（$\rho_{c,t}$）和计算表观密度（$\rho_{c,c}$）进行校正。校正系数 δ 为

$$\delta=\frac{\rho_{c,t}}{\rho_{c,c}}=\frac{\rho_{c,t}}{m_w+m_c+m_s+m_g} \tag{4-27}$$

如果实际测量表观密度与计算表观密度之差的绝对值不超过计算值的 2%时，以上计算的配合比即为混凝土设计配合比；如果两者之差查过计算值的 2%，应将以上各项材料乘以校正系数，即为混凝土的设计配合比，计算式为

$$\begin{cases} m_c=m_{c1}\delta \\ m_w=m_{w1}\delta \\ m_s=m_{s1}\delta \\ m_g=m_{g1}\delta \end{cases} \tag{4-28}$$

（四）确定施工配合比

混凝土的设计配合比是按照干燥状态下计算骨料的质量的，实际在施工现场的砂、石一

般都含有一定的水分，所以现场材料的实际应按砂、石含水量进行修正，从而得到施工配合比。假定现场的砂、石子含水率分别为 $a\%$ 和 $b\%$，则施工配合比为

$$\begin{cases} m'_c = m_c \\ m'_s = m_s(1+a\%) \\ m'_g = m_g(1+b\%) \\ m'_w = m_w - m_s a\% - m_g b\% \end{cases} \tag{4-29}$$

（五）普通混凝土配合比设计例题

【例 4-2】 某教学楼的钢筋混凝土梁，设计强度等级为 C20，不受风雪影响，施工要求坍落度为 35～50mm，该单位无混凝土质量的历史资料，混凝土强度标准差 σ=5.0MPa，混凝土施工采用机械拌和、机械振捣。施工单位生产质量水平优良，采用原材料为：

水泥：强度等级为 42.5 的普通硅酸盐水泥。富余系数 γ_c=1.13，密度 ρ_c=3100kg/m^3；

砂：中砂，级配合格，表观密度 ρ_{0s}=2650kg/m^3，堆积密度 ρ'_{0s}=1500kg/m^3；

石子：碎石，级配合格，表观密度 ρ_{0g}=2700kg/m^3，堆积密度 ρ'_{0g}=1600kg/m^3，D=20～40mm；

水：自来水。

试求：

(1) 设计混凝土的初步配合比；

(2) 求混凝土的基准配合比；

(3) 如果已知施工现场砂的含水率为 2%，石子的含水率为 4%，求混凝土的施工配合比。

解 (1) 确定初步配合比。

1) 确定混凝土的配制强度。

该单位无历史资料，σ=5.0MPa，P=95%时，t=1.645。

$$f_{cu,0} = f_{cu,k} + t\sigma = 20 + 1.645 \times 5 = 28.2\text{MPa}$$

2) 确定水灰比（W/C）。

水泥实际测量强度，$f_{ce}=\gamma_c \times f_{ce,k}=1.13\times 42.5=48.0$MPa

采用碎石，查表 4-13 得，α_a=0.46，α_b=0.07。

根据式（4-21）代入数据得

$$\frac{W}{C} = \frac{\alpha_a f_{ce}}{f_{cu,0} + \alpha_a \alpha_b f_{ce}} = \frac{0.46 \times 48.03}{28.2 + 0.46 \times 0.07 \times 48.0} = 0.74$$

查表 4-15 得，满足最大耐久性要求的水灰比为 0.65，所以 W/C=0.65。

3) 确定单位用水量（m_w）。

根据 T=35～50mm，D_{max}=40mm，碎石，查表 4-21，得出 1m^3 混凝土用水量 m_w=175kg。

4) 确定水泥用量（m_c）。

$$m_c = \frac{m_w}{\frac{W}{C}} = \frac{175}{0.65} = 269\text{kg}$$

查表 4-15，最小水泥用量为 260kg/m^3，所以 1m^3 混凝土水泥用量选用 m_c=269kg。

5) 确定砂率（β_s）。

由 W/C=0.65，碎石，D_{max}=40mm，查表 4-22，β_s=35%。

6）计算砂石用量（m_s、m_g）。

① 质量法。

假定混凝土拌和物的体积密度为 2400kg/m³，得

$$269 + 175 + m_s + m_g = 2400$$

$$35\% = \frac{m_s}{m_s + m_g} \times 100\%$$

解得 $m_s = 686\text{kg}$，$m_g = 1270\text{kg}$。

② 体积法。

$$\frac{269}{3100} + \frac{m_s}{2650} + \frac{m_g}{2700} + \frac{175}{1000} + 0.01 \times 1 = 1$$

$$35\% = \frac{m_s}{m_s + m_g} \times 100\%$$

解得 $m_s = 677\text{kg}$，$m_g = 1254\text{kg}$。

所以混凝土的初步配合比为：1m³ 混凝土中水泥 269kg，水 175kg，砂 677kg，石子 1254kg 或水泥：水：砂：石子＝1：0.65：2.52：4.66（以体积法计算）。

（2）确定基准配合比。

按初步配合比配制 25L 的试拌用量，各种材料用量为

水泥：0.025×269＝6.725kg

水：0.025×175＝4.375kg

砂：0.025×677＝16.925kg

石子：0.025×1254＝31.35kg

按规定方法拌和后，测得坍落度为 15mm，小于设计要求的 35～50mm，在保持水灰比不变的前提下增加 5%的水泥浆，重新拌和后测得坍落度为 40mm，符合要求。测得混凝土拌和物的表观密度为 2410kg/m³，调整后各种材料的用量

水泥：6.725×（1＋5%）＝7.06kg

水：4.375×（1＋5%）＝4.59kg

砂：16.925kg

石子：31.35kg

得出基准配合比

$$m_{c1} = \frac{7.06}{7.06 + 4.59 + 16.925 + 31.35} \times 2410 = 284\text{kg}$$

$$m_{w1} = \frac{4.59}{4.59 + 7.06 + 16.925 + 31.35} \times 2410 = 185\text{kg}$$

$$m_{s1} = \frac{16.925}{16.925 + 4.59 + 7.06 + 31.35} \times 2410 = 681\text{kg}$$

$$m_{g1} = \frac{31.35}{4.59 + 7.06 + 16.925 + 31.35} \times 2410 = 1261\text{kg}$$

本工程的基准配合比如下：$m_{c1} : m_{w1} : m_{s1} : m_{g1} = 284 : 185 : 681 : 1261 = 1 : 0.65 : 2.40 : 4.44$。

（3）确定施工配合。

$$m'_c = m_{c1} = 284\text{kg}$$

$$m'_s = m_{s1}(1 + a\%) = 681(1 + 2\%) = 694.62\text{kg}$$

$$m'_g = m_{g1}(1 + b\%) = 1261(1 + 4\%) = 1311.44\text{kg}$$

$$m'_w = m_{w1} - m_{s1} \times a\% - m_{g1} \times b\% = 185 - 681 \times 2\% - 1261 \times 4\% = 120.94\text{kg}$$

该工程所用混凝土的施工配合比为

$$m'_c : m'_w : m'_s : m'_g = 284 : 120.94 : 694.62 : 1311.44 = 1 : 0.43 : 2.45 : 4.62$$

第六节 混 凝 土 外 加 剂

混凝土外加剂是指在混凝土拌和过程中，加入用以改善混凝土性能的外加剂，其掺加量一般不超过水泥用量的5%。

混凝土外加剂的掺入量虽然很小，但是能对混凝土的很多性能产生影响，例如和易性、耐久性、可以提高混凝土的强度、可以节省水泥。外加剂在混凝土中具有投资少、见效快的特点。外加剂的发展虽然只有六七十年的历史，但目前已成为混凝土向高科技领域发展的关键技术，并且已成为水、水泥、砂、石子之外的混凝土的第五种组成成分。

一、外加剂的分类

（一）按外加剂的使用功能分类

（1）改善混凝土拌和物的流动性能的外加剂，包括各种减水剂、引气剂和泵送剂等。

（2）调节混凝土凝结时间、硬化性能的外加剂，包括缓凝剂、早强剂、速凝剂等。

（3）改善混凝土耐久性能的外加剂，包括引气剂、防水剂和阻锈剂等。

（4）改善混凝土其他性能的外加剂，包括引气剂、膨胀剂、防冻剂、着色剂、防水剂和泵送剂、脱模剂等。

（二）按化学成分分类

1. 无机类外加剂

常用氯化钙、硫酸钠、铝粉、氢氧化铝等外加剂。

2. 有机类外加剂

混凝土中使用的外加剂大部分是有机物外加剂，其中应用最多的是阴离子型表面活性剂。表面活性剂是指可溶于水并定向排列于液体表面或两相界面上，从而显著降低表面张力或界面张力的物质，能起到润滑、乳化、分散、湿润、气泡等作用。表面活性剂由亲水基团和憎水基团组成。表面活性剂可以分为阳离子型表面活性剂、阴离子型表面活性剂、两性型表面活性剂。

3. 复合类外加剂

将有机和无机等多种外加剂复合使用。常用的有减水剂、引气剂、早强剂、缓凝剂、防冻剂等。

二、常用的混凝土外加剂

（一）减水剂

减水剂是指在混凝土拌和物流动性不变的前提下，能减少拌和用水量的外加剂。

1. 减水剂的作用机理

水泥加水拌和以后，由于水泥颗粒及水化产物之间分子引力的作用，会形成絮凝结构，见图4-15。部分拌和水被絮凝结构包裹，没能起到流动性的作用，使得混凝土的流动性降低。加入减水剂后，减水剂使水泥颗粒表面带上电性相同的电荷，水泥颗粒之间产生斥力而使水泥颗粒分开，使絮凝结构解体而释放出游离水，所以增加了混凝土的流动性。当水泥颗粒表面吸附足够的减水剂时，水泥颗粒表面就形成了一层稳定的溶化剂膜，使水泥颗粒间更易滑动，混凝土拌和物的流动性得到进一步提高。

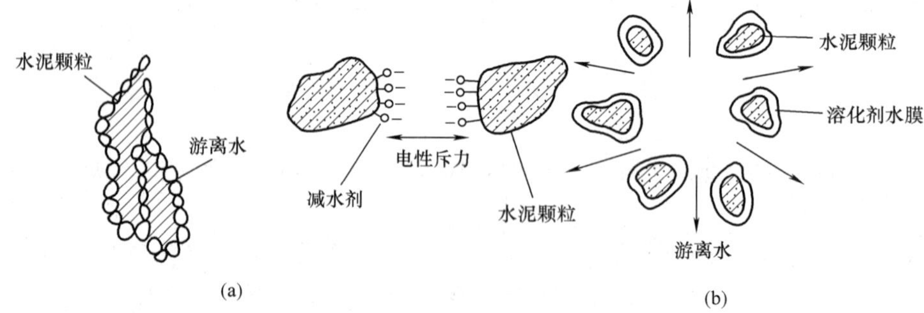

图 4-15 水泥浆絮凝结构和减水剂作用简图

2. 减水剂的主要技术经济效果

(1) 提高流动性。

在保持用水量和 W/C 不变的条件下，流动性可以增大 10～20mm，且不影响强度。

(2) 提高强度。

在流动性不变情况下，可减水 10%～20%的用水量，如果水泥用量不变，可降低水灰比，使混凝土强度提高 15%～20%。

(3) 可节省水泥。

在保持流动性，强度均不变的情况下，可节约水泥 5%～20%。

(4) 减少用水量。

流动性不变可减少用水量 10%～20%。

(5) 改变混凝土性能。

加入减水剂后，可以减小水灰比，使密实度提高，从而提高混凝土的抗冻、抗渗等性能，改善混凝土耐久性。

3. 常用减水剂及其减水效果

减水剂是使用最广泛、效果最显著的一种外加剂。减水剂按使用功能可以分为普通减水剂和高效减水剂。普通减水剂是指在保证混凝土坍落度不变的情况下，能减少拌和水量不超过 10%的减水剂；高效减水剂的减水率多在 15%～30%之间。常用的减水剂的品种及减水效果见表 4-23。

表 4-23 常用的减水剂的品种及减水效果

类别	普通减水剂		高效减水剂	
	木质素系	糖蜜系	多环芳香族磺酸盐系（萘系）	水溶性树脂系
主要品种	木质素磺酸钙（木钙） 木质素磺酸钠（木钠） 木质素磺酸镁（木镁）	3FG、TF、ST	NN0、NF、FDN、UNF、JN、MF、SN-2、NHJ、SP-1、DH、JW-1等	SM、CRS等

续表

类别		普通减水剂		高效减水剂	
		木质素系	糖蜜系	多环芳香族磺酸盐系（萘系）	水溶性树脂系
主要成分		木质素磺酸钙 木质素磺酸钠 木质素磺酸镁	矿渣、废蜜经石灰中和处理而成	芳香族磺酸盐甲醛缩合物	三聚氢氨树脂磺酸（SM）古玛隆-茚树脂磺酸钠（CRS）
适宜掺量（占水泥质量的百分比）		0.2%～0.3%	0.2%～0.3%	0.2%～1.0%	0.5%～2.0%
效果	减水率	10%左右	6%～10%	15%～25%	18%～30%
	早强			明显	显著
	缓凝	1～3h	3h以上		
	引气	1%～2%		一般为非引气或引气<2%	<2%

（二）早强剂

早强剂是指能提高混凝土的早期强度，对后期强度无显著影响的外加剂。

1. 早强剂的作用机理

(1) 早强剂能加速水泥水化，早期出现大量的水化产物而提高强度。

(2) 早强剂能与水泥水化产物发生反应生成不溶性复盐，形成坚强的骨架。

(3) 早强剂能与水泥水化产物反应生成不溶性的具有明显膨胀的盐类，不仅可形成骨架，而且还会提高早期密实度。

2. 常用的早强剂

常用的早强剂品种有氯盐类、氨盐类、硫酸盐类、有机胺类以及复合早强剂等，见表4-24。

表4-24　　常用的早强剂

类别	氯盐类	硫酸盐类	有机氨类	复合类
常用品种	氯化钙	硫酸钠（元明粉）	三乙醇胺	(1) 三乙醇胺（A）+氯化钠（B） (2) 三乙醇胺（A）+亚硝酸钠（B）+氯化钠（C） (3) 三乙醇胺（A）+亚硝酸钠（B）+二水石膏（C） (4) 硫酸盐复合早强剂（NC）
适宜掺量（占水泥质量百分比）	0.5%～1.0%	0.5%～2.0%	0.02%～0.05%一般不单独用，常与其他早强剂复合用	(1) (A) 0.05%+(B) 0.5% (2) (A) 0.05%+(B) 0.5%+(C) 0.5% (3) (A) 0.05%+(B) 1.0%+(C) 2.0% (4) (NC) 2.0%～4.0%
早强效果	显著 3d强度可提高50%～100%，7d强度可提高20%～40%	显著 掺1.5%时达到混凝土设计强度70%的时间可缩短一半	显著 早期强度可提高50%左右，28d强度不变或稍有提高	显著 2d强度可提高70%，28d强度可提高20%

早强剂可在常温和负温（不小于－5℃）条件下加速混凝土硬化过程，多用于冬期施工和抢修工程。

（三）引气剂

引气剂是指在混凝土搅拌过程中，能引入大量均匀分布、稳定而封闭的微小气泡的外加剂，可以改善混凝土拌和物的泌水、离析，改善混凝土的和易性，并能显著提高硬化混凝土的抗冻性耐久性的外加剂。

1. 引气剂的作用

引气剂是表面活性剂，作用机理和减水剂基本相同。搅拌混凝土拌和物时会混入一些气体，加入引气剂后，引气剂分子定向排列在气泡上，形成坚固不易破裂的液膜，从而形成稳定、封闭气泡，气泡大小均匀，在混凝土中均匀分散，从而改变混凝土的内部孔隙特征，使混凝土的很多性能得到改善。

2. 引气剂的技术效果

（1）改善混凝土的和易性。

加入引气剂会使混凝土拌和物的流动性大大增加。若流动性不变，用水量可减少 10％左右，同时使混凝土的黏聚性和保水性得到明显的改善。

（2）提高耐久性。

混凝土硬化后，气泡隔断了混凝土中的毛细管渗水通道，改善混凝土内部的孔隙特征，从而提高混凝土的抗渗性、抗冻性、抗侵蚀性等。

（3）对强度和变形的影响。

由于混凝土内部有大量的气泡存在，使得混凝土的弹性模量降低，对抗裂有利，但强度、耐磨性降低。

（4）掺外加剂混凝土的含气量控制。

适合的含气量与骨料的最大粒径有关。混凝土中的掺入量一般为水泥质量的 3％～6％。含气量太大，混凝土强度下降过多。

3. 引气剂的品种

目前常用的引气剂有松香树脂类、烷基苯磺酸盐类和脂肪醇盐类。其中松香树脂类效果最好，最常使用。

引气剂主要用于抗冻混凝土、抗渗混凝土、抗硫酸盐混凝土、泵送混凝土、港口混凝土等，不宜用于蒸汽养护的混凝土和预应力混凝土。

（四）缓凝剂

缓凝剂是指能延缓混凝土的凝结硬化时间，并对混凝土的后期强度发展无不利影响的外加剂。

缓凝剂使混凝土拌和物利于浇筑振捣成型，提高施工质量，同时还可以减水，降低水化热等，对钢筋不锈蚀。

缓凝剂多用高温季节施工混凝土、大体积混凝土工程，泵送与滑模方法施工以及较长时间停放或者远距离运送的混凝土等。

缓凝剂的品种或掺量的选择应根据缓凝效果的要求来选择。主要品种有糖类、木质素磺酸盐类、羟基羟酸盐类及无机盐类等，见表 4－25。

表 4-25　常用缓凝剂

类　别	品　种	掺量（占水泥质量）（%）	缓凝效果（h）
糖类	糖、蜜等	0.2～0.5（水剂） 0.1～0.3（粉剂）	2～4
木质素磺酸盐类	木质素磺酸钙（钠）等	0.2～0.3	2～3
羟基羟酸盐类	柠檬酸、酒石酸钾（钠）等	0.03～0.1	4～10
无机盐类	锌盐、硼酸盐、磷酸盐等	0.1～0.2	

（五）速凝剂

速凝剂是指能使混凝土迅速凝结硬化的外加剂。速凝剂与水泥加水拌和迅速发生反应，是石膏的缓凝作用丧失，铝酸三钙迅速水化而产生快凝。速凝剂主要应用于喷射混凝土工程、矿山井巷、铁路隧道、引水涵洞，以及紧急抢修、堵漏混凝土工程等。

常用的速凝剂主要有红星 1 型、711 型、782 型等品种。

（六）防冻剂

能降低混凝土在水中的冰点，并有促凝和早强作用的外加剂。

目前，工程中使用的防冻剂多为复合防冻剂。复合防冻剂由防冻、早强、减水等组分组成，有的还加入引气组分。

常用的防冻剂有氯盐类，用氯化钙、氯化钠，或以氯盐为主的其他早强剂、引气剂、减水剂复合的外加剂；氯盐阻锈类，氯盐与阻锈剂为主复合的外加剂；无氯盐类，以硝酸盐、亚硝酸钠、乙酸钠或尿素为主复合的外加剂。

（七）膨胀剂

混凝土在水化过程中产生一定体积膨胀，并在有约束条件下产生适宜自应力的外加剂。

目前应用较多的膨胀剂有：硫铝酸钙类，如明矾石膨胀剂、CSA 膨胀剂等；氯化钙类，如石灰膨胀剂；氯化钙—硫铝酸钙类，如复合膨胀剂；氧化镁类膨胀剂，如氧化镁膨胀剂；金属类，如铁屑膨胀剂等。

（八）阻锈剂

阻锈剂是能抑制或减轻混凝土中钢筋锈蚀的外加剂。钢筋在混凝土的碱性环境下，表面会产生钝化膜，对钢筋起保护作用。但在有害物质侵蚀或者混凝土碱性降低时，钝化膜会遭到破坏，形成微电池，腐蚀钢筋，造成钢筋生锈破坏。钢筋阻锈剂可以阻止微电池腐蚀，使钢筋表面的钝化膜得以修复或形成。

三、外加剂的选择与使用

1. 外加剂的选用

混凝土外加剂的品种很多，在选用时根据使用外加剂的目的，通过技术经济比较确定。

2. 外加剂的使用

外加剂品种确定后，对外加剂的掺量要严格而准确地加以控制。如果掺量过小，达不到预期效果；掺量过大，会影响混凝土质量，甚至造成严重事故。

外加剂的掺入方法有先掺法、后掺法、同掺法。工程中一般采用后掺法和同掺法。

同掺法是将外加剂事先溶于水，配制成一定浓度的水溶液，搅拌混凝土时与拌和水同时加入。此种方法计量准确，搅拌质量均匀，搅拌程序简单，但是随着时间延长，会使混凝土的坍落度损失较大。

后掺法是指搅拌混凝土时，先不加外加剂，而是在浇筑混凝土前加入，进行二次搅拌。此种方法混凝土坍落度损失较小。

第七节 其他品种混凝土

一、轻骨料混凝土

用轻粗骨料、轻砂（普通砂）、水泥和水配制而成，表观密度小于 1950kg/m^3 的混凝土，称为轻骨料混凝土。其中粗、细骨料均为轻骨料者，称为全轻混凝土；细骨料全部或部分为普通砂者称为砂轻混凝土。

（一）轻骨料

1. 轻骨料的分类

轻骨料按其来源可以分为工业废料轻骨料（如粉煤灰陶粒、自然煤矸石、煤渣及其轻砂等）、天然轻骨料（浮石、火山渣等）、人造轻骨料（陶粒、膨胀珍珠岩及其轻砂等）；按其粒型可分为圆球形的、普通形的、碎石形的等。

2. 轻骨料的技术要求

（1）堆积密度。

轻骨料堆积密度的大小将直接影响轻骨料混凝土的性能、表观密度。堆积密度越大，混凝土的强度越高，表观密度越大。轻粗骨料的堆积密度分为 300kg/cm^3、400kg/cm^3、500kg/cm^3、600kg/cm^3、700kg/cm^3、800kg/cm^3、900kg/cm^3、1000kg/cm^3，8 个等级；轻细骨料分为 500kg/cm^3、600kg/cm^3、700kg/cm^3、800kg/cm^3、900kg/cm^3、1000kg/cm^3、1100kg/cm^3、1200kg/cm^3，8 个等级。

（2）最大粒径与颗粒级配。

保温及结构保温轻骨料混凝土，其最大粒径不宜大于 40mm；结构轻骨料混凝土用的轻粗骨料，其最大粒径不宜大于 20mm；粗砂的细度模数不宜大于 4.0；其大于 5mm 的累计筛余量不宜大于 10%。

（3）强度。

轻骨料的强度对轻骨料混凝土的强度影响很大，必须要有足够的强度。轻骨料的强度可以采用“筒压法”测定，将轻骨料装入 ϕ115mm×100mm 带底的筒内，上面加 ϕ113mm×70mm 的冲压模，取冲压模压入深度 20mm 时压力值除以受压面积。

筒压强度不能直接反映骨料的真实强度，所以规程中还规定采用强度等级来评定轻骨料强度。

（4）吸水率。

由于轻骨料内部孔隙较多，所以吸水率较普通骨料大，将影响混凝土的和易性、耐久性、强度等。在配合比设计时，如果采用干燥骨料，应根据其吸水率的大小，再多加一部分水被骨料吸收的附加用水量。规程规定，轻砂和天然轻粗骨料的吸水率不作规定，其他轻骨料吸水率不大于 22%。

（二）轻骨料混凝土的技术性能

1. 轻骨料混凝土的和易性

轻骨料混凝土的体积密度小、表面粗糙、吸水性强。所以轻骨料混凝土的黏聚性和保水性好，但流动性较差。轻骨料混凝土的拌和用水量由两部分组成，一是使拌和物获得要求流动性的用水量——净用水量；二是轻骨料 1h 的吸水量——附加吸水量。

2. 轻骨料混凝土的强度

轻骨料混凝土的强度等级按其立方体抗压强度标准值划分为 CL5.0、CL7.5、CL10、CL15、CL20、CL25、CL30、CL35、CL40、CL45、CL50，11 个等级。

影响轻骨料混凝土强度的因素有很多，起决定作用的是水泥石强度和轻骨料的强度。所以，一定品种、数量、强度的轻骨料配制混凝土时，只能配制一定强度范围内的混凝土，即使水泥用量再多、强度再高，也难以配制更高强度的混凝土。

3. 轻骨料混凝土的弹性模量与变形性

轻骨料混凝土的弹性模量小，所以变形大，抗震性能好。

4. 表观密度

轻骨料占轻骨料混凝土体积的 70%左右，所以混凝土的体积密度主要取决于轻骨料的松散密度。轻骨料混凝土按干表观密度分为 600kg/m^3、700kg/m^3、800kg/m^3、900kg/m^3、1000kg/m^3、1100kg/m^3、1200kg/m^3、1300kg/m^3、1400kg/m^3、1500kg/m^3、1600kg/m^3、1700kg/m^3、1800kg/m^3、1900kg/m^3，14 个等级。

5. 热工性能

轻骨料混凝土导热系数小，有良好的保温、隔热性能，表观密度越大，其保温、隔热性越低。

6. 抗冻性

轻骨料混凝土的抗冻性较普通混凝土好一些，主要因为内部孔隙较多，吸水达不到饱和状态。影响抗冻性的因素和普通混凝土相似，也主要取决于砂浆强度和密实度。所以有抗冻要求的轻骨料混凝土，其最大水灰比、最小水泥用量应加以限制。

（三）轻骨料混凝土的配合比设计及施工要点

（1）轻骨料混凝土的配合比设计除应满足稠度、强度、耐久性、经济方面要求外，还应满足体积密度要求。

（2）轻骨料混凝土宜采用体积法计算。

（3）轻骨料混凝土拌和用水量应包括净用水量和附加用水量。

（4）轻骨料易上浮，不易搅拌均匀，因此采用强制式搅拌机，且搅拌时间应比普通混凝土略长。

（5）振捣时，应防止骨料上浮，造成分层现象，因此应控制振捣时间。

（6）轻骨料混凝土硬化初期易于干缩，必须加强早期养护。

（四）应用范围

轻骨料混凝土具有质量轻、比强度高、保温隔热性好、抗震性好等特点，与普通混凝土相比，更适合应用于高层结构、大跨结构、要求节能的建筑以及旧建筑的加层等。

二、多孔混凝土

多孔混凝土是指不含骨料，内部分布大量均匀气泡的轻混凝土。常用的多孔混凝土有加气混凝土和泡沫混凝土。多孔混凝土具有孔隙率大、体积密度小，导热系数低，有承重和保温功能。

按形成气孔方法不同可分为

(一) 加气混凝土

1. 生产工艺

加气混凝土用含钙材料（石灰、水泥），含硅材料（石英砂、粉煤灰等）和加气剂（铝粉）为原料，经磨细、配料、搅拌、浇筑、发气、静停、切割、压蒸养护等工序生产而成的多孔混凝土。

2. 技术性质

(1) 表观密度。300～1200kg/m^3。

(2) 强度。抗压强度为2.5～3.5MPa，抗拉强度为0.3～0.6MPa。

(3) 弹性模量。1.4×10^3～2.0×10^3MPa。

(4) 导热系数。0.12～0.16W/(m·K)。

3. 品种及应用

在我国加气混凝土可制成砌块和条板两种。条板中配有经防腐处理的钢筋或钢丝网，主要用于承重或非承重的内、外墙或保温屋面等，也可以与普通混凝土制成复合墙板，还可做出各种保温制品。多孔混凝土孔隙率大、吸水率大、强度不高，在寒冷地区作外墙，抗冻性差。

(二) 泡沫混凝土

水泥浆和泡沫拌和物经浇筑、养护、硬化而成的混凝土，称为泡沫混凝土。泡沫混凝土的表观密度为300～500kg/m^3，抗压强度为0.5～0.7MPa，常用于制作各种保温材料。

泡沫混凝土的泡沫剂常用的松香泡沫剂。

(三) 大孔混凝土

大孔混凝土是指以粗骨料、水泥、水配制而成的一种轻质混凝土，又称无砂大孔混凝土。粗骨料可采用普通粗骨料和轻粗骨料，大孔混凝土根据其所用粗骨料的种类，可分为普通大孔混凝土和轻骨料大孔混凝土。普通大孔混凝土表观密度一般为1500～1900kg/m^3，抗压强度为3.5～10MPa；轻骨料大孔混凝土的表观密度为500～1500kg/m^3，抗压强度为1.5～7.5MPa。

大孔混凝土导热系数小、保温性好、吸湿性小、收缩小、抗冻性可达15～25次冻融循环，成本低。适用于制作墙体用小型空心砌块和各种板材，也可用于现浇墙体、滤水管等市政工程。

三、防水混凝土

防水混凝土是指具有高抗渗性能的混凝土。防水混凝土主要是在普通混凝土的基础上通过调整混凝土配合比、改善骨料的颗粒级配、选择合适的水泥品种、减少水灰比、采用较多的水泥用量和合理的砂率、掺入外加剂、采用特殊水泥等方法，从而改善混凝土和改善砂浆质量、减少孔隙率，达到防水抗渗的目的。

防水混凝土主要用于有防水要求的给排水工程、地下基础工程、屋面防水工程等。

四、大体积混凝土

根据《普通混凝土配合比设计规程》(JGJ 55—2000) 规定：混凝土结构物中的最小尺

寸大于等于 1m 的部位所用的混凝土即为大体积混凝土。如大型水坝、大型基础、大型桥墩等所用的混凝土都属于大体积混凝土。

大体积混凝土应选用水化热低和凝结时间长的水泥品种，如低热矿渣硅酸盐水泥、中热矿渣硅酸盐水泥、火山灰硅酸盐水泥、粉煤灰硅酸盐水泥等；粗骨料宜采用连续粒级，细骨料宜采用中砂；掺入适宜的外加剂等。在满足强度和其他性能要求的前提下，应提高掺和料和骨料的含量，以降低每立方米混凝土的水泥用量。

五、商品混凝土

商品混凝土是指相对于现场搅拌的混凝土而言的一种商品化混凝土。商品混凝土是把混凝土的生产过程，从原来选择、混凝土配合比设计、外加剂与掺和料的选用、混凝土的拌制、混凝土输送到工地等一系列过程从一个个施工现场集中到搅拌站，由搅拌站统一经营管理，把各种各样成品混凝土供应给施工单位以商品形式出售。

商品混凝土可保证混凝土的质量，由于分散于工地搅拌的混凝土受技术条件和设备条件的限制，混凝土质量不均匀，而混凝土搅拌站从原材料到产品生产过程都有严格的控制管理，计量准确、检验手段完备，使混凝土的质量得到充分保证。

六、泵送混凝土

泵送混凝土是指适应于在混凝土泵的压力推动下，混凝土沿水平或垂直管道被输送到浇筑地点进行浇筑的混凝土。泵送混凝土的坍落度一般在 80～220mm，泵送混凝土应具有顺利通过通道、摩擦阻力小、黏聚性、保水性好等特点。

泵送混凝土要掺入泵送剂，有时也掺入活性混合材料，如粉煤灰、矿渣微粉等。

泵送混凝土是大流动性混凝土，容易浇筑和振捣，适合用于狭窄的施工场地、高层建筑施工，可以节省劳动力、工作效率高，但是由于模板的侧压力较大，支模时要加强支护，模板拼接要严密，防止漏浆。

七、高性能混凝土

高性能混凝土是最近十几年提出的概念，目前为止还没有统一的定义，其基本含义是指具有良好的工作性能、较高的抗压强度、较高的体积稳定性和耐久性的混凝土。

配制高性能混凝土的措施主要有，要选用高品质的水泥，如采用硅酸盐水泥、普通硅酸盐水泥；选用级配良好、质地坚硬、洁净的骨料，同时控制粗骨料的最大粒径；掺入高效减水剂；加强生产质量管理；掺入某些优质掺和料，如硅灰、磨细矿渣、优质粉煤灰和沸石灰。加入混凝土中可以改善混凝土的孔结构、骨料与水泥界面的黏结强度、提高混凝土的韧性。

高性能混凝土主要适用于高层建筑，大型工业与公共建筑的基础、楼板、墙板，地下和水下工程，海底隧道，堤坝，有害化学物容器等恶劣环境下的结构物。

第八节　混凝土实训项目

一、混凝土用骨料

（一）采用的标准

（1）《建筑用砂》（GB/T 14684—2001）。

（2）《建筑用卵石、碎石》（GB/T 14685—2001）。

（二）取样方法及数量

1. 细骨料的取样方法和数量

混凝土用细骨料——砂的取样应按批进行，每批总量不宜超过 400m³ 或 600t。从料堆取样时，取样部位应均匀分布。取样时应由各部位抽取大致相等的试样共 8 份，组成一组试样。进行各项试验的每组试样应不小于表 4 - 26 规定的最少取样量。

试验时需按四分法分别缩取试验所需的数量，其基本步骤是：将每组试样在自然状态下拌和拌匀，并堆成厚度约为 20mm 的圆饼，在饼上画十字线，把饼分成大致相等的四份，取其对角的两份按照上述四分法缩取，直至缩分后试样量略多于该项试验所需的数量为止。

2. 粗骨料的取样方法和数量

粗骨料——石子的取样也按批进行，从料堆中取样时，应在料堆的顶部、中部和底部三个不同部位，在各个均匀分布的 5 个取大致相等的试样各一份，共 15 份组成一组试样。进行试验的每组样品数量应不小于表 4 - 26 规定的最少取样量。

试验时需将每组试样分别缩分至各项试验所需的数量，缩分方法同砂。

表 4 - 26　各单项试验所需试样的最少取样量

骨料种类 / 试验项目	细骨料 (kg)	粗骨料 (kg)							
		骨料最大粒径 (mm)							
		9.5	16.0	19.0	26.5	31.5	37.5	63.0	75.0
筛分析	4.4	9.5	16.0	19.0	25.0	31.5	37.5	60	80
表观密度	2.6	8	8	8	8	12	16	24	24
堆积密度	5.0	40	40	40	40	80	80	120	120
含水率	1.0	2	2	2	2	3	3	4	6

（三）骨料筛分析实训

骨料筛分析实训所需方孔筛的规格：

砂的筛孔直径（mm）：9.5、4.75、2.36、1.18，0.6、0.3、0.15；

石子的筛孔直径（mm）：90.0、75.0、63.0、53.0、37.5、31.5、26.5、19.0、16.0、9.5、4.75、2.36。

1. 砂的筛分析实训

（1）主要仪器设备。

1）试验筛。细骨料试验套筛并附有筛盖和底盘。

2）天平。称量 1kg，感量 1g。

3）摇筛机。

4）烘箱。能使温度控制在 105℃±5℃。

5）浅盘，硬、软毛刷等。

（2）试样制备。

用于筛分析的试样应先筛除大于 9.5mm 的颗粒，并记录其筛余百分率。然后将试样充分拌匀，用四分法缩分至每份不少于 550g 的试样两份，在 105℃±5℃下烘干至恒重，冷却至室温后备用。

（3）实训步骤。

1）称取烘干试样500g，将试样倒入按筛孔大小顺序排列的组合套筛上，含筛底，将套筛装入筛机摇筛约10min。然后取下套筛，按孔径大小顺序逐个在干净的浅盘上进行手筛，直至筛子每分钟的通过量不超过试样总量的0.1%时为止。通过的颗粒并入下一号筛中一起过筛。按此顺序进行，直至各号筛全部筛完为止。

2）称取各号筛上筛余试样的质量，精确至1g。所有各号筛的筛余试样质量和底盘中剩余试样质量的总和与筛余前的试样总质量相比，其差值不得超过1%。

（4）实训结果计算。

1）分计筛余百分数。各号筛上的筛余试样质量除以试样总质量的百分率（精确至0.1%）。

2）累计筛余百分数。该号筛上的分计筛余百分数与大于该号筛的各号筛上的分计筛余百分数之总和（精确至0.1%）。

3）根据各筛的累计筛余百分数，绘制筛分曲线，评定颗粒级配。

4）计算细度模数（精确至0.01）。

$$M_x = \frac{(A_2 + A_3 + A_4 + A_5 + A_6) - 5A_1}{100 - A_1}$$

式中　$A_1 \sim A_6$——4.75mm、2.36mm、1.18mm、0.6mm、0.3mm、0.15mm筛的累计筛余百分数。

5）筛分析实训应取两份试样进行试验，累计筛余百分数取两次试验结果的算术平均值。如两次试验所得细度模数之差大于0.20，应重新试验。

2. 石子的筛分析实训

（1）主要仪器设备。

1）试验筛。粗骨料试验套筛并附有筛盖和底盘。

2）天平或台秤。称量随试样质量而定，感量为试样质量的0.1%左右。

3）烘箱、浅盘等。

（2）试样制备

试验所需的试样量按最大粒径应不少于表4－27的规定。用四分法把试样缩分到略重于试验所需的量，烘干或风干后备用。

表4－27　粗骨料筛分析试验所需试样最少量

最大粒径（mm）	9.5	16.0	19	26.5	31.5	37.5	63.0	75.0
筛分析试样质量（kg）	1.9	3.2	3.8	5.0	6.3	7.5	12.6	16.0

（3）实训步骤。

1）按表4－27规定的数量称取试样质量。

2）按要求选用所需筛孔直径的一套筛，并按孔径大小将试样顺序过筛，直至每分钟的通过量不超过试样总量的0.1%。当试样粒径大于19.0mm时，筛分时允许用手拨动颗粒，使其通过筛孔。

3）称取各筛筛余的质量，精确至试样总质量的0.1%。分计筛余量和筛底剩余的总和与筛分前试样总量相比，其相差不得超过1%。

(4) 实训结果计算。

计算分计筛余百分数和累计筛余百分数(精确至0.1%)。计算方法同砂的筛分析试验。根据各筛的累计筛余百分数,评定试样的颗粒级配。

(四) 骨料表观密度实训

1. 砂子表观密度实训

(1) 主要仪器。

1) 天平。称量1kg,感量1.0g。

2) 容量瓶。500mL。

3) 烘箱、干燥器、温度计、料勺、滴管等。

(2) 试样制备。

将缩分至650g左右的试样放在105℃±5℃烘箱中烘至恒重,并在干燥器中冷却至室温后分成两份试样备用。

(3) 实训步骤。

1) 称取烘干试样300g(m_0),将试样装入容量瓶,注入冷开水至500mL刻度处,摇动容量瓶,使试样充分搅动以排除气泡,塞紧瓶塞。

2) 静置24h后打开瓶塞,用滴管添水使水面与500mL处刻线平齐。塞紧瓶塞,擦干瓶外水分,称其重量(m_1)。

3) 倒出容量瓶中的水和试样,清洗瓶内外,再注入与上次水温相差不超过2℃的冷开水至500mL刻度处。塞紧瓶塞,擦干瓶外水分,称其质量(m_2)。

(4) 结果计算。

表观密度ρ_0应按下式计算(精确至10kg/m³)

$$\rho_0=\left(\frac{m_0}{m_0+m_2-m_1}\right)\times\rho_W \tag{4-30}$$

式中 m_1——瓶、试样、水总质量,g;

m_2——瓶、水总质量,g;

m_0——烘干试样质量,g;

ρ_W——水的密度,1000kg/m³。

表观密度以两次测定结果的算术平均值为测定值。如两次结果之差大于20kg/m³时,应重新进行试验。

2. 石子的表观密度实训

(1) 主要仪器设备。

1) 天平。称量5kg,感量5g。

2) 广口瓶1000mL,磨口并带玻璃片。

3) 筛(孔径4.75mm)、烘箱、刷子、浅盘、带盖容器、毛巾等。

(2) 试样制备。

将试样筛去4.75mm以下的颗粒,用四分法缩分至不少于2kg,洗刷干净后,分成两份备用。

(3) 实训步骤。

1) 取试样一份浸水饱和后,装入广口瓶中。装试样时,广口瓶应倾斜一个相当角度,用摇晃的办法排除气泡。

2）气泡排完后，再向瓶中加水至水面凸出瓶口边缘，然后用玻璃片沿瓶口迅速滑动，使其紧贴瓶口水面。擦干瓶外水分，称出试样、水、瓶和玻璃片的总质量（m_1）。

3）将瓶中试样倒入浅盘中，放入温度为105℃±5℃的烘箱中烘干至恒重，然后取出放入带盖的容器中冷却至室温后称出试样的质量（m_0）。

4）将瓶洗净，重新加入水，用玻璃片紧贴瓶口水面，擦干瓶外水分后称出质量（m_2）。

（4）结果计算。

试样的表观密度 ρ_0 按下式计算（精确至 10kg/m³）

$$\rho_0 = \left(\frac{m_0}{m_0 + m_1 - m_2}\right) \times \rho_W$$

式中　m_0——烘干后试样质量，g；

m_1——试样、水、瓶和玻璃片的总质量，g；

m_2——水、瓶和玻璃片总质量，g；

ρ_W——水的密度，1000kg/m³。

表观密度应用两份试样测定，并以两次测定结果的算术平均值作为测定值。如两次结果之差值大于 20kg/m³，应重新取样试验。对颗粒材质不均匀的试样，如两次结果之差值超过 20kg/m³，可取四次测定结果的算术平均值作为测定值。

（五）骨料的堆积密度实训

1. 砂的堆积密度实训

（1）主要仪器。

1）台秤或天平。称量 5kg，感量 1g。

2）容量筒。金属制圆柱形，内径 108mm，净高 109mm，筒壁厚 2mm，容积为 1L，筒底厚为 5mm。

3）方孔筛。4.75mm 的方孔筛一只。

4）烘箱、漏斗或料勺、钢尺、毛刷、浅盘等。

（2）试样制备。

取缩分试样约 3L，放在 105℃±5℃的烘箱中烘干至恒重，取出冷却至室温，用孔径为 4.75mm 的筛过筛后，分成大致相等的两份备用。

（3）实训步骤与测定结果计算。

1）松散堆积密度。取试样一份，将试样用料勺与漏斗徐徐装入容量筒内，漏斗口距容量筒口不超过 5cm，待容器上面成锥形为止。用钢尺将多余的试样沿筒口中心线向两个相反方向刮平。称取容量筒和试样总质量 m_2。

2）紧密堆积密度。取试样一份，分两层装入容量筒。装完一层后，在筒底垫放一根直径为 10mm 的钢筋。将筒按住，左右交替颠击地面各 25 下，然后再装入第二层，把垫着的钢筋旋转 90°；用同样的方法颠实后，加料至试样超出容量筒筒口，然后用钢尺将多余试样沿筒口中心线向两个相反方向刮平，称其质量 m_2。

（4）测定结果计算。

细骨料的松散堆积密度和紧密堆积密度 ρ'_0，按下式计算（精确至 10kg/m³）

$$\rho'_0 = \frac{m_2 - m_1}{V'_0} \tag{4-31}$$

式中 m_1——容量筒质量，kg；

m_2——容量筒和试样总质量，kg；

V'_0——容量筒的体积，m^3。

以两次测定结果的算术平均值作为测定值。

2. 石子的堆积密度

(1) 主要仪器设备。

1) 磅秤。称量50kg或100kg，感量50g。

2) 容量筒。金属制，规格见表4-27。

3) 烘箱、铁铲、直尺、垫棒、振动台等。

(2) 试样制备。

取数量不少于表4-28规定的试样，在105℃±5℃的烘箱中烘干或摊于洁净的地面上风干、拌匀后，分为大致相等的两份备用。

表4-28　粗骨料容量筒规格要求

粗骨料最大粒径（mm）	容量筒容积（L）	容量筒规格（mm）		筒壁厚度（mm）
		内　径	净　高	
9.5、16.0、19.0、26.5	10	208	294	2
31.5、37.5	20	294	294	3
53.0、63.0，75.0	30	360	294	4

(3) 实训步骤。

1) 松散堆积密度。取试样一份，用铁铲将试样从距筒口上方5cm左右处自由落入容量筒，装满容量筒。注意取去凸出筒表面的颗粒，并以较合适的颗粒填充凹陷空隙，使表面凸起部分和凹陷部分的体积基本相等。称出容量筒和试样的总质量（m_2）。

2) 紧密堆积密度。将试样分三层装入容量筒：装完一层后，在筒底垫放一根直径为16mm的钢筋，将筒按住，左右交替颠击地面各25下，然后再装入第二层，把钢筋旋转90°，用同样的方法颠实后，然后再装入第三层，如法颠实，待三层试样装填完毕后，加料至试样超出容量筒筒口，用钢尺沿筒口边缘刮下高出洞口的颗粒，以较合适的颗粒填充凹陷空隙，使表面凸起部分和凹陷部分的体积基本相等。称出容量筒和试样的总质量（m_2）。

(4) 结果计算。

粗骨料试样的松散堆积密度和紧密堆积密度ρ'_0按下式计算（精确至10kg/m^3）

$$\rho'_0 = \frac{m_2 - m_1}{V'_0}$$

式中 m_1——容量筒质量，kg；

m_2——试样和容量筒总质量，kg；

V'_0——容量筒容积，m^3。

以两份试样进行试验，并以两次测定结果的算术平均值作为测定值。

(六) 骨料含水率实训

1. 含水率实训（标准法）

(1) 主要仪器设备。

1）天平（称量1kg，感量0.1g，用于细骨料）或台秤（称量10kg，感量1g）。

2）烘箱、浅盘等。

（2）实训步骤。

1）如为细骨料，由样品中称取质量550g左右的试样两份备用。如为粗骨料，由样品中取质量为2kg左右的试样两份备用。

2）称取一份试样质量（m_1），放入温度为105℃±5℃的烘箱中烘干至恒重，冷却后称出其质量（m_2）。

（3）结果计算。

骨料的含水率$W_{含}$，按下式计算（精确至0.1%）

$$W_{含}=\frac{m_1-m_2}{m_2}\times 100\% \qquad (4-32)$$

式中 m_1——烘干前试验的质量，g；

m_2——烘干后的试样的质量，g。

含水率以两次测定结果的算术平均值作为测定值。

2. 含水率实训（快速法）

骨料含水率的快速测定，也可采用炒干法或酒精燃烧法。

二、普通混凝土综合性实训

（一）拌和物实训拌和方法

1. 一般规定

（1）拌制混凝土的原材料应符合技术要求，并与施工实际用料相同，在拌和前，材料的温度应与室温（应保持20℃±5℃）相同。

（2）拌制混凝土的材料用量以质量计。称量的精确度骨料为±1%，水、水泥、混合材料、外加剂为±0.5%。

2. 主要仪器设备

（1）混凝土搅拌机。容量75～100L，转速18～22r/min。

（2）磅秤。称量50kg，感量50g。

（3）天平。称量5kg，感量1g。

（4）量筒、拌铲、拌板、盛器等。

3. 拌和方法

（1）人工拌和。

1）按所定配合比称取各材料用量。

2）将拌板和拌铲用湿布润湿后，将砂倒在拌板上，然后加入水泥，用铲自拌板一端翻拌至另一端，直至充分混合，颜色均匀，再加上粗骨料，翻拌至混合均匀为止。

3）将干混合物堆成堆，在中间做一凹槽，将已称量好的水倒一半左右在凹槽中，注意不能使水流出，然后仔细翻拌，并慢慢加入剩余的水，继续翻拌，直到拌和均匀为止。

4）拌和时动作要敏捷，拌和时间从加水时算起，应符合下列规定：

拌和物体积为30L以下时，拌和时间4～5min。

拌和物体积为30～50L时，拌和时间5～9min。

拌和物体积为51～75L时，拌和时间9～12min。

5）混凝土拌和好后，应根据试验要求，立即进行坍落度测定或成型试件。从开始加水时算起，全部操作须在30min完成。

（2）机械搅拌法。

搅拌量不应小于搅拌机额定搅拌量的1/4。

1）按所定配合比称取各材料用量。

2）预拌一次，即用按配合比的水泥、砂和水组成的砂浆及少量石子，在搅拌机中进行涮膛，然后倒出并刮去多余的砂浆，目的是避免正式拌和时影响拌和物的实际配合比。

3）开动搅拌机，向搅拌机内依次加入石子、砂和水泥，干拌均匀，再将水徐徐加入，全部加料时间不超过2min，水全部加入后，继续拌和2min。

4）将拌和物从搅拌机中卸出，倾倒在拌板上，再经人工拌和1～2min，即可进行坍落度测试或成型试件。从开始加水时算起，全部操作必须在30min内完成。

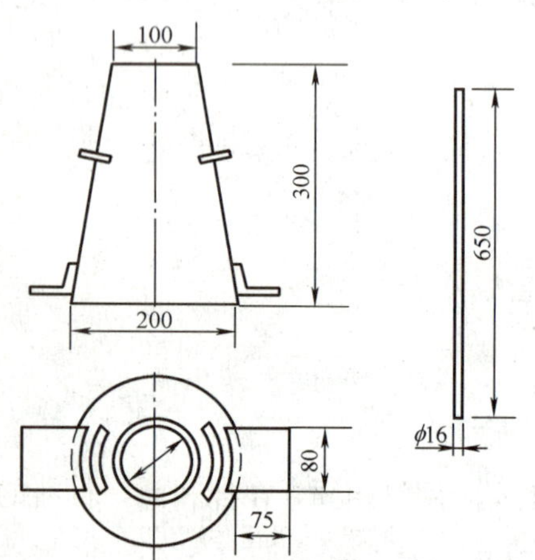

图4-16 坍落度筒及捣棒

（二）拌和物和易性实训

1. 坍落度法

本方法适用于骨料最大粒径不大于40mm、坍落度值不小于10mm的混凝土拌和物和易性测定。

（1）主要仪器设备。

1）坍落度筒。坍落度筒由钢板或其他金属制成的圆台形筒（图4-16）。在筒外2/3高度处安有两个手把，下端两侧应焊脚踏板。

2）捣棒。直径16mm，长650mm的钢棒，端部要磨圆。

3）铁铲、钢尺、拌板、镘刀等。

（2）实训步骤

1）把坍落度筒及其他用具润湿，并把筒放在不吸水的水平底板上，然后用双脚踩紧脚踏板，使坍落筒在装料时保持位置固定。

2）把按要求拌好的混凝土试样用小铲分三层均匀地装入筒内，使捣实后每层高度为筒高的1/3左右，每层用捣棒插捣25次。插捣应沿螺旋方向由外向中心进行，各次插捣应在截面上均匀分布。插捣筒边混凝土时，捣棒可以稍稍倾斜。插捣底层时，捣棒应贯穿整个深度，插捣第二层和顶层时，捣棒应插透本层至下一层的表面。浇灌顶层时，混凝土应灌到高出筒口。插捣过程中，如混凝土沉落到低于筒口，则应随时添加。顶层插捣完后，刮去多余的混凝土并用镘刀抹平。

3）清除筒边底板上的混凝土后，垂直平稳地提起坍落度筒。坍落度筒的提离过程应在5～10s内完成。从开始装料到提起坍落度筒的整个进程应不间断地进行，并应在150s内完成。

4）提起坍落度筒后，立即量测筒高与坍落后混凝土试体最高点之间的高度差，即为该混凝土拌和物的坍落度值（以mm为单位，结果表达精确至5mm）。

5）坍落度筒提离后，如试体发生崩坍或一边剪坏现象，则应重新取样进行测定。如第二次仍出现这种现象，则表示该拌和物和易性不好，应予记录备查。

6）观察坍落后混凝土拌和物试体的黏聚性和保水性。

黏聚性的测定方法。用捣棒在已坍落的拌和物锥体侧面轻轻敲打，如果锥体逐渐下沉，表示黏聚性良好，如果锥体倒塌，部分崩裂或出现离析现象，即为黏聚性不好。

保水性的测定方法。提起坍落度筒后如有较多的稀浆从底部析出，锥体部分的拌和物也因失浆而骨料外露，则表明此拌和物保水性不好，如无这种现象，则表明保水性良好。

2. 维勃稠度法

本方法用于骨料最大料径不大于40mm，维勃稠度在5～30s之间的混凝土拌和物和易性测定。

（1）主要仪器设备。

1）维勃稠度仪。如图4-17所示，由以下部分组成：

震动台。台面长380mm，宽260mm。震动频率50Hz±3Hz。装有空容器时台面的振幅应为0.5mm±0.1mm。

容器。内径240mm±5mm，高200mm±2mm。

旋转架。与测杆及喂料斗相连。测杆下部安装有透明且水平的圆盘。透明圆盘直径为230mm±2mm，厚10mm±2mm。由测杆、圆盘及荷重组成的滑动部分总质量应为2750g±50g。

坍落度筒及捣棒。同坍落度试验，但筒没有脚踏板。

2）秒表，小铲、拌板、镘刀等

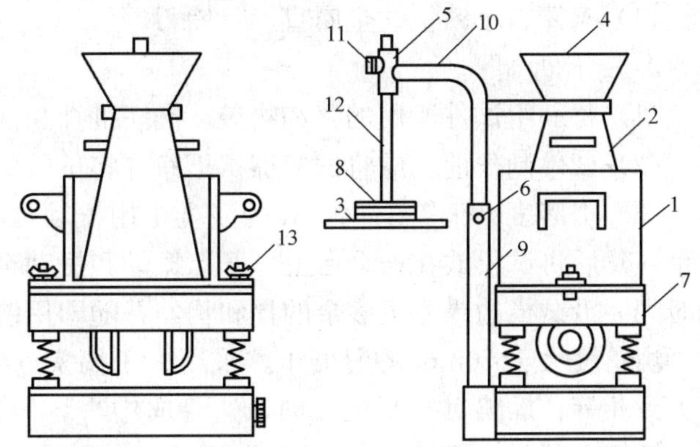

图4-17　维勃稠度仪

1—容器；2—坍落度筒；3—透明圆盘；4—喂料斗；5—套筒；6—定位螺栓；7—振动台；8—荷重；9—支柱；10—旋转架；11—测杆螺栓；12—测杆；13—固定螺栓

（2）测定步骤。

1）将维勃稠度仪放置在坚实水平的基面上，用湿布将容器，坍落度筒、喂料斗内壁及其他用具擦湿就位后，测杆、喂料斗的轴线均应与容器的轴线重合，然后拧紧固定螺栓。

2）将混凝土拌和物经喂料斗分三层均匀装入坍落度筒。装料及捣插的方法同坍落度试验。

3）将喂料斗转离，小心并垂直提起坍落度筒，此时应注意不使混凝土试体产生横向的扭动。

4）将透明圆盘转到混凝土圆台体上方，放松测杆螺栓，降下圆盘，使它轻轻地接触到混凝土顶面。拧紧定位螺栓，并检查测杆螺栓是否完全松开。

5）同时开启振动台和秒表，当透明圆盘的底面被水泥浆布满的瞬间立即停表计时并关闭振动台。

6）由秒表读得的时间（s）即为该混凝土拌和物的维勃稠度值（读数精确至1s）。

3. 拌和物和易性的调整

在进行混凝土配合比试配时，若试拌得出的混凝土拌和物的流动性达不到要求时，可以保持水灰比不变增加5%或10%的水泥浆；当流动性过大时，适当增加砂和石子的用量；当黏聚性和保水性不好时，需要适当调整砂率。每次调整后应尽快拌和均匀，重新进行坍落度测定。

（三）立方体抗压强度实训

本试验采用立方体试件，以同一龄期者为一组，每组至少为三个同时制作并同样养护的混凝土试件。试件尺寸按粗骨料的最大粒径确定，见表 4－28。

1. 主要仪器设备

（1）压力试验机。试验机的精度（示值的相对误差）应不低于±2％，其量程应能使试件的预期破坏荷载值不小于全量程的 20％，也不大于全量程的 80％。

（2）振动台。试验所用振动台的振动频率为 50Hz±3Hz，空载振幅约为 0.5mm。

（3）试模。试模由铸铁或钢制成，应具有足够的刚度并拆装方便。试模内表面应机械加工，其不平度应为每 100mm 不超过 0.05mm，组装后各相邻面的不垂直度应不超过±0.5°。

（4）捣棒、小铁铲、金属直尺、镘刀等。

2. 试件的制作

（1）每一组试件所用的拌和物应从同一批拌和而成的拌和物中取用。

（2）试件制作前，应将试模擦拭干净并将试模的内表面涂以一薄层矿物油脂。

（3）坍落度小于等于 70mm 的混凝土用振动台振实。将拌和物一次装入试模，并稍有富余，然后将试模放在振动台上。开启振动和振动至拌和物表面布满水泥浆时为止，记录振动时间。沿试模边缘刮去多余的拌和物，并随即用镘刀将表面抹平。

坍落度大于 70mm 的混凝土，采用人工捣实。混凝土拌和物分两层装入试模，每层厚度大致相等。插捣时按螺旋方向从边缘向中心均匀进行。插捣底层时，捣棒应达到试模底面，插捣上层时，捣棒应穿入下层深度约 20～30mm。插捣时捣棒保持垂直不得倾斜，并用抹刀沿试模内壁插入数次。以防止试件产生麻面。每层插捣次数见表 4－29，一般每 $100cm^2$ 面积应不少于 12 次。然后刮去多余的混凝土，并用镘刀抹平。

表 4－29 不同骨料最大粒径选用的试件尺寸、振捣次数及抗压强度换算系数

试件尺寸（mm）	骨料最大粒径（mm）	每层插捣次数（次）	抗压强度换算系数
100×100×100	31.5	12	0.95
150×150×150	40	25	1
200×200×200	6	50	1.05

3. 试件的养护

（1）采用标准养护的试件成型后应覆盖表面，以防止水分蒸发，并应在温度为 20℃±5℃情况下静置一昼夜至两昼夜，然后编号、拆模。

拆模后的试件应立即放在温度为 20℃±2℃，相对湿度为 95％以上的标准养护室中养护。在标准养护室内试件应放在架上，彼此间隔为 10～20mm，试件表面保持潮湿，并应避免用水直接冲淋试件。

（2）无标准养护室时，混凝土试件可在温度为 20℃±2℃的不流动水中养护。水的 pH 值不应小于 7。

（3）与构件同条件养护的试件成型后，应覆盖表面并洒水。试件的拆模时间可与实际构件的拆模时间相同。拆模后试件仍需保持同条件养护。

4. 抗压强度实训

(1) 试件自养护室取出后，将试件表面擦拭干净并量出其尺寸（精确至 1mm），据此计算试件的受压面积 A（mm^2）。

(2) 将试件安放在下承压板上，试件的承压面应与成型时的顶面垂直。试件的中心应与试验机下压板中心对准。开动试验机，当上压板与试件接近时，调整球座，使接触均衡。

(3) 以 0.3～0.5MPa/s 的速度连续而均匀的加荷。当试件接近破坏而开始迅速变形时，停止调整试验机油门，直至试件破坏。记录破坏荷载 P（N）。

5. 结果计算

(1) 混凝土立方体试件的抗压强度按下式计算（计算至 0.1MPa）

$$f_{cu}=\frac{P}{A} \tag{4-33}$$

式中 f_{cu}——混凝土立方体试件抗压强度，MPa；

P——破坏荷载，N；

A——试件承压面积，mm^2。

(2) 以三个试件测值的算术平均值作为该组试件的抗压强度值（精确至 0.1MPa）。如果三个测定值中的最小值或最大值中有一个与中间值的差异超过中间值的 15%时，则把最大及最小值一并舍除，取中间值作为该组试件的抗压强度值。如最大和最小值与中间值相差均超过 15%，则该组试件试验结果无效。

(3) 混凝土的抗压强度是以 150mm×150mm×150mm 的立方体试件的抗压强度为标准，其他尺寸试件测定结果，均应换算成边长为 150mm 立方体的标准抗压强度，换算时均应分别乘以表 4-29 中的尺寸换算系数。

（四）混凝土劈裂抗拉强度实训

混凝土的劈裂抗拉试验是在立方体试件的两个相对的表面中线上加垫条，施加均匀分布的压力，则在荷载所作用的竖向平面内产生均匀分布的拉应力，当拉伸应力达到混凝土极限抗拉强度时，试件将被劈裂破坏，从而可以测出混凝土的劈裂抗拉强度。

1. 主要仪器设备

(1) 垫层。应为木质三合板。其尺寸为，宽 b=20mm，厚 t=3～4mm，长 L 与立方体试件的边长相同。垫层不得重复使用。

(2) 垫条。在试验机的压板与垫层之间必须加放直径为 150mm 的钢制弧形垫条，其长度不得短于试件边长，其截面尺寸如图 4-18(b) 所示。

(3) 压力机、试模等。与混凝土抗压强度试验中的规定相同。

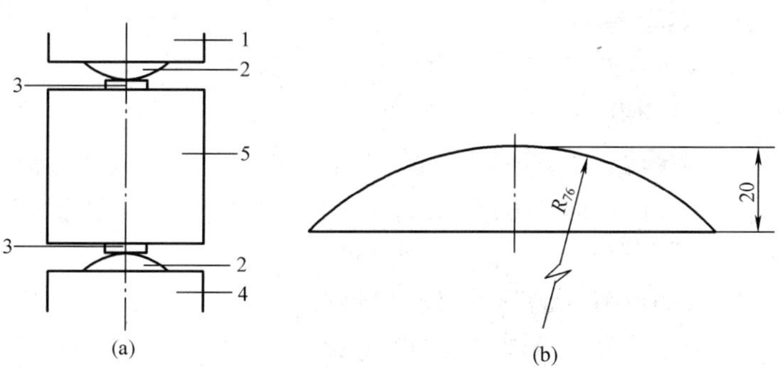

图 4-18 混凝土劈裂抗拉试验装置图

(a) 装置示意图；(b) 垫条示意图

1，4—压力机上、下压板；2—垫条；3—垫层；5—试件

2. 测定步骤

(1) 试件从养护室中取出后，应及时进行实训。

(2) 先将试件擦干净，在试件侧面中部画线定出劈裂面的位置，劈裂面应与试件成型时的顶面垂直。

(3) 测量出劈裂面的边长（精确至 1mm），计算出劈裂面面积 A（mm^2）。

(4) 将试件放在压力机下压板的中心位置，在上、下压板与试件之间加垫层和垫条各一个，使垫条的接触母线与试件上的荷载作用线准确对齐（图 4-18）。

(5) 加荷时必须连续均匀，使荷载通过垫条均匀地传至试件上，加荷速度为混凝土强度等级小于 C30 时，加荷速度为 0.02～0.05MPa/s；当混凝土强度等级在 C30～C60（含 C30）时，加荷速度为 0.05～0.08MPa/s；当混凝土强度等级大于等于 C60 时，加荷速度为 0.08～1.0MPa/s。

(6) 在试件临近破坏开始急速变形时，停止调整试验机油门，直至试件破坏，记录破坏荷载（P）。

3. 结果计算

(1) 混凝土劈裂抗拉强度按下式计算（计算至 0.01MPa）

$$f_{ts}=\frac{2P}{\pi A}=0.637\times\frac{P}{A} \tag{4-34}$$

式中 f_{ts}——混凝土劈裂抗拉强度，MPa；

P——破坏荷载，N；

A——试件劈裂面积，mm^2。

(2) 以三个试件测值的算术平均值作为该组试件的劈裂抗拉强度值（精确至 0.01MPa）。如果三个测定值中的最小值或最大值中有一个与中间值的差异超过中间值的 15%时，则把最大及最小值一并舍除，取中间值作为该组试件的抗压强度值。如最大和最小值与中间值相差均超过 15%，则该组试件试验结果无效。

(3) 采用边长为 150mm 的立方体试件作为标准试件，如采用边长为 100mm 的立方体非标准试件时，测得的强度应乘以尺寸换算系数 0.85。当强度等级大于等于 C60 时宜采用标准试件。

思考题与习题

一、名词解释

1. 砂率；2. 徐变；3. 水灰比；4. 碳化。

二、填空题

1. 混凝土拌和物的和易性是一项综合性技术指标，包括________、________和________三个方面等的含义，其中________用坍落度和维勃稠度法测定，________和________则凭经验目测。

2. 普通混凝土的基本组成材料有________、________、________和________。

3. 混凝土按其干表观密度可以分为________混凝土、________混凝土和________混凝土。

4. 混凝土的碳化会导致钢筋________，使混凝土的________及________降低。

5. 混凝土的非荷载变形包括________、________和________。

三、单项选择题

1. 混凝土用水中，不得含有影响水泥正常（ ）和硬化的有害物质。

A. 变形 B. 水化 C. 风化 D. 凝结

2. 设计混凝土配合比时，选择水灰比的原则（ ）。

A. 混凝土强度的要求

B. 小于最大水灰比

C. 混凝土强度的要求与最大水灰比的确定

D. 大于最大水灰比

3. 混凝土的（ ）强度最大。

A. 抗拉 B. 抗压 C. 抗弯 D. 抗剪

4. 符合混凝土强度等级表示方法的是（ ）。

A. 200# B. MU20 C. C20 D. A-20

5. 选择混凝土骨料时，应使其（ ）。

A. 总表面积大，空隙率大 B. 总表面积小，空隙率大

C. 总表面积小，空隙率小 D. 总表面积大，空隙率小

6. C30表示混凝土的（ ）应大于或等于30MPa，且小于35MPa。

A. 立方体抗压强度 B. 轴心抗压强度

C. 立方体抗压强度标准值 D. 轴心抗压强度标准值

7. 影响混凝土强度的因素有（ ）。

A. 水泥标号和水灰比 B. 温度和湿度

C. 养护条件和龄期 D. 以上三者都是

8. 测定混凝土强度用的标准试件是（ ）。

A. 7.07cm×7.07cm×7.07cm B. 10cm×10cm×10cm

C. 15cm×15cm×15cm D. 20cm×20cm×20cm

9. 在原材料质量不变的情况下，决定混凝土强度的主要因素是（ ）。

A. 水泥用量 B. 砂率 C. 单位用水量 D. 水灰比

10. 坍落度是表示混凝土（ ）的指标。

A. 强度 B. 流动性 C. 黏聚性 D. 保水性

11. 配合比设计的三个主要技术参数是（ ）。

A. 单位用水量、水泥用量、砂率 B. 水灰比、水泥用量、砂率

C. 单位用水量、水灰比、砂率 D. 水泥强度、水灰比、砂率

12. 合理砂率是指在用水量和水泥用量一定的情况下，能使混凝土拌和物获得（ ）流动性，同时保持良好黏聚性和保水性的砂率值。

A. 最大 B. 最小 C. 一般 D. 不变

13. 混凝土耐久性包括混凝土的（ ）。

A. 碳化 B. 温度变形 C. 抗拉强度 D. 流动性

14. 高温季节施工的混凝土工程，常用的外加剂是（ ）。

A. 早强剂 B. 引气剂 C. 缓凝剂 D. 速凝剂

15. 下列情况中，所选用的混凝土外加剂，正确的是（ ）。

A. 炎热夏季施工时采用缓凝剂　B. 低温季节施工时采用减水剂
C. 有抗渗要求的工程采用早强剂　D. 为改善混凝土拌和物流动性能时采用膨胀剂

四、多项选择题

1. 在混凝土拌和物中，如果水灰比过大，会造成（　）。
A. 拌和物的黏聚性和保水性不良　B. 产生流浆
C. 有离析现象　D. 严重影响混凝土的强度
2. 影响新拌混凝土和易性的主要因素有（　）。
A. 强度　B. 砂率　C. 外加剂　D. 掺和料
E. 单位体积用水量
3. 影响混凝土强度的内在因素有（　）。
A. 水泥强度和水灰比　B. 机械搅拌
C. 骨料　D. 机械振动成型
E. 加强养护
4. 混凝土中水泥的品种是根据（　）来选择的。
A. 施工要求的和易性　B. 粗集料的种类
C. 工程的特点　D. 工程所处的环境
5. 影响混凝土和易性的主要因素有（　）。
A. 水泥浆的数量　B. 集料的种类和性质
C. 砂率　D. 水灰比
6. 在混凝土中加入引气剂，可以提高混凝土的（　）。
A. 抗冻性　B. 耐水性　C. 抗渗性　D. 抗化学侵蚀性
7. 混凝土的耐久性是一个综合性概念，包括的内容除抗冻性、抗渗性外，还有（　）等。
A. 抗裂性　B. 抗侵蚀性　C. 抗徐变性　D. 抗碳化性
E. 抗碱骨料反应
8. 为改善拌和物的流动性，常用的外加剂有（　）。
A. 早强剂　B. 缓凝剂　C. 引气剂　D. 防水剂
E. 减水剂
9. 混凝土中掺入减水剂，可带来以下技术经济效益（　）。
A. 提高拌和物的流动性　B. 提高强度
C. 节省水泥　D. 缩短拌和物凝结时间
E. 提高水泥水化放热速度
10. 提高混凝土强度的措施主要有（　）。
A. 采用高强度等级水泥或早期型水泥　B. 采用低水灰比的混凝土
C. 掺入混凝土外加剂、掺和料　D. 采用湿热处理养护混凝土
11. 混凝土配合比设计的基本要求是（　）。
A. 和易性良好　B. 强度达到设计要求的强度等级
C. 耐久性良好　D. 经济合理
12. 混凝土中粗骨料采用碎石和卵石时，可以采用（　）检验其强度。

A. 岩石抗压强度　B. 平板荷载指标　C. 压碎指标　D. 抗压强度

13. 大体积混凝土施工可选用（　　）。

A. 矿渣水泥　B. 硅酸盐水泥　C. 粉煤灰水泥　D. 普通水泥

E. 火山灰水泥

五、是非判断题

1. 两种砂子的细度模数相同，它们的级配也一定相同。（　　）

2. 砂的颗粒级配是指砂中不同粒径的砂粒混合在一起后的平均粗细程度。（　　）

3. 混凝土中掺入引气剂后，会使混凝土的密实度降低，使混凝土的抗冻性变差。（　　）

4. 级配好的骨料空隙率小，其总表面积也小。（　　）

5. 混凝土强度随水灰比的增大而降低，呈直线关系。（　　）

6. 用高强度等级水泥配制混凝土时，混凝土的强度能得到保证，但混凝土的和易性不好。（　　）

7. 混凝土强度试验，试件尺寸越大，强度越低。（　　）

8. 当采用合理砂率时，能使混凝土获得所要求的流动性，良好的黏聚性和保水性，而水泥用量最大。（　　）

9. 水灰比很小的混凝土，其强度不一定很高。（　　）

10. 在混凝土中掺入引气剂后，则混凝土密实度降低，因而使混凝土的抗冻性也降低。（　　）

六、问答题

1. 普通混凝土有哪些材料组成？它们在混凝土中各起什么作用？

2. 提高混凝土强度的措施主要有哪些？

3. 某工程队于7月在江苏南京某工地施工，经现场试验确定了一个掺木质素磺酸盐的混凝土配方，经使用1个月情况均正常。该工程后因资金问题暂停5个月，随后继续使用原混凝土配方开工。发觉混凝土的凝结时间明显延长，影响了工程进度。请分析原因，并提出解决办法。

4. 混凝土水灰比的大小对混凝土哪些性质有影响？确定水灰比大小的因素有哪些？

5. 现场浇灌混凝土时，禁止施工人员随意向混凝土拌和物中加水，试从理论分析加水对混凝土质量的危害，它与成型后的洒水养护有无矛盾？为什么？

6. 何谓碱—骨料反应？混凝土发生碱—骨料反应的必要条件是什么？防止措施有哪些？

7. 何谓混凝土减水剂？简述减水剂的作用机理？

8. 常用外加剂有哪些？各类外加剂在混凝土中的主要作用有哪些？

七、计算题

1. 某混凝土的实验室配合比 $m_W : m_C : m_S : m_G = 0.6 : 1 : 2 : 4$，混凝土的体积密度为2410kg/m^3。求1m^{3}混凝土各材料用量。

2. 混凝土拌和物经试配调整后，和易性满足要求，试拌材料用量为，水泥为4.5kg，水为2.7kg，砂为9.9kg，石子为18.9kg。实测混凝土拌和物体积密度为2400kg/m^3。

（1）试计算1m^{3}的混凝土的各种材料用量。

（2）假定上述配合比可以作为试验室配合比，如施工现场砂的含水率为4%，石子含水率为1%，求施工配合比。

(3) 如果不进行配合比换算，直接把试验室配合比在现场施工使用，则实际的配合比如何？对混凝土的强度将产生什么影响？

3. 已知混凝土经试拌调整后，各项材料用量为，水泥为 3.10hg，水为 1.86kg，砂为 6.24kg，碎石 12.8kg，并测得拌和物的表观密度为 2500kg/m^3，试计算：

(1) 每方混凝土各项材料的用量为多少？

(2) 如工地现场砂子含水率为 2.5%，石子含水率为 0.5%，求施工配合比。

4. 某工程采用现浇钢筋混凝土梁，最小截面尺寸为 300mm^2，钢筋混凝土最小净距为 60mm，设计要求的强度等级为 C20，施工要求混凝土拌和物坍落度值为 35～50mm，所用原材料条件如下：

水泥：矿渣硅酸盐水泥，实测强度 48MPa，密度，3.1g/cm^3。

砂：中砂，级配合格，表观密度为 2.6g/cm^3。

石子：卵石，D_{max}=40mm，级配合格，表观密度为 2.65g/cm^3。

水：自来水，无外加剂。

试求初步配合比。

第五章 建筑砂浆

教学要求

了解：砌筑砂浆的组成及基本性质。
掌握：砌筑砂浆的配合比选择原则和方法；砌筑砂浆的配合比设计。
应用：砌筑砂浆配合比设计的应用。
重点：砌筑砂浆配合比设计原则和方法。
难点：砌筑砂浆配合比设计。

第一节 砌筑砂浆

一、砌筑砂浆的组成材料

（一）水泥

常用水泥均可以用来配制砂浆，水泥品种的选择与混凝土相同，可根据砌筑部位、环境条件等选择适宜的水泥品种。通常对水泥的强度要求并不很高，一般采用中等强度等级的水泥就能够满足要求。在配制砌筑砂浆时，选择水泥强度等级一般为砂浆强度等级的4～5倍。但水泥砂浆采用的水泥强度等级不宜大于32.5级；水泥混合砂浆采用的水泥强度等级不宜大于42.5级。如果水泥强度等级过高，可适当掺入掺和料。不同品种的水泥，不得混合使用。

在普通硅酸盐水泥熟料中掺入大量的炉渣、灰渣等物质磨细后可以专门用于拌制砌筑砂浆。由于砌筑水泥中熟料的含量很少，一般为15%～25%，所以砌筑水泥的强度较低，通常分为125和225两个标号。

（二）掺和料

为了改善砂浆的和易性和节约水泥，降低砂浆成本，在配制砂浆时，常在砂浆中掺入适量的粉煤灰、粒化高炉矿渣粉、天然沸石粉、硅灰等物质作为掺和料。为了保证砂浆的质量，经常将生石灰先熟化成石灰膏，然后用孔径不大于3mm×3mm的网过滤，且熟化时间不得少于7d；如用磨细生石灰粉制成，其熟化时间不得小于2d。沉淀池中储存的石灰膏，应采取防止干燥、冻结和污染的措施。严禁使用脱水硬化的石灰膏。制成的膏类物质稠度一般为120mm±5mm，如果现场施工时当石灰膏稠度与试配时不一致时，可参照表5-1进行换算。消石灰粉不得直接使用于砂浆中。

表5-1　石灰膏不同稠度时的换算系数

石灰膏稠度（mm）	120	110	100	90	80	70	60	50	40	30
换算系数	1.00	0.99	0.97	0.95	0.93	0.92	0.90	0.88	0.87	0.86

（三）细集料

配制砂浆的细集料最常用的是天然砂。砂应符合混凝土用砂的技术性质要求。由于砂浆层较薄，砂的最大粒径应有所限制，理论上不应超过砂浆层厚度的1/4～1/5，例如砖砌体用砂浆宜选用中砂，最大粒径不大于2.5mm为宜；石砌体用砂浆宜选用粗砂，砂的最大粒径以不大于5.0mm为宜；光滑的抹面及勾缝的砂浆宜采用细砂，其最大粒径不大于1.2mm为宜。为保证砂浆质量，尤其在配制高强度砂浆时，应选用洁净的砂。因此对砂的含泥量应予以限制，例如砌筑砂浆的砂含泥量不应超过5%，强度等级为M2.5级的水泥混合砂浆用砂的含泥量不应超过10%。

砂的粗细程度对砂浆的水泥用量、和易性、强度及收缩等影响很大。

（四）水

拌制砂浆用水与混凝土拌和用水的要求相同，均需满足《混凝土用水标准》（JGJ 63—2006）的规定。

（五）外加剂

为改善新拌及硬化后砂浆的各种性能或赋予砂浆某些特殊性能，常在砂浆中掺入适量外加剂。例如为改善砂浆和易性，提高砂浆的抗裂性、抗冻性及保温性，可掺入微沫剂、减水剂等外加剂；为增强砂浆的防水性和抗渗性，可掺入防水剂等；为增强砂浆的保温隔热性能，除选用轻质细骨料外，还可掺入引气剂提高砂浆的孔隙率。混凝土中使用的外加剂，对砂浆也具有相应的作用。

二、砌筑砂浆的基本性质

（一）新拌砂浆的和易性

新拌砂浆的和易性是指在搅拌运输和施工过程中不易产生分层、离析、泌水现象，并且易于在粗糙的砖、石等表面上铺成均匀的薄层的综合性能。

通常用流动性和保水性两项指标表示。

1. 流动性（稠度）

流动性指砂浆在自重或外力作用下是否易于流动的性能。

砂浆流动性实质上反映了砂浆的稠度。流动性的大小可以通过砂浆稠度测定仪测定。砂浆的稠度通常以圆锥体沉入砂浆中深度的毫米数来表示，称为稠度（沉入度）。

砂浆流动性的选择与基底材料种类及吸水性能、施工条件、砌体的受力特点以及天气情况等有关。对于多孔吸水的砌体材料和干热的天气，则要求砂浆的流动性大一些；相反对于密实不吸水的砌体材料和湿冷的天气，要求砂浆的流动性小一些。可参考表5-2和表5-3来选择砂浆流动性。

表5-2　　砌筑砂浆流动性要求

砌体种类	砂浆稠度（mm）
烧结普通砖砌体	70～90
石砌体	30～50
轻骨料混凝土小型空心砌块砌体	60～90
烧结多孔砖、空心砖砌体	60～80
烧结普通砖平拱式过梁	50～70
空心墙，筒拱	
普通混凝土小型空心砌块砌体	
加气混凝土砌块砌体	

表 5-3 **抹面砂浆流动性要求（稠度：mm）**

抹灰工程	机械施工	手工操作
准备层	80～90	110～120
底层	70～80	70～80
面层	70～80	90～100
石膏浆面层	—	90～120

影响砂浆流动性的主要因素有：

（1）胶凝材料及掺和料的品种和用量。

（2）砂的粗细程度，粒形及级配。

（3）用水量。

（4）外加剂品种与掺量。

（5）搅拌时间等。

2. 保水性

保水性指新拌砂浆保存水分的能力，也表示砂浆中各组成材料是否易分离的性能。

新拌砂浆在存放、运输和使用过程中，都必须保持其水分不致很快流失，才能便于施工操作且保证工程质量。如果砂浆保水性不好，在施工过程中很容易泌水、分层、离析或水分易被基面所吸收，使砂浆变得干稠，致使施工困难，同时影响胶凝材料的正常水化硬化，降低砂浆本身强度以及与基层的黏结强度。因此，砂浆要具有良好的保水性。一般来说，砂浆内胶凝材料充足，尤其是掺加了石灰膏和黏土膏等掺和料后，砂浆的保水性均较好，砂浆中掺入加气剂、微沫剂、塑化剂等也能改善砂浆的保水性和流动性。

砂浆的保水性用分层度表示，常用分层度测定仪测定。分层度的测定是将已测定稠度的砂浆装满分层度筒内（分层度筒内径为 150mm，分为上下两节，上节高度为 200mm，下节高度为 100mm），轻轻敲击筒周围 1～2 下，刮去多余的砂浆并抹平。静置 30min 后，去掉上部 200mm 砂浆，将剩余 100mm 砂浆倒出，在搅拌锅中拌 2min 再测稠度，前后两次测得的稠度差值即为砂浆的分层度（以 mm 计）。砂浆合理的分层度应控制在 10～20mm，分层度大于 20mm 的砂浆容易离析、泌水、分层，或水分流失过快、不便于施工。一般水泥砂浆分层度不宜超过 30mm，水泥混合砂浆分层度不宜超过 20mm。若分层度过小，如分层度为零的砂浆，虽然保水性好但极易发生干缩裂缝。分层度小于 10mm 的砂浆硬化后容易产生干缩裂缝。

（二）硬化后砂浆的性质

1. 抗压强度与强度等级

砂浆强度等级是以 70.7mm×70.7mm×70.7mm 的 6 个立方体试块，按标准条件养护至 28d 的抗压强度平均值确定。

根据《砌筑砂浆配合比设计规程》（JGJ 98—2000）的规定，砂浆强度等级分为 M2.5、M5、M7.5、M10、M15、M20，6 个等级。

砂浆的实际强度除了与水泥的强度和用量有关外，还与基底材料的吸水性有关，因此其强度可分为下列两种情况。

（1）不吸水基层材料。影响砂浆强度的因素与混凝土基本相同，主要取决于水泥强度和

水灰比，即砂浆的强度与水泥强度和灰水比成正比关系，其计算式为

$$f_{mu}=0.29f_{ce}\left(\frac{C}{W}-0.4\right) \tag{5-1}$$

(2) 吸水性基层材料。砂浆强度主要取决于水泥强度和水泥用量，而与水灰比无关。砂浆强度计算公式如下

$$f_{mu}=f_{ce}Q_{C}\frac{A}{1000}+B \tag{5-2}$$

式中 f_{mu}——砂浆28d抗压强度，精确至0.1MPa；

f_{ce}——水泥的实测强度值，精确至0.1MPa；

Q_C——每立方米砂浆中水泥用量，精确至1kg；

A，B——砂浆的特征系数，其中$A=3.03$，$B=-15.09$。

2. 黏结性

由于砖、石、砌块等材料是靠砂浆黏结成一个坚固整体并传递荷载的，因此，要求砂浆与基材之间应有一定的黏结强度。两者黏结得越牢，则整个砌体的整体性、强度、耐久性及抗震性等越好。

一般砂浆抗压强度越高，其与基材的黏结强度越高。此外，砂浆的黏结强度与基层材料的表面状态、清洁程度、湿润状况以及施工养护等条件有很大关系。同时还与砂浆的胶凝材料种类有很大关系，加入聚合物可使砂浆的黏结性大为提高。

实际上，针对砌体这个整体来说，砂浆的黏结性较砂浆的抗压强度更为重要。但是，考虑到我国的实际情况，以及抗压强度相对来说容易测定，因此，将砂浆抗压强度作为必检项目和配合比设计的依据。

3. 变形性

砌筑砂浆在承受荷载、温度变化、湿度变化时，会产生变形。如果变形过大或不均匀容易使砌体的整体性下降，产生沉陷或裂缝，影响到整个砌体的质量。抹面砂浆在空气中也容易产生收缩等变形，变形过大也会使面层产生裂纹或剥离等质量问题。因此要求砂浆具有较小的变形性。

砂浆变形性的影响因素很多，如胶凝材料的种类和用量，用水量，细骨料的种类、级配和质量以及外部环境条件等。

4. 抗冻性

强度等级M2.5以上的砂浆，常用于受冻融影响较多的建筑部位。当设计中做出冻融循环要求时，必须进行冻融试验，经冻融试验后，质量损失率不应大于5%，同时强度损失率不应大于25%。

三、砌筑砂浆配合比设计

砌筑砂浆是将砖、石、砌块等黏结成为砌体的砂浆。砌筑砂浆主要起黏结、传递应力的作用，是砌体的重要组成部分。

砌体砂浆可根据工程类别及砌体部位的设计要求，确定砂浆的强度等级，然后选定其配合比。一般情况下可以查阅有关手册和资料来选择配合比，但如果工程量较大、砌体部位较为重要或掺入外加剂等非常规材料时，为保证质量和降低造价，应进行配合比设计。经过计算、试配、调整，从而确定施工用的配合比。

目前常用的砌筑砂浆有水泥砂浆和水泥混合砂浆两大类。

根据《砌筑砂浆配合比设计规程》(JGJ 98—2000) 规定，用于砌筑吸水底面的砂浆配合比设计或选用步骤如下。

1. 水泥混合砂浆配合比设计过程

(1) 确定试配强度。

砂浆的试配强度可按下式确定

$$f_{m,o} = f_2 + 0.645\sigma \tag{5-3}$$

式中　$f_{m,o}$——砂浆的试配强度，精确至 0.1MPa；

f_2——砂浆抗压强度平均值，精确至 0.1MPa；

σ——砂浆现场强度标准差，精确至 0.01MPa。

砌筑砂浆现场强度标准差，可按下式确定

$$\sigma = \sqrt{\frac{\sum_{i=1}^{n} f_{m,i}^2 - N\mu_{fm}^2}{N-1}} \tag{5-4}$$

式中　$f_{m,i}^2$——统计周期内同一品种砂浆第 i 组试件的强度，MPa；

μ_{fm}^2——统计周期内同一品种砂浆 N 组试件强度的平均值，MPa；

N——统计周期内同一品种砂浆试件的组数，$N \geqslant 25$。

当不具有近期统计资料时，砂浆现场强度标准差 σ 可按表 5-4 取用。

表 5-4　砂浆强度标准差选用值 (MPa)

施工水平	M2.5	M5.0	M7.5	M10.0	M15.0	M20.0
优良	0.50	1.00	1.50	2.00	3.00	4.00
一般	0.62	1.25	1.88	2.50	3.75	5.00
较差	0.75	1.50	2.25	3.00	4.50	6.00

(2) 计算每立方米砂浆中水泥用量为

$$f_{m,o} = f_{ce} Q_C \frac{A}{1000} + B \tag{5-5}$$

式中　Q_C——每立方米砂浆中的水泥用量，精确至 1kg；

$f_{m,o}$——砂浆的试配强度，精确至 0.1MPa；

f_{ce}——水泥的实测强度，精确至 0.1MPa；

A，B——砂浆的特征系数，其中 $A=3.03$，$B=-15.09$。

在无法取得水泥的实测强度 f_{ce} 时，可按下式计算

$$f_{ce} = \gamma_c f_{cu,k} \tag{5-6}$$

式中　$f_{cu,k}$——水泥强度等级对应的强度值，MPa；

γ_c——水泥强度等级值的富余系数，该值应按实际统计资料确定。无统计资料时取 $\gamma_c=1.0$。

当计算出水泥砂浆中的水泥用量不足 200kg/m^3 时，应按 200kg/m^3 采用。

(3) 水泥混合砂浆的掺和料用量。

水泥混合砂浆的掺和料应按下式计算

$$Q_D = Q_A - Q_C \tag{5-7}$$

式中 Q_D——每立方米砂浆中掺和料用量，精确至1kg；

Q_C——每立方米砂浆中水泥用量，精确至1kg；

Q_A——每立方米砂浆中水泥和掺和料的总量，精确至1kg，宜在300～350kg之间。

（4）确定砂子用量。

每立方米砂浆中砂子用量Q_S（kg/m^3），应以干燥状态（含水率小于0.5%）的堆积密度作为计算值，即$1m^3$的砂浆含有$1m^3$堆积体积的砂。

（5）确定用水量：

每立方米砂浆中用水量Q_W（kg/m^3），可根据砂浆稠度要求选用240～310kg。

1）混合砂浆中的用水量，不包括石灰膏或黏土膏中的水。

2）当采用细砂或粗砂时，用水量分别取上限或下限。

3）稠度小于70mm时，用水量可小于下限。

4）施工现场气候炎热或干燥季节，可酌量增加水量。

2. 水泥砂浆配合比选用

水泥砂浆各种材料用量可按照表5-5选用。

表5-5 水泥砂浆材料用量（kg/m^3）

强度等级	水泥用量	砂子用量	用水量
M2.5～M5	200～230	$1m^3$干燥状态下砂的堆积密度值	270～330
M7.5～M10	230～280		
M15	280～340		
M20	340～400		

（1）表5-5中水泥强度等级为32.5级，大于32.5级水泥用量宜取下限。

（2）根据施工水平合理选择水泥用量。

（3）当采用细砂或粗砂时，用水量分别取上限或下限。

（4）稠度小于70mm时，用水量可小于下限。

（5）施工现场气候炎热或干燥时，可酌量增加用水量。

（6）试配强度应按照公式进行计算。

3. 配合比的试配、调整与确定

砂浆试配时应采用工程中实际使用的材料。采用机械搅拌，搅拌时间自投料结束后算起，水泥砂浆和水泥混合砂浆不得小于120s，掺用粉煤灰和外加剂的砂浆不得小于180s。

按计算或查表选用的配合比进行试拌，测定其拌和物的稠度和分层度，若不能满足要求，则应调整用水量和掺和料用量，直至符合要求为止。此时的配合比为砂浆基准配合比。

为了使测定的砂浆强度能在设计要求范围内，试配时至少采用3个不同的配合比，其中一个为基准配合比，另外两个配合比的水泥用量按基准配合比分别增加及减少10%，在保证稠度和分层度合格的条件下，可将用水量或掺和料用量作相应调整。按《建筑砂浆基本性能试验方法》（JGJ 70—2009）的规定成型试件，测定砂浆强度。选定符合试配强度要求并且水泥用量最少的配合比作为砂浆配合比。

砂浆配合比以各种材料用量的比例形式表示为

$$水泥：掺和料：砂：水 = Q_C：Q_D：Q_S：Q_W$$

4. 砂浆配合比计算实例

【例 5-1】 某工程用 32.5 级普通水泥和中砂配制砌砖用的 M7.5 水泥砂浆。已知干燥状态下的堆积密度为 1450kg/m³，砂的含水量为 2%，施工单位的质量水平优良。试计算试拌时该砂浆的配合比。

解　(1) 计算试配强度 $f_{m,o}$。

$$f_{m,o} = f_2 + 0.645\sigma = 7.5 + 0.645 \times 2.0 = 8.79\text{MPa}$$

(2) 计算水泥用量 Q_C。

$$Q_C = \frac{1000(f_{m,o} - B)}{Af_{ce}} = \frac{1000 \times (8.79 - 15.09)}{3.03 \times 32.5} = 242.5\text{kg/m}^3$$

(3) 计算掺和料用量 Q_D

$$Q_D = Q_A - Q_C = 350 - 242.5 = 107.5\text{kg/m}^3$$

式中　Q_A=350kg/m³（按水泥和掺和料总量规定选取）。

(4) 根据砂子堆积密度和含水率，计算砂用量 Q_S。

$$Q_S = 1450 \times (1 + 2\%) = 1479\text{kg/m}^3$$

(5) 选择用水量 Q_W。

$$Q_W = 300\text{kg/m}^3$$

砂浆试配时各材料的用量比例为

$$水泥：掺和料：砂：水=242.5：107.5：1479：300$$

或

$$水泥：掺和料：砂：水=1：0.44：6.10：1.24$$

第二节　预　拌　砂　浆

随着建筑业技术进步和文明施工要求的提高，现场拌制砂浆日益显示出其固有的缺陷，如砂浆质量不稳定、材料浪费大、砂浆品种单一、文明施工程度低以及污染环境等。因此，取消现场拌制砂浆，采用工业化生产的预拌砂浆势在必行。它是保证建筑工程质量、提高建筑施工现代化水平、实现资源综合利用、减少城市污染、改善大气环境、发展散装水泥、实现可持续发展的一项重要举措。

预拌砂浆是指由专业化厂家生产的，用于建设工程中的各种砂浆拌和物，是我国近年发展起来的一种新型建筑材料，按性能可分为普通预拌砂浆和特种砂浆。

20 世纪 50 年代初，欧洲国家就开始大量生产，使用预拌砂浆，至今已有 50 多年的发展历史。国内上海，常州等发达地区发展较快。同时，许多城市也在逐步禁止现场搅拌砂浆，推广使用预拌砂浆。优势有健康环保、质量稳定、节能舒适等。

一、预拌砂浆的分类和符号

根据砂浆的生产方式，将预拌砂浆分为湿拌砂浆和干混砂浆两大类。将加水拌和而成的湿拌拌和物称为湿拌砂浆，将干态材料混合而成的固态混合物称为干混砂浆。

1. 湿拌砂浆分类和符号

(1) 按用途分为湿拌砌筑砂浆、湿拌抹灰砂浆、湿拌地面砂浆和湿拌防水砂浆，并采用

表5-6的符号。

表5-6 湿拌砂浆符号

品种	湿拌砌筑砂浆	湿拌抹灰砂浆	湿拌地面砂浆	湿拌防水砂浆
符号	WM	WP	WS	WW

（2）按强度等级、稠度、凝结时间和抗渗等级的分类应符合表5-7的规定。

表5-7 湿拌砂浆分类

项目	湿拌砌筑砂浆	湿拌抹灰砂浆	湿拌地面砂浆	湿拌防水砂浆
强度等级	M5、M7.5、M10、M15、M20、M25、M30	M5、M10、M15、M20	M15、M20、M25	M10、M15、M20
稠度（mm）	50、70、90	70、90、110	50	50、70、90
凝结时间（h）	8、12、24	8、12、24	4、8	8、12、24
抗渗等级	—	—	—	P6、P8、P10

2. 干混砂浆分类和符号

按用途分为普通干混砂浆和特种干混砂浆。

（1）普通干混砂浆分类和符号。

1）按用途分为干混砌筑砂浆、干混抹灰砂浆、干混地面砂浆和干混普通防水砂浆，并采用表5-8的符号。

表5-8 普通干混砂浆符号

品种	干混砌筑砂浆	干混抹灰砂浆	干混地面砂浆	干混防水砂浆
符号	DM	DP	DS	DW

2）按强度等级和抗渗等级的分类应符合表5-9的规定。

表5-9 普通干混砂浆分类

项目	干混砌筑砂浆	干混抹灰砂浆	干混地面砂浆	干混普通防水砂浆
强度等级	M5、M7.5、M10、M15 M20、M25、M30	M5、M10、M15、M20	M15、M20、M25	M10、M15、M20
抗渗等级	—	—	—	P6、P8、P10

（2）特种干混砂浆分类和符号。

按用途分为干混瓷砖黏结砂浆、干混耐磨地坪砂浆、干混界面处理砂浆、干混特种防水砂浆、干混自流平砂浆、干混灌浆砂浆、干混外保温黏结砂浆、干混外保温抹面砂浆、干混聚苯颗粒保温砂浆和干混无机集料保温砂浆，并采用表5-10的符号。

表5-10 特种干混砂浆符号

品种	干混瓷砖黏结砂浆	干混耐磨地坪砂浆	干混界面处理砂浆	干混特种防水砂浆	干混自流平砂浆
符号	DTA	DFH	DIT	DWS	DSL
品种	干混灌浆砂浆	干混外保温黏结砂浆	干混外保温抹面砂浆	干混聚苯颗粒保温砂浆	干混无机集料保温砂浆
符号	DGR	DEA	DBI	DPG	DTI

二、预拌砂浆的标记

1. 湿拌砂浆标记

湿拌砂浆标记如下：

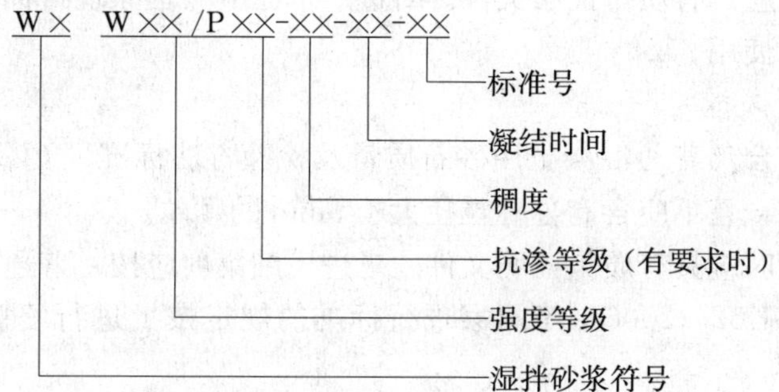

示例：湿拌砌筑砂浆的强度等级为M10，稠度为70mm，凝结时间为12h，其标记为

WM M10－70－12－JG/T 230—2007

2. 干混砂浆标记

（1）普通干混砂浆标记如下：

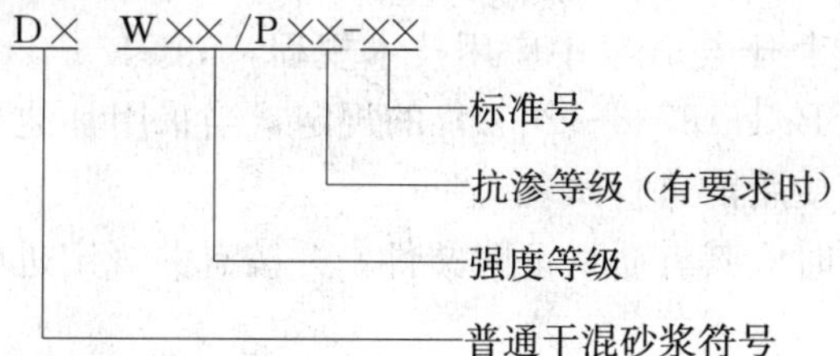

示例1：干混砌筑砂浆的强度等级为M10，其标记为

DM M10－JG/T 230—2007

示例2：干混普通防水砂浆的强度等级为M15，抗渗要求为P8，其标记为

DW M15/P8－JG/T 230—2007

（2）特种干混砂浆标记如下

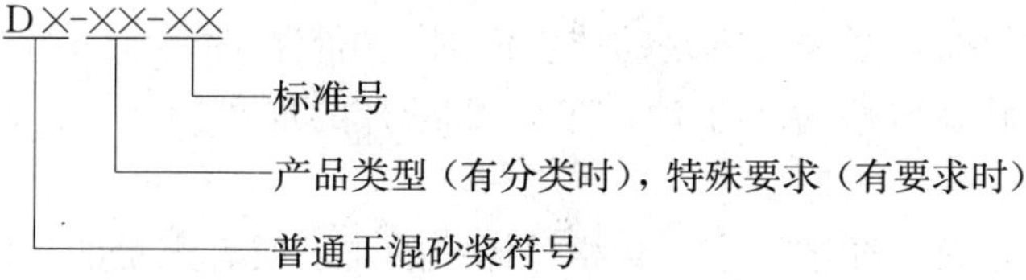

示例1：干混灌浆砂浆标记为

DGR－JG/T 230—2007

示例2：Ⅰ型干混界面处理砂浆标记为

DIT－Ⅰ－JG/ T 230—2007

三、原材料

预拌砂浆所用原材料不应对人体、生物与环境造成有害的影响，并应符合《建筑材料放射性核素限量》（GB 6566—2001）的规定。

1. 水泥

(1) 宜采用硅酸盐水泥、普通硅酸盐水泥，且应符合相应标准的规定。采用其他水泥时应符合相应标准的规定。

(2) 水泥进厂时应具有质量证明文件。对进厂水泥应按国家现行标准的规定按批进行复验，复验合格后方可使用。

2. 集料

(1) 细集料应符合《普通混凝土用砂石质量及检验方法标准》(JGJ 52—2006) 及其他国家现行标准的规定，且不应含有公称粒径大于5mm的颗粒。

(2) 细集料进厂时应具有质量证明文件。对进厂细集料应按《普通混凝土用砂石质量及检验方法标准》(JGJ 52—2006) 等国家现行标准的规定按批进行复验，复验合格后方可使用。

(3) 轻集料应符合相关标准的要求或有充足的技术依据，并应在使用前进行试验验证。

3. 矿物掺和料

(1) 粉煤灰、粒化高炉矿渣粉、天然沸石粉、硅灰应分别符合《用于水泥和混凝土中的粉煤灰》(GB/T 1596—2005)、《用于水泥和混凝土中的粒化高炉砂渣粉》(GB/T 18046—2008)、《天然沸石粉在混凝土与砂浆中应用技术规程》(JGJ/T 112—1997)、《高强高性能混凝土用矿物外加剂》(GB/T 18736—2002) 的规定。当采用其他品种矿物掺和料时，应有充足的技术依据，并应在使用前进行试验。

(2) 矿物掺和料进厂时应其有质量证明文件，并按有关规定进行复验，其掺量应符合有关规定并通过试验确定。

4. 外加剂

(1) 外加剂应符合《混凝土外加剂》(GB 8076—2008)、《砂浆、混凝土防水剂》(JC 474—2008)、《混凝土膨胀剂》(JC 476—2001) 等国家现行标准的规定。

(2) 外加剂料进厂应具有质量证明文件。对进厂外加剂应按批进行复验，复验项目应符合相应标准的规定，复验合格后方可使用。

5. 保水增稠材料

采用保水增稠材料时，必须有充足的技术依据，并应在使用前进行试验验证。用于砌筑砂浆的应符合《砌筑砂浆增塑剂》(JG/T 164—2004) 的规定。

6. 添加剂

可再分散胶粉、颜料、纤维等应符合相关标准的要求或有充足的技术依据，并应在使用前进行试验。

7. 填料

重质碳酸钙、轻质碳酸钙、石英粉、滑石粉等应符合相关标准的要求或有充足的技术依据，并应在使用前进行试验验证。

8. 拌和用水

拌制砂浆用水应符合《多孔砖 (KPI 型) 建筑抗震设计与施工规程》(JGJ 68—1990) 的规定。

第三节 建筑砂浆实训项目

一、砂浆的拌和

（一）目的

掌握砂浆的拌制，为确定砂浆配合比或检验砂浆各项性能提供试样。

（二）主要仪器设备

砂浆搅拌机、铁板、磅秤、台秤、铁铲、抹刀等。

（三）试验准备

（1）拌制砂浆所用的材料，应符合质量要求，当砂浆用于砌砖时，则应筛去大于2.5mm的颗粒。

（2）按设计配合比称取各项材料用量，称量应准确。

（3）拌制前应将搅拌机、铁板、铁铲、抹刀等的表面用湿抹布擦湿。

（四）试验方法与步骤

1. 人工拌和方法

（1）将称好的砂子放在铁板上，加上所需的水泥，用铁铲拌至颜色均匀为止。

（2）将拌匀的混合料集中成圆锥形，在锥上作一凹坑，再倒入适量的水将石灰膏或黏土膏稀释，然后与水泥和砂共同拌和，逐次加水，仔细拌和均匀，水泥砂浆每翻拌一次，用铁铲压切一次。

（3）拌和时间一般需5min，观察其色泽一致，和易性满足要求即可。

2. 机械拌和方法

（1）机械拌和时，应先拌适量砂浆，使搅拌机内壁黏附一薄层水泥砂浆。

（2）将称好的砂、水泥装入砂浆搅拌机内。

（3）开动砂浆搅拌机，将水徐徐加入（混合砂浆需将石灰膏或黏土膏稀释至浆状），搅拌时间约为3min（从加水完毕算起），使物料拌和均匀。

（4）将砂浆拌和物倒在铁板上，再用铁铲翻拌两次，使之均匀。

注：搅拌机搅拌砂浆时，搅拌量不宜少于搅拌机容量的20%，搅拌时间不宜少于2min。

二、砂浆的稠度试验

（一）目的

通过稠度试验，可以测定达到设计稠度时的加水量，或在施工期间控制稠度以保证施工质量。

（二）主要仪器设备

砂浆稠度仪（图5-1）、捣棒、台砰、拌锅、拌铲、秒表等。

（三）试验方法及步骤

（1）将拌好的砂浆一次装入砂浆筒内，装至距离筒口约10mm为止，用捣棒捣25次，然后将筒在桌上轻轻振动或敲击5～6下，使之表面平整，随后移置于砂浆稠度仪台座上。

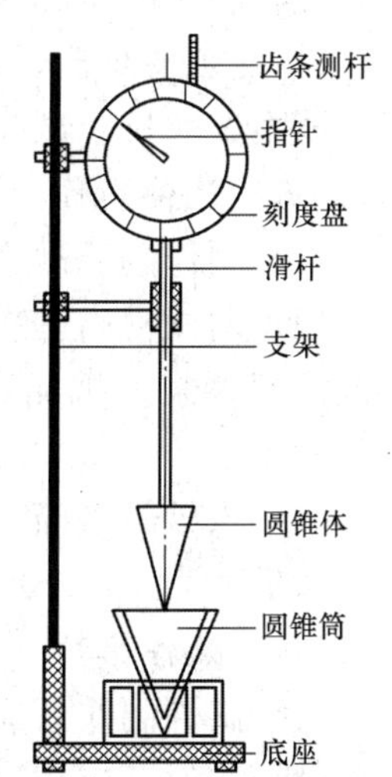

图5-1 稠度测定仪

（2）调整圆锥体的位置，使其尖端和砂浆表面接触，并对准中心，拧紧固定螺栓，将指针调至刻度盘零点，然后突然放开固定螺栓，使圆锥体自由沉入砂浆中10s后，读出下沉的距离（精确至1mm），即为砂浆的稠度值（K_1）。

（3）圆锥体内砂浆只允许测定一次稠度，重复测定时应重新取样。

（四）试验结果评定

以两次测定结果的算术平均值作为砂浆稠度测定结果，如测定值两次之差大于20mm，应重新配料测定。

三、砂浆分层度试验

（一）目的

测定砂浆在运输及停放时的保水能力，保水性的好坏，直接影响砂浆的使用及砌体的质量。

（二）主要仪器设备

分层度测定仪（图5-2），其他仪器同稠度试验仪器。

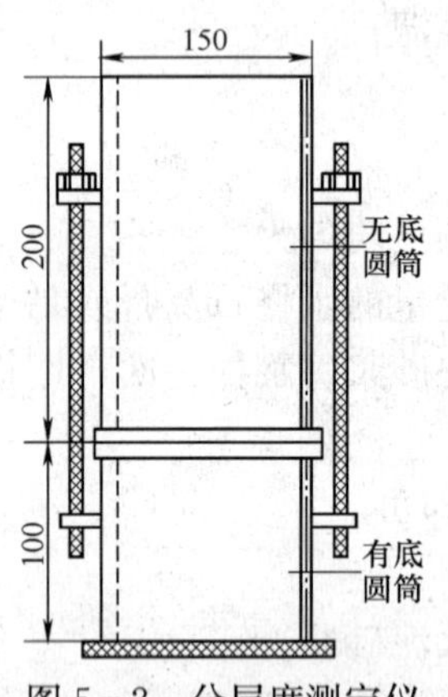

图5-2 分层度测定仪

（三）试验方法与步骤

（1）将拌和好的砂浆的另一部分，立即一次装入分层度测定仪中。

（2）静置30min后，去掉上层200mm砂浆，然后取出底层100mm砂浆重新拌和均匀，再测定砂浆稠度值（mm）。

（3）两次砂浆稠度值的差值即为砂浆的分层度。

（四）试验结果评定

以两次试验结果的算术平均值作为砂浆分层度的试验结果。

砂浆的分层度宜在10～30mm之间，如大于30mm，易产生分层、离析、泌水等现象，如小于10mm则砂浆过黏，不易铺设，且容易产生干缩裂缝。

四、砂浆抗压强度试验

（一）目的

检验砂浆的实际强度是否满足设计要求。

（二）主要仪器设备

压力试验机、试模（规格为70.7mm×70.7mm×70.7mm带底试模）、捣棒、抹刀等。

（三）试件制作

（1）制作砌筑砂浆试件时，试模内壁事先涂刷薄层机油或脱模剂。

（2）向试模内一次注满砂浆，用捣棒均匀地由外向内里按螺旋方向插捣25次，为了防止低稠度砂浆插捣后，可能留下孔洞，允许用油灰刀沿模壁插数次，使砂浆高出试模顶面6～8mm。

（3）当砂浆表面开始出现麻斑状态时（15～30min），将高出部分的砂浆沿试模顶面削去并抹平。

（四）试件养护

（1）试件制作后应在20℃±5℃温度下停置一昼夜（24h±2h），当气温较低时，可适当延长时间，但不应超过两昼夜，然后对试件进行编号拆模。试件拆模后，应在标准养护条件下，继续养护28d，然后进行试压。

(2) 标准养护条件

1) 水泥混合砂浆应为温度 20℃±3℃，相对湿度 60%～80%。

2) 水泥砂浆和微沫砂浆应为温度 20℃±3℃，相对湿度 90%以上。

3) 养护期间，试件彼此间隔不少于 10mm。

(五) 砂浆立方体抗压强度测定

(1) 试件从养护室取出后，应尽快进行试验，以免试件内部的温度湿度发生显著变化。试验前先将试件擦拭干净，测量尺寸，并检查其外观。试件尺寸测量精确至 1mm，并据此计算试件的承压面积。如实测尺寸与公称尺寸之差不超过 1mm，可按公称尺寸进行计算。

(2) 将试件放在试验机的下压板上（或下垫板上），试件中心应与试验机下压板（或下垫板）中心对准，试件的承压面应与成型时的顶面垂直。开动试验机，当上压板（或上垫板）与试件接近时，调整球座，使接触面均匀受压。加荷速度应为 0.5～1.5kN/s（砂浆强度 5MPa 及 5MPa 以下时，取下限为宜，砂浆强度 5MPa 以上时取上限为宜），当试件接近破坏而开始迅速变形时，停止调整试验机油门，直至试件破坏。记录破坏荷载 P(N)。

(六) 试验结果计算

(1) 砂浆立方体抗压强度应按下列公式计算（精确至 0.1MPa）

$$f_{\mathrm{m,u}} = \frac{P}{A} \tag{5-8}$$

(2) 以 6 个试件所测值的算术平均值作为该组试件的抗压强度值，精确至 0.1MPa。当 6 个试件的最大值或最小值与平均值之差超过 20%时，以中间 4 个试件的平均值作为该组试件的抗压强度值。

思 考 题 与 习 题

一、名词解释

1. 流动性；2. 保水性；3. 预拌砂浆。

二、填空题

1. 砌筑砂浆的基本组成材料有________、________、________、________、________和水。

2. 砂浆的流动性大小用________指标表示，保水性大小用________指标表示。

三、单项选择题

1. 砌筑砂浆的配合比应采用（　　）。

A. 质量比　B. 体积比　C. 水灰比　D. 质量比或体积比

2. 测定砂浆抗压强度的标准试件的尺寸是（　　）。

A. 70.7mm×70.7mm×70.7mm　B. 70mm×70mm×70mm

C. 100mm×100mm×100mm　D. 40mm×40mm×40mm

3. 砂浆中加石灰膏的作用是提高其（　　）。

A. 黏结性　B. 强度　C. 保水性　D. 流动性

4. 普通砖砌筑前，一定要进行浇水湿润，其目的是（　　）。

A. 把砖冲洗干净　B. 保证砌砖时，砌筑砂浆的稠度

C. 增加砂浆对砖的胶结力　　　　　　D. 减小砌筑砂浆的用水量

5. 用于外墙的抹面砂浆，在选择胶凝材料时，应以（　　）为主。

A. 水泥　　　　B. 石灰　　　　C. 石膏　　　　D. 粉煤灰

四、问答题

1. 配制砂浆时，为什么除水泥外常常还要加入一定量的其他胶凝材料？

2. 砂浆的和易性包括哪些含义？各用什么来表示？

五、计算题

今拟配制砌筑在干燥环境下的基础用水泥石灰混合砂浆，设计要求强度为5MPa。所用材料为：①水泥，32.5级矿渣水泥，堆积密度为1300kg/m^3。②石灰膏，二级石灰制成，稠度为120mm，表观密度为1350kg/m^3。③砂子，中砂，含水率2%时，堆积密度为1500kg/m^3。求调制1m^{3}砂浆需要各种材料的数量及其配合比。

六、工程实例分析题

概况：某工地现配制M10砂浆砌筑砖墙，把水泥直接倒在砂堆上，再人工搅拌。该砌体灰缝饱满度及黏结性均差。请分析原因。

第六章 墙 体 材 料

教学要求

了解：墙用砌体和墙用板材的种类及其各自的尺寸偏差、强度等级、质量等级等主要技术性能指标。

掌握：主要墙体材料生产工艺以及尺寸偏差、强度等级、抗风化性能、质量等级等主要技术性能指标。

应用：各种砌墙砖、墙用砌体和墙用板材的各自特点及其在建筑工程中的应用。

重点：蒸压加气混凝土的生产工艺和主要技术性能指标。

难点：蒸压加气混凝土的强度测算和强度等级评定。

第一节 砌 墙 砖

砖的种类很多，按所用原材料分为黏土砖、页岩砖、煤矸石砖、粉煤灰砖、灰砂砖和炉渣砖等；按生产工艺可分为烧结砖和非烧结砖，其中非烧结砖又可分为压制砖、蒸养砖和蒸压砖等；烧结砖在我国已经有两千多年的历史，按有无孔洞可分为空心砖和实心砖。本节以烧结砖和非烧结砖为分类标准进行介绍。

一、烧结砖

（一）烧结普通砖

实心粘土砖有两千年的历史，对于建筑工业上的贡献不可磨灭，可是其存在的缺点（毁田、能耗大），也决定了它终将被历史淘汰，但是，其他的墙体材料也是从中发展而来的，下面对它作一个介绍。

凡以黏土、页岩、煤矸石或粉煤灰为原料，经成型和高温焙烧而制得的用于砌筑承重和非承重墙体的砖统称为烧结砖。

根据原料不同分为烧结黏土砖、烧结粉煤灰砖、烧结页岩砖等。烧结砖对孔洞率小于15％的烧结砖，称为烧结普通砖。

1．烧结普通砖的生产工艺过程

普通黏土砖的主要原料为粉质或砂质黏土，其主要化学成分为 SiO_2、Al_2O_3 和 Fe_2O_3 和结晶水，由于地质生成条件的不同，可能还含有少量的碱金属和碱土金属氧化物等。黏土砖的生产工艺主要包括取土、炼泥、制坯、干燥、焙烧等。

如果焙烧温度过高或时间过长，则易产生过火砖。过火砖的特点为色深、敲击声脆、变形大等。如果焙烧温度过低或时间不足，则易产生欠火砖。欠火砖的特点为色浅、敲击声哑，强度低、吸水率大、耐久性差等。

2．主要技术性能指标

根据烧结普通砖《烧结普通砖》（GB 5101—2003）规定，强度、抗风化性能和放射性物质合格的砖，根据尺寸偏差、外观质量、泛霜和石灰爆裂等技术要求可分为优等品（A）、一等品（B）和合格品（C）3个等级。

（1）尺寸偏差。烧结普通砖为长方体，其标准尺寸为240mm×115mm×53mm（图6－1）加上砌筑用灰缝的厚度，则4块砖长，8块砖宽，16块砖厚分别恰好为1m，故每1m³砖砌体需用砖512块。砖的尺寸允许偏差应符合表6－1的规定。

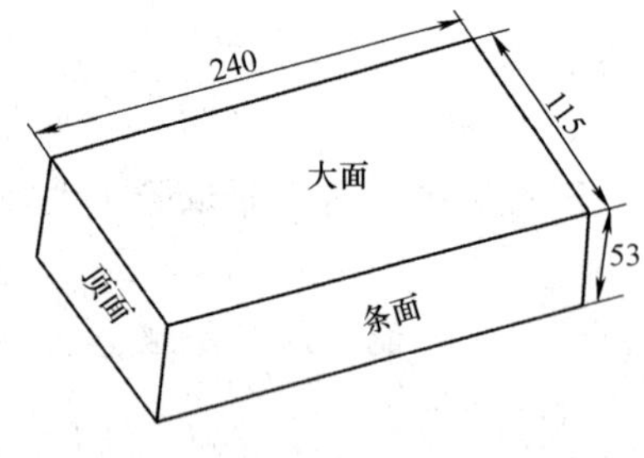

图6－1 烧结普通砖的外形

（2）强度等级。烧结普通砖的强度等级根据10块砖的抗压强度平均值、标准值或最小值划分，共分为MU30、MU25、MU20、MU15、MU10，5个等级，在评定强度等级时，若强度变异系数$\delta \leqslant 0.21$时，采用平均值—标准值方法；若强度变异系数$\delta > 0.21$时，则采用平均值—最小值方法。各等级的强度标准应符合表6－2中的规定值。

表6－1　烧结普通砖的质量等级划分（GB 5101—2003）

项目			优等品		一等品		合格品	
			样本平均偏差	样本极差≤	样本平均偏差	样本极差≤	样本平均偏差	样本极差≤
尺寸偏差	长度（mm）		±2.0	6	±2.5	7	±3.0	8
	宽度（mm）		±1.5	5	±2.0	6	±2.5	7
	高度（mm）		±1.5	4	±1.6	5	±2.0	6
外观质量	两条面高度差，不大于（mm）		2		3		4	
	弯曲，不大于（mm）		2		3		4	
	杂质凸出高度，不大于（mm）		2		3		4	
	缺棱掉角的3个破坏尺寸，不得同时大于（mm）		5		20		30	
	裂纹长度，不大于（mm）	a. 大面上宽度方向及其延伸至条面的长度	30		60		80	
		b. 大面上长度方向及其延伸至顶面的长度或条面上水平裂纹的长度	50		80		100	
	完整面不得少于		二条面和二顶面		一条面和一顶面		—	
	颜色		基本一致		—		—	
泛霜			无泛霜		不允许出现泛霜		不允许出现严重泛霜	
石灰爆裂			不允许出现最大破坏尺寸大于2mm的爆裂区域		a. 最大破坏尺寸大于2mm，且小于等于10mm的爆裂区域，每组砖样不得多于15处； b. 不允许出现最大破坏尺寸大于10mm的爆裂区域		a. 最大破坏尺寸大于2mm，且小于等于15mm的爆裂区域，每组砖样不得多于15处。其中大于10mm不得多于7处； b. 不允许出现最大破坏尺寸大于15mm的爆裂区域	

表 6-2 烧结普通砖的强度等级（GB 5101—2003）

强度等级	抗压强度平均值（MPa），≥	变异系数 $\delta \leqslant 0.21$ 强度标准值（MPa），≥	变异系数 $\delta > 0.21$ 单块最小抗压强度值（MPa），≥
MU30	30.0	22.0	25.0
MU25	25.0	18.0	22.0
MU20	20.0	14.0	16.0
MU15	15.0	10.0	12.0
MU10	10.0	6.5	7.5

1）每块试样的抗压强度 f_i 按下式计算，精确至 0.1MPa，即

$$f_i = \frac{P}{LB} \tag{6-1}$$

式中 P——最大破坏荷载，N；

L——受压面（连接面）的长度，mm；

B——受压面（连接面）的宽度，mm。

2）分别计算下列指标

$$\bar{f} = \frac{1}{10}\sum_{i=1}^{10} f_i \tag{6-2}$$

$$S = \sqrt{\frac{1}{9}\sum_{i=1}^{10}(f_i - \bar{f})^2} \tag{6-3}$$

$$\delta = \frac{S}{\bar{f}} \tag{6-4}$$

式中 f_i——单块试样抗压强度的测定值，精确至 0.01MPa；

$\bar{f}$——10 块试样抗压强度算术平均值，精确至 0.1MPa；

S——10 块试样的抗压强度标准差，精确至 0.01MPa；

δ——砖强度的变异系数，精确至 0.01。

3）评定方法。

① 平均值—标准值方法。变异系数 $\delta \leqslant 0.21$ 时，按抗压强度平均值 $\bar{f}$ 和强度标准值f_i 评定砖的强度等级。样本量 $n=10$ 时的强度标准值按下式计算，精确至 0.1MPa，即

$$f_{\mathrm{k}} = \bar{f} - 1.8S \tag{6-5}$$

② 平均值—最小值法。当变异系数 $\delta > 0.21$ 时，按表中压强度平均值 $\bar{f}$ 和单块最小抗压强度值 $f_{\min}$评定砖的强度等级，单块最小抗压强度值精确至 0.1MPa。

(3) 抗风化性能。

抗风化性能是烧结普通砖重要的耐久性指标之一，对砖的抗风化性能要求应根据各地区的风化程度而定（风化程度的地区划分详见表 6-3）。

表 6-3 **风化区的划分**

严重风化区		非严重风化区	
1. 黑龙江省	11. 河北省	1. 山东省	11. 福建省
2. 吉林省	12. 北京市	2. 河南省	12. 台湾省
3. 辽宁省	13. 天津市	3. 安徽省	13. 广东省
4. 内蒙古自治区		4. 江苏省	14. 广西壮族自治区
5. 新疆维吾尔自治区		5. 湖北省	15. 海南省
6. 宁夏回族自治区		6. 江西省	16. 云南省
7. 甘肃省		7. 浙江省	17. 西藏自治区
8. 青海省		8. 四川省	18. 上海市
9. 陕西省		9. 贵州省	19. 重庆市
10. 山西省		10. 湖南省	

砖的抗风化性能通常用抗冻性、吸水率及饱和系数三项指标划分。抗冻性是指经 15 次冻融循环后不产生裂纹、分层、掉皮、缺棱、掉角等冻坏现象；且重量损失率小于 2%，强度损失率小于规定值。吸水率是指常温泡水 24h 的重量吸水率。饱和系数是指常温 24h 吸水率与 5h 沸煮吸水率之比。

严重风化区中的 1、2、3、4、5 等 5 个地区所用的烧结普通砖，其抗冻性试验必须合格，其他地区可不做抗冻试验（参见表 6-4 和表 6-5）。

表 6-4 **严重风化区用砖抗冻性指标**

强度等级	抗压强度平均值（MPa），⩾	单块砖的干重量损失（%），⩽
MU30	23.0	2.0
MU25	19.0	2.0
MU20	14.0	2.0
MU15	10.0	2.0
MU10	6.5	2.0
MU7.5	5.0	2.0

表 6-5 **烧结普通砖的吸水率、饱和系数（GB 5101—2003）**

项目 / 砖种类	严重风化区				非严重风化区			
	5h 沸煮吸水率（%），⩽		饱和系数，⩽		5h 沸煮吸水率（%），⩽		饱和系数，⩽	
	平均值	单块最大值	平均值	单块最大值	平均值	单块最大值	平均值	单块最大值
黏土砖	21	23	0.85	0.87	23	25	0.88	0.90
粉煤灰砖①	23	25			30	32		
页岩砖	16	18	0.74	0.77	18	20	0.78	0.80
煤矸石砖	19	21			21	23		

① 粉煤灰掺入量（体积比）小于 30%时，按黏土砖规定。

（4）石灰爆裂。

原料中若夹带石灰或内燃料（粉煤灰、炉渣）中带入 CaO，在高温熔烧过程中生成过火石灰。过火石灰在砖体内吸水膨胀，导致砖体膨胀破坏，这种现象称为石灰爆裂。烧结普通砖的石灰爆裂应符合表 6-1 的规定。

（5）泛霜。

泛霜是指砖内可溶性盐类在砖的使用过程中，逐渐于砖的表面析出一层白霜。这些结晶的白色粉状物不仅影响建筑物的外观，而且结晶的体积膨胀也会引起砖表层的疏松，同时破坏砖与砂浆层之间的黏结。烧结普通砖的泛霜应符合表6-1的规定。

（6）质量等级。

根据国家标准《烧结普通砖》（GB 5101—2003）的规定，烧结普通砖的技术要求包括形状、尺寸、外观质量、强度等级和耐久性等方面。根据尺寸偏差和外观质量、泛霜和石灰爆裂分为优等品（A）、一等品（B）和合格品（C）3个等级。具体规定详见表6-1。

3. 烧结普通砖的产品标记

烧结普通砖的产品标记按产品名称、规格、品种、强度等级、质量等级和标准编号的顺序编写，例如规格240mm×115mm×53mm、强度等级MU15、一等品的烧结普通砖，其标记为烧结普通砖 N MU15 B GB/T 5101。

4. 烧结普通砖的应用

烧结普通砖既有一定的强度，又有较好的隔热、隔声性能，冬季室内墙面不会出现结露现象，而且价格低廉，但由于毁田、能耗大，已经渐渐被其他新型材料所取代。

（二）烧结多孔砖和烧结空心砖

烧结普通砖有自重大、体积小、生产能耗高、施工效率低等缺点，用烧结多孔砖和烧结空心砖代替烧结普通砖，可使建筑物自重减轻30%左右，节约黏土20%～30%，节省燃料10%～20%，墙体施工功效提高40%，并改善砖的隔热隔声性能。通常在相同的热工性能要求下，用空心砖砌筑的墙体厚度比用实心砖砌筑的墙体减薄半块砖左右，所以推广使用多孔砖和空心砖是加快我国墙体材料改革，促进墙体材料工业技术进步的重要措施之一。

烧结多孔砖和烧结空心砖的生产工艺与烧结普通砖相同，但由于坯体有孔洞，增加了成型的难度，因而对原料的可塑性要求很高。

1. 烧结多孔砖

烧结多孔砖是以黏土、页岩或煤矸石为主要原料烧制而成的孔洞率超过25%，孔尺寸小而多，且为竖向孔的主要用于结构承重的多孔砖。

（1）尺寸偏差。

多孔砖的技术性能应满足国家规范《烧结多孔砖》（GB 13544—2000）的要求。根据其尺寸规格分为190mm×190mm×90mm（M型）和240mm×115mm×90mm（P型）两类，见图6-2和表6-6、表6-7。圆孔直径必须≤22mm，非圆孔内切圆直径≤15mm，手抓孔一般为（30～40)mm×(75～85)mm。

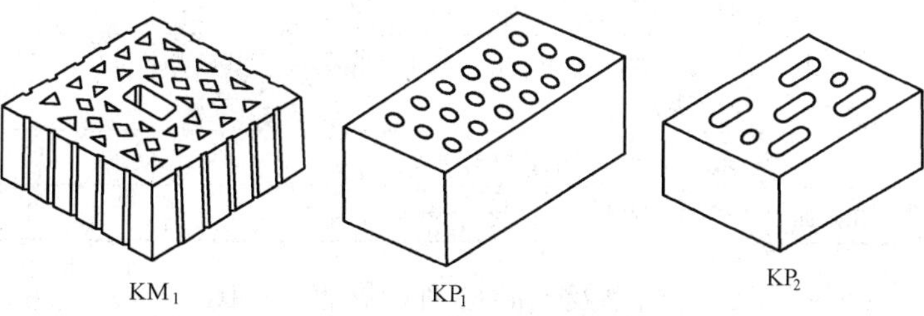

图6-2 烧结空心砖的外形

表6-6 **烧结多孔砖规格尺寸**

代 号	长度（mm）	宽度（mm）	厚度（mm）
M	190	190	90
P	240	115	90

表 6－7 烧结多孔砖的尺寸允许偏差（GB 13544—2000）

尺寸（mm）	优等品		一等品		合格品	
	样本平均偏差（mm）	样本极差（mm），≤	样本平均偏差（mm）	样本极差（mm），≤	样本平均偏差（mm）	样本极差（mm），≤
290、240	±2.0	6	±2.5	7	±3.0	8
190、180、175、140、115	±1.5	5	±2.0	6	±2.5	7
90	±1.5	4	±1.7	5	±2.0	6

（2）强度等级。

多孔砖根据抗压强度平均值和抗压强度标准值或抗压强度最小值分为 MU30、MU25、MU20、MU15、MU10、MU7.5 共 6 个强度等级。强度指标见表 6－8。

表 6－8 烧结多孔砖的强度等级（GB 13544—2000）

强度等级	抗压强度平均值（MPa），≥	变异系数≤0.21 强度标准值（MPa），≥	变异系数>0.21 单块最小抗压强度值（MPa），≥
MU30	30.0	22.0	25.0
MU25	25.0	18.0	22.0
MU20	20.0	14.0	16.0
MU15	15.0	10.0	12.0
MU10	10.0	6.5	7.5

（3）外观质量，见表 6－9。

表 6－9 烧结多孔砖的外观质量要求（GB 13544—2000）

项目		优等品	一等品	合格品
颜色（一条面和一顶面）		一致	基本一致	—
完整面不得少于		一条面和一顶面	一条面和一顶面	—
缺棱掉角的 3 个破坏尺寸，不得同时大于（mm）		15	20	30
裂纹长度（mm），≤	a. 大面上深入孔壁 15mm 以上宽度方向及其延伸至条面的长度	60	80	100
	b. 大面上深入孔壁 15mm 以上长度方向及其延伸至顶面的长度	60	100	120
	c. 条、顶面上水平裂纹	80	100	120
杂质在砖面上造成的高度不大于凸出（mm）		3	4	5

（4）孔型、孔洞率及孔洞排列，见表 6－10。

表 6－10 烧结多孔砖的孔型、孔洞率及孔洞排列（GB 13544—2000）

产品等级	孔型	孔洞率（%），≥	孔洞排列
优等品	矩形条孔或矩形孔	25	交错排列，有序
一等品			
合格品	矩形条孔或其他孔		—

优等品和一等品的吸水率分别不大于22%和25%，对合格品的吸水率无要求。

烧结多孔砖主要用于六层以下建筑物的承重墙体。M型砖符合建筑模数，使设计规范化、系列化，提高施工速度，节约砂浆；P型砖便于与普通砖配套使用。

多孔砖使用时孔洞方向平行于受力方向；空心砖的孔洞则垂直于受力方向。多孔砖常用作六层以下的承重砌体。

2. 烧结空心砖

烧结空心砖是以黏土、页岩或煤矸石为主要原料烧制而成的孔洞率大于35%，孔尺寸大而少，且为水平孔的主要用于非承重部位的空心砖。

空心砖则常用于非承重砌体。

(1) 尺寸偏差。

空心砖规格尺寸较多，有290mm×190mm×90mm和240mm×180mm×115mm两种类型，砖的壁厚应大于10mm，肋后应大于7mm，如图6-3所示。

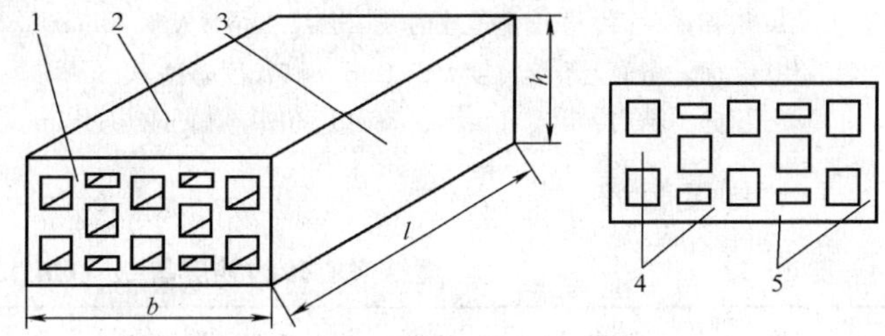

图6-3　烧结空心砖的外形

1—顶面；2—大面；3—条面；4—肋；5—壁槽

l—长度；b—宽度；h—高度

空心砖的技术性能应满足国家规范《烧结空心砖与空心砌块》(GB 13545—2003)的要求。根据大面和条面抗压强度分为5.0、3.0、2.0，3个强度等级，同时按表观密度分为800、900、1100，3个密度级别，并根据尺寸偏差、外观质量、强度等级和耐久性等，分为优等品（A）、一等品（B）和合格品（C）三个等级。技术指标见表6-11～表6-15。

表6-11　烧结空心砖的尺寸允许偏差（GB 13545—2003）

尺寸（mm）	优等品		一等品		合格品	
	样本平均偏差（mm）	样本极差（mm），≤	样本平均偏差（mm）	样本极差（mm），≤	样本平均偏差（mm）	样本极差（mm），≤
＞300	±2.5	6.0	±3.0	7.0	±3.5	8.0
＞200～300	±2.0	5.0	±2.5	6.0	±3.0	7.0
100～200	±1.5	4.0	±2.0	5.0	±2.5	6.0
＜100	±1.5	3.0	±1.7	4.0	±2.0	5.0

(2) 外观质量。

表6-12　烧结空心砖的外观质量要求（GB 13545—2003）

项目		优等品	一等品	合格品
弯曲（mm），≤		3	4	5
缺棱掉角的3个破坏尺寸，不得同时大于（mm）		15	30	40
垂直度差（mm），≤		3	4	5
未贯穿裂纹长度（mm），≤	a. 大面上宽度方向及其延伸至条面的长度	0	100	120
	b. 大面上长度方向及其延伸至顶面的长度	0	120	140

续表

项目		优等品	一等品	合格品
贯穿裂纹长度（mm），≤	a. 大面上宽度方向及其延伸至条面的长度	0	40	60
	b. 壁、肋沿长度方向、宽度方向及其水平方向的长度	0	40	60
壁、肋内缺残长度（mm），≤		0	40	60
完整面不得少于		一条面和一顶面	一条面或一顶面	—

注 凡存在下列缺陷之一的，不能称为完整面：

1. 缺损在大面、条面上造成的破坏面尺寸同时大于 20mm×30mm。
2. 大面、条面上裂缝宽度大于 1mm，其长度超过 70mm。
3. 压陷、粘底、焦花在大面、条面上的凹陷或凸出超过 2mm，区域尺寸同时大于 20mm×30mm。

（3）强度等级。

表 6－13　烧结空心砖的强度等级（GB 13544—2000）

强度等级	抗压强度值（MPa），≥	变异系数≤0.21 强度标准值（MPa），≥	变异系数>0.21 单块最小抗压强度值（MPa），≥	密度等级范围（kg/m³）
MU10	10	7.0	8.0	≤1100
MU7.5	7.5	5.0	5.8	
MU5.0	5.0	3.5	4.0	
MU3.5	3.5	2.5	2.8	
MU2.5	2.5	1.6	1.8	≤800

（4）密度等级。

表 6－14　烧结空心砖的密度等级（GB 13545—2003）

密度等级	5 块砖密度平均值（kg/m³）	密度等级	5 块砖密度平均值（kg/m³）
800	≤800	1000	901～1000
900	801～900	1100	1001～1100

（5）孔洞排列及其排列。

表 6－15　烧结空心砖的孔型、孔洞率及孔洞排列（GB 13545—2003）

产品等级	孔洞排列	孔洞排数（排）		孔洞率（%），≥
		宽度方向	长度方向	
优等品	有序交错排列	b≥200mm≥7 b>200mm≥5	≥2	40
一等品	有序排列	b≥200mm≥5 b>200mm≥4	≥2	
合格品	有序排列	≥3	—	

注 b 为宽度的尺寸。

烧结空心砖自重较轻，强度较低，多用于非承重墙，如多层建筑的内隔墙或框架结构的填充墙等。

多孔砖和空心砖的抗风化性能、石灰爆裂性能、泛霜性能等耐久性技术要求与普通黏土砖基本相同，吸水率相近。

（三）烧结大连砖

烧结大连砖为高品质页岩烧结砖（国内俗称大连砖，国际俗称米兰砖），用于路面和墙面。产品以页岩、铝硅土为原料，根据其特性在不添加任何色料情况下挤压成型、高温烧结方式形成。主要颜色为红色、粉红色、棕色、象牙黄、橘黄、灰色、青黑色。其自然色调、抗压耐蚀、经典时尚、古朴美观特性引领国际景观潮流，产品应用于特色景观路面、步行街、房地产景观（万科园林的路面铺装大量使用烧结大连砖）、广场及墙体装饰，能充分提高建筑物和场所的品位及档次。

烧结砖的文化性、增值性、环保性、耐久性、舒适性等深受国内外使用者、设计者和专家的青睐，是目前最理想最经典的装饰砖。

二、非烧结砖

非烧结砖是不经过焙烧而制成的砖，如碳化砖、免烧免蒸砖、蒸压砖等。目前应用最为广泛的是蒸压砖。

从保护耕地、保护环境、节能利废的角度出发，其定义为：主要以非黏土为原料生产的墙体材料，具有保温、隔热、节能、轻质、高强、利废、环保、抗震、节地的墙体材料，都称为新型墙体材料。

蒸压砖是以粉煤灰或其他矿渣或灰砂为原料，添加石灰、石膏以及骨料，经胚料制备、压制成型、高效蒸汽养护等工艺制成。蒸压砖通过搅拌、消化、蒸压砖机成品进釜高温蒸压形成蒸压砖。蒸压砖以适当比例的石灰和石英砂、砂或细砂岩，经磨细、加水拌和、半干法压制成型并经蒸压养护而成。

蒸压砖的抗冻性、耐蚀性、抗压强度等多项性能都优于实心黏土砖的人工石材。砖的规格尺寸与普通实心黏土砖完全一致，为240mm×115mm×53mm，所以用蒸压砖可以直接代替实心黏土砖，是国家大力发展、应用的新型墙体材料。

非烧结砖适用于各类民用建筑、公用建筑和工业厂房的内、外墙，以及房屋的基础。

（一）蒸压灰砂砖

蒸压灰砂砖是以砂、石灰为主要原料，经坯料制备，压制成型、蒸压养护而成的实心砖，简称灰砂砖，测试结果证明，蒸压灰砂砖，既具有良好的耐久性能，又具有较高的墙体强度。蒸压灰砂砖的原料主要为砂，推广蒸压灰砂砖取代黏土砖对减少环境污染、保护耕地、改善建筑功能有积极作用。

1. 蒸压灰砂砖的技术要求

按照《蒸压灰砂砖》（GB 11945—1999）的规定，蒸压灰砂砖根据尺寸允许偏差、外观质量、强度和抗冻性分为优等品（A）、一等品（B）和合格品（C）3个质量等级。

（1）蒸压灰砂砖的尺寸偏差和外观质量。

蒸压灰砂砖的外形为直角六面体，公称尺寸为240mm×115mm×53mm。其尺寸允许偏差和外观质量要求符合表6-16的规定。

（2）蒸压灰砂砖的强度和抗冻性。

蒸压灰砂砖根据抗压强度和抗折强度分为MU25、MU20、MU15、MU10，4个强度等级，各个等级的强度值和抗冻性指标应符合表6-17的规定。

表 6-16 蒸压灰砂砖的尺寸允许偏差和外观质量要求（GB 11945—1999）

项目			指标		
			优等品	一等品	合格品
尺寸允许偏差（mm）	长度	L	±2	±2	±3
	宽度	B	±2		
	高度	H	±1		
缺棱掉角	个数（个），不多于		1	1	2
	最大尺寸不大于（mm）		10	15	20
	最小尺寸不大于（mm）		5	10	10
对应高度差不得大于（mm）			1	2	3
裂纹	条数，不多于（条）		1	1	2
	大面上宽度方向及其延伸至条面的长度不大于（mm）		20	50	70
	大面上宽度方向及其延伸至顶面上的长度或条、顶面水平裂纹的长度不大于（mm）		30	70	100

表 6-17 蒸压灰砂砖的强度指标和抗冻性指标（GB 11945—1999）

强度等级	抗压强度（MPa）		抗折强度（MPa）		抗冻性指标	
	平均值，≥	单块值，≥	平均值，≥	单块值，≥	冻后抗压强度平均值（MPa），≥	单块砖的干质量损失（%），≤
MU25	25.0	20.0	5.0	4.0	20.0	2.0
MU20	20.0	16.0	4.0	3.2	16.0	2.0
MU15	15.0	12.0	3.3	2.6	12.0	2.0
MU10	10.0	8.0	2.5	2.0	8.0	2.0

2. 蒸压灰砂砖的耐久性能

（1）抗冻性。抗冻性是指砖抵抗反复冻融作用的能力。蒸压灰砂砖如果按规定生产达到产品标准要求时，能够经受抗冻性试验，蒸压灰砂砖的抗冻性与其自身强度有关，强度高者抗冻性好。

（2）耐水性。耐水性包括干湿循环作用后和长期浸泡水中时其强度的变化，经干湿循环作用或长期在水中蒸压灰砂砖的抗压强度均有所增长。

（3）吸水性。与烧结普通砖相比，其吸水速度与烧结普通砖相近。

（4）自然条件下强度变化。蒸压灰砂砖是在高温、蒸压下进行反应形成的。水化反应比较充分，因此具有稳定的强度和性能。在大气中出釜，前期强度有较多增长，以后不再提高，保持稳定。在潮湿环境和水中长期浸泡，强度亦会增强。

（5）耐高温性：蒸压灰砂砖不能长期受热 200℃ 以上；200℃ 以下，强度基本没有影响。

（6）耐化学腐蚀性：MU15 以上的灰砂砖在酸碱溶液中浸泡强度变化不大。

3. 蒸压灰砂砖的产品标记

蒸压灰砂砖的产品标记应该按照产品的名称（LSB）、颜色、强度等级、标准编号的顺序编写，例如强度等级为 MU20，优等品的彩色灰砂砖，其标记为 LSB Co 20 A GB 11945。

4. 蒸压灰砂砖的应用

蒸压灰砂砖材质均匀密实，尺寸偏差小，外形光洁整齐，表观密度为1800～1900kg/m^3，导热系数约为0.61W/(m·K)。

MU10灰砂砖仅可以用于防潮层以上的建筑部位；MU15及其以上的灰砂砖可用于基础及其他建筑部位。由于灰砂砖中的某些水化产物（氢氧化钙、碳酸钙等）不耐酸，也不耐热，因此不得用于长期受热200℃以上，受急冷急热和有酸性介质侵蚀的建筑部位，也不宜用于有流水冲刷的部位。

（二）粉煤灰砖

以粉煤灰、石灰为主要原料，掺加适量石膏和骨料，经胚料制备，压制成型，高压或常压蒸汽养护而成的实心粉煤灰砖。

粉煤灰砖可用于工业与民用建筑的墙体和基础。但用于基础或用于易受冻融和干湿交替作用的建筑部位必须使用一等砖与优等砖。同时，粉煤灰不得用于长期受热，受急冷急热和有酸性介质侵蚀的部位。

1. 粉煤灰砖的主要技术要求

根据《粉煤灰砖》（JC 239—2001）的规定，粉煤灰砖根据尺寸偏差、外观质量、强度等级、抗冻性和干燥收缩，分为优等品（A）、一等品（B）和合格品（C）3个质量等级。

（1）尺寸偏差和外观质量。

粉煤灰砖的公称尺寸为240mm×115mm×53mm。其尺寸偏差和外观质量符合表6-18的规定。

表6-18 粉煤灰砖的尺寸允许偏差和外观质量（JC 239—2001）

项目	指标		
	优等品	一等品	合格品
尺寸允许偏差			
长度（mm）	±2	±3	±4
宽度（mm）	±2	±3	±4
高度（mm）	±1	±2	±3
对应高度差，不大于（mm）	1	2	3
缺棱掉角的最小破坏尺寸（mm），≤	10	15	20
完整面，不得少于	二条面和一顶面或一条面和二顶面	一条面和一顶面	一条面和一顶面
裂纹长度（mm），≤			
a. 大面上宽度方向的裂纹（包括延伸至条面的长度）	30	50	70
b. 其他裂纹	50	70	100
层裂	不允许		

（2）粉煤灰砖的强度和抗冻性。

粉煤灰砖根据抗压强度和抗折强度分为MU30、MU25、MU20、MU15、MU10，5个强度等级，各个等级的强度值和抗冻性指标应符合表6-19的规定。

（3）干燥收缩值。

粉煤灰砖的干燥收缩值：优等品和一等品应不大于0.65mm/m，合格品应不大于0.75mm/m。

表 6-19 粉煤灰砖的强度等级和抗冻性指标（JC 239—2001）

强度等级	抗压强度（MPa）		抗折服强度（MPa）		抗冻性指标	
	10块平均值 ≥	单块值 ≥	10块平均值 ≥	单块值 ≥	冻后抗压强度平均值（MPa），≥	砖的干重量损失（%）单块值，≤
MU30	30.0	24.0	6.2	5.0	24.0	2.0
MU25	25.0	20.0	5.0	4.0	20.0	2.0
MU20	20.0	16.0	4.0	3.2	16.0	2.0
MU15	15.0	12.0	3.3	2.6	12.0	2.0
MU10	10.0	8.0	2.5	2.0	8.0	2.0

2. 粉煤灰砖的产品标记

粉煤灰砖的产品标记应该按照产品的名称（LSB）、颜色、强度等级、标准编号的顺序编写，例如强度等级为MU20，优等品的彩色粉煤灰砖，其标记为FB Co 20 A JC 239。

3. 粉煤灰砖的应用

粉煤灰砖可用于工业与民用建筑的墙体和基础，但用于基础或易受到冻融和干湿交替作用的建筑部位时，必须使用MU15及其以上的砖。

粉煤灰砖不得用于长期受热200℃以上，受急冷急热和有酸性介质侵蚀的建筑部位，为避免或减少收缩裂缝的产生，用粉煤灰砖砌筑的建筑物，应适当增设圈梁及伸缩缝。

（三）煤矸石砖

煤矸石是夹在煤层中的废石，主要成分是硅铝铁等，一般含有少量的碳，煤矸石砖则是用煤矸石为原料经粉碎、压坯、煅烧而成的建筑用砖。

在靠近煤矿山的地方建煤矸石砖厂，能充分利用煤矸石中的碳，砖的生产成本较普通黏土砖低，还消耗了矿山的废石。

（四）建菱砖

建菱砖以石米、中粗砂为原料，采用高频震荡、高压成型的方式生产免蒸、免烧一次成型、集互锁和绿色环保于一体的路面砖和路沿砖。

产品广泛应用于车站、码头、广场、停车场、体育馆、住宅区、机场等公共场所以及家庭庭院装修。

第二节 墙 体 砌 块

砌块是利用混凝土，工业废料（炉渣，粉煤灰等）或地方材料制成的人造块材，外形尺寸比砖大，具有设备简单，砌筑速度快的优点，符合建筑工业化发展中墙体改革的要求。

砌块按尺寸和质量的大小不同分为小型砌块、中型砌块和大型砌块。砌块系列中主规格的高度大于115mm而小于380mm的称作小型砌块，高度为380～980mm称为中型砌块，高度大于980mm的称为大型砌块。使用中以中小型砌块居多。

砌块按外观形状可以分为实心砌块和空心砌块。空心砌块有单排方孔、单排圆孔和多排扁孔三种形式，其中多排扁孔对保温较有利。按砌块在组砌中的位置与作用可以分为主砌块和各种辅助砌块。

根据材料不同，常用的砌块有普通混凝土与装饰混凝土小型空心砌块、轻集料混凝土小型空心砌块、粉煤灰小型空心砌块、蒸压加气混凝土砌块和石膏砌块。

吸水率较大的砌块不能用于长期浸水、经常受干湿交替或冻融循环的建筑部位。

一、普通混凝土小型空心砌块

普通混凝土小型空心砌块主要是以普通混凝土搅拌物为原料，经成型、养护而成的空心块体墙材。有承重砌块和非承重砌块两类。为了减轻自重，非承重砌块也可用炉渣或其他轻质料配制。

（一）普通混凝土小型空心砌块的主要技术要求

普通混凝土小型空心砌块的主规格尺寸为390mm×190mm×190mm，其他规格尺寸可由供需双方协商。砌块各部位的名称如图6－4所示。最小外壁应不小于30mm，最小肋厚应不小于25mm。空心率应不小于25%。

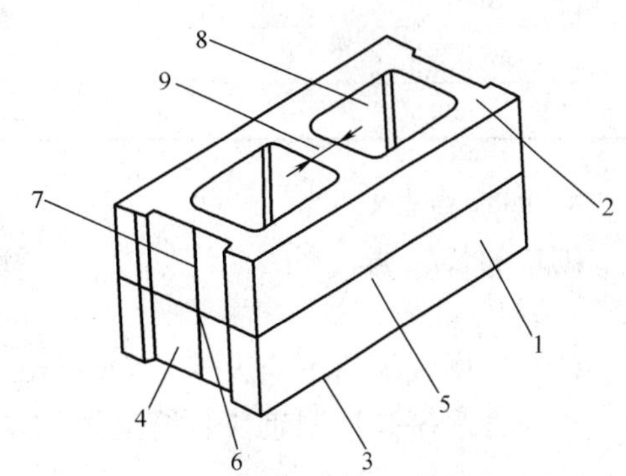

图6－4　小型空心砌块各部位的名称

1—条面；2—坐浆面（肋厚较小的面）；3—铺浆面（肋厚较大的面）；4—顶面；5—长度；6—宽度；7—高度；8—壁；9—肋

根据《普通混凝土小型空心砌块》（GB 8239—1997）的规定，砌块按尺寸偏差和外观质量分为优等品（A）、一等品（B）和合格品（C）3个质量等级。

1. 规格

普通混凝土小型空心砌块具有相同的规格系列。常用的规格系列按宽度分为190、90两个系列，每个系列按高度分为两组，见表6－20。

表6－20　　普通混凝土小型空心砌块基本规格（mm）

190宽度系列	90宽度系列	用　　途
外形尺寸：长×宽×高	外形尺寸：长×宽×高	
390×190×190	390×90×190	主砌块
290×190×190	290×90×190	辅助块
190×190×190	190×90×190	辅助块
390×190×90	390×90×90	主砌块
290×190×90	290×90×90	辅助块
190×190×90	190×90×90	辅助块

为了提高砌块的抗剪、抗渗能力及施工质量，在以上基本规格的基础上，砌块又按顶面形式和使用功能要求确定一端有槽口，两端有槽口。按组砌要求，设有配套规格，如芯柱块、配筋带块等。

2. 强度等级

普通混凝土小型空心砌块的强度等级：MU20.0、MU15.0、MU10.0、MU7.5、MU5.0和MU3.5，具体见表6－21，砌块的抗压强度是用砌块受压面的毛面积除破坏荷载求得的。

表 6-21 普通混凝土小型空心砌块的强度等级 (GB 8239—1997)

强度等级	砌块抗压强度 (MPa)	
	平均值≥	单块试件最小值≥
MU3.5	3.5	2.8
MU5.0	5.0	4.0
MU7.5	7.5	6.0
MU10.0	10.0	8.0
MU15.0	15.0	12.0
MU20.0	20.0	16.0

3. 外观要求

砌块的长、宽、高的允许偏差≤±2mm。外观质量达到一等品要求。

4. 主要技术性能

(1) 干燥收缩值不应大于0.065mm/m。

相对含水率是控制砌块收缩变形的重要指标，应符合表6-22的规定。

表 6-22 相对含水率 (%)

使用地区条件收缩率	使用地区年平均相对湿度		
	>75% (潮湿)	50%～75% (中等)	<50% (干燥)
<0.03	45	40	35
0.03～0.045	40	35	30
0.045～0.065	35	30	25

(2) 抗渗性。用于清水墙的砌块及装饰砌块，其抗渗性应满足表6-23的规定。

表 6-23 抗渗性 (mm)

项目名称	指标
水面下降高度	三块中任何一块不大于10

(3) 防火性能。

1) 墙体耐火极限应按表6-24采用。

表 6-24 墙体的燃烧性能和耐火极限

小砌块墙体类型	耐火极限 (h)	燃烧性能
90mm厚小砌块墙体	1	非燃烧体
190mm厚小砌块墙体	2	非燃烧体

注 墙体两面无粉刷。

2) 对防火要求高的砌块建筑或其局部，宜采用提高墙体耐火极限的混凝土或松散材料灌实孔洞的方法，或采取其他附加防火措施。

3) 当190mm厚普通混凝土小型空心砌块墙体双面抹混合砂浆各20mm厚时，其耐火极限可提高到2.5h，可作为耐火等级二级的建筑物的承重墙、楼梯间、电梯井的墙。

4）如果在190mm厚普通混凝土小型空心砌块墙体孔洞内填砂石、页岩粒或矿渣时，其耐火极限可大于4.0h，可作为耐火等级为一、二级的建筑物的防火墙。

（4）隔声性能。

对190mm厚单排孔普通混凝土小型空心砌块墙体双面粉刷（各20mm厚）的空气声计权隔声量，应按43～47dB采用（具体详见国家建筑标准设计图集《框架结构填充小型空心砌块墙体建筑构造》(02J102—2)。对隔声要求较高的小砌块建筑，可采用下列措施提高其隔声性能：

1）孔洞内填充矿渣棉、膨胀珍珠岩、膨胀蛭石等松散材料，其空气计权隔声量可提高到50dB以上。

2）在普通混凝土小型空心砌块墙体的一面或双面采用纸面石膏板或其他板材做带有空气隔层的复合墙体构造。

（5）热工性能。

1）普通混凝土小型空心砌块的热工性能用热阻和热惰性指标按表6-25采用。

表6-25　热阻和热惰性指标计算值

孔　型	厚度（mm）	孔隙率（%）	表观密度（kg/m³）	R_b（m·K/W）	D_b
单排孔混凝土小型空心砌块	90	30	1500	0.12	0.85
双排孔混凝土小型空心砌块	190	40	1370	0.22	1.70

注　当普通混凝土小型空心砌块的孔型和厚度与表6-25不同时，其 R_b 和 D_b 值应按《民用建筑热工设计规范》(GB 50176—1993）附录一中的计算方法确定。

2）普通混凝土小型空心砌块孔洞中内填、内插不同类型轻质保温材料时，砌体的热工性能指标见表6-26。本措施虽可改善普通混凝土小型空心砌块砌体热工性能，但混凝土肋壁传热较大，砌体热阻值增加有限，且其热惰性指标也无法满足《夏热冬冷地区居住建筑节能设计标准》(JGJ 134—2001）的规定，故不提倡。

表6-26　普通混凝土小型空心砌块墙体主体部位的热工性能

编号	构造做法	K_p［W/(m·K)］	D_p
1	（1）20mm厚水泥砂浆外抹灰； （2）单排空心砌块孔洞内插25厚发泡聚苯小板； （3）20mm厚石膏聚苯碎粒保温砂浆内抹灰	1.5	2.29
2	（1）20mm厚水泥砂浆外抹灰； （2）单排孔空心砌块孔洞内满填膨胀珍珠岩； （3）20mm厚石膏聚苯碎粒保温砂浆内抹灰	1.33	2.52

3）在采用混凝土空心砌块的条件下，采用双排孔或多排孔的办法，对保温性能的提高幅度不大，不能从根本解决建筑的保温、隔热。小砌块建筑外墙可采用外保温，内保温或带有空气间层和不带空气间层的夹心复合保温技术，或（和）采用外反射、外遮阳、外通风和外蒸发等外隔热措施。

（二）普通混凝土小型空心砌块的应用和保管

普通混凝土小型空心砌块适用于地震设计烈度为8度及8度以下地区的一般民用和工业建筑物的墙体。对用于承重墙和外墙的砌块，要求其干缩值小于0.55mm/m，非承重或内墙用的砌块，其干缩值应小于0.60mm/m。

砌块应该按其规格、等级分批堆放，不得混放。堆放运输及砌筑时应有防雨措施。装卸时严禁碰撞、扔摔，应轻码轻放、不许翻斗倾卸。

二、蒸压加气混凝土砌块

蒸压加气混凝土砌块是以硅质材料（砂、粉煤灰及含硅尾矿等）和钙质材料（石灰、水泥）为主要原料，掺加发气剂（铝粉），经加水搅拌，由化学反应形成孔隙，通过浇筑成型、预养切割、蒸压养护等工艺过程制成的多孔硅酸盐制品。

加气砌块是可以漂在水面上的石头，中间的气孔，使得这种材料变得很轻还能够阻挡声音。这种材料具有良好的隔热、保温、防火性能。

（一）蒸压加气混凝土砌块的生产工艺

铝粉发气化学反应式为

$$2Al+3Ca(OH)_2+6H_2O \longrightarrow 3CaO \cdot 2Al_2O_3 \cdot 6H_2O+3H_2\uparrow \quad (6-6)$$

蒸压加气混凝土的水化产物主要是托勃莫来石晶体和C—S—H凝胶体，还有少量水化石榴石（一般在5%左右），加气混凝土中的托勃莫来石含量提高，其干缩值减小，但强度有所降低；如C—S—H凝胶含量提高（托勃莫来石含量一定减少），这时强度提高，但干缩值也随之增加。为了能使加气混凝土的强度满足要求，又使干缩值最小，蒸压加气混凝土中的托勃莫来石和C—S—H凝胶要有一个适当的比例关系。根据研究结果认为，对蒸压粉煤灰加气混凝土，托勃莫来石含量在20%～30%之间，C—S—H凝胶在35%～45%之间较为合适。对蒸压灰砂或矿渣加气混凝土，托勃莫来石含量在30%～40%，C—S—H凝胶在25%～35%之间较为合适。托勃莫来石是C—S—H凝胶转化结晶而来，所以托勃莫来石含量多，C—S—H凝胶含量一定少。影响托勃莫来石含量多少及晶体的大小，除蒸压温度和时间外，还与原材料的细度、品种及杂质有关。

（二）蒸压加气混凝土砌块的规格尺寸

蒸压加气混凝土砌块的规格尺寸见表6-27。如需要其他规格，可由供需双方协商解决。

表6-27 蒸压加气混凝土砌块的规格尺寸（GB 11968—2006）

长度 L（mm）	宽度 B（mm）	高度 H（mm）
600	100 120 125 150 180 200 240 250 300	200 240 250 300

（三）蒸压加气混凝土砌块的主要技术要求

根据蒸压加气混凝土砌块（GB 11968—2006）的规定，砌块按尺寸偏差、外观质量、干密度、抗压强度和抗冻性分为优等品（A）和合格品（B）两个质量等级。

1. 砌块的抗压强度和强度等级

砌块按抗压强度分为A1.0、A2.0、A2.5、A3.5、A5.0、A7.5、A10.0，7个强度级别，见表6-28和表6-29。

表6-28 蒸压加气混凝土砌块的抗压强度（GB 11968—2006）

强度级别		A1.0	A2.0	A2.5	A3.5	A5.0	A7.5	A10.0
立方体抗压强度（MPa）	平均值≥	1.0	2.0	2.5	3.5	5.0	7.5	10.0
	最小值≥	0.8	1.6	2.0	2.8	4.0	6.0	8.0

表 6－29 蒸压加气混凝土砌块的强度级别（GB 11968—2006）

<table>
<tr><td colspan="2">干密度级别</td><td>B03</td><td>B04</td><td>B05</td><td>B06</td><td>B07</td><td>B08</td></tr>
<tr><td rowspan="2">强度级别</td><td>优等品（A）</td><td rowspan="2">A1.0</td><td rowspan="2">A2.0</td><td>A3.5</td><td>A5.0</td><td>A7.5</td><td>A10.0</td></tr>
<tr><td>合格品（B）</td><td>A2.5</td><td>A3.5</td><td>A5.0</td><td>A7.5</td></tr>
</table>

2. 砌块的干密度

砌块按干密度分为 B03、B04、B05、B06、B07、B08 六个密度等级，见表 6－30。

表 6－30 蒸压加气混凝土砌块的干密度（GB 11968—2006）

<table>
<tr><td colspan="2">干密度级别</td><td>B03</td><td>B04</td><td>B05</td><td>B06</td><td>B07</td><td>B08</td></tr>
<tr><td rowspan="2">干密度（kg/m³）</td><td>优等品（A）≤</td><td>300</td><td>400</td><td>500</td><td>600</td><td>700</td><td>800</td></tr>
<tr><td>合格品（B）≤</td><td>325</td><td>425</td><td>525</td><td>625</td><td>725</td><td>825</td></tr>
</table>

3. 砌块的干燥收缩、抗冻性和导热系数

砌块的干燥收缩、抗冻性和导热系数应符合表 6－31 的规定。

表 6－31 砌块的干燥收缩、抗冻性和导热系数（GB 11968—2006）

<table>
<tr><td colspan="3">干密度级别</td><td>B03</td><td>B04</td><td>B05</td><td>B06</td><td>B07</td><td>B08</td></tr>
<tr><td rowspan="2">干燥收缩值</td><td colspan="2">标准法（mm/m）≤</td><td colspan="6">0.50</td></tr>
<tr><td colspan="2">快速法（mm/m）≤</td><td colspan="6">0.80</td></tr>
<tr><td rowspan="3">抗冻性</td><td colspan="2">质量损失（%）≤</td><td colspan="6">5.0</td></tr>
<tr><td rowspan="2">冻后强度（MPa）≥</td><td>优等品（A）</td><td rowspan="2">0.8</td><td rowspan="2">1.6</td><td>2.8</td><td>4.0</td><td>6.0</td><td>8.0</td></tr>
<tr><td>合格品（B）</td><td>2.0</td><td>2.8</td><td>4.0</td><td>6.0</td></tr>
<tr><td colspan="3">导热系数（干态）[W/(m·K)]≤</td><td>0.10</td><td>0.12</td><td>0.14</td><td>0.16</td><td>0.18</td><td>0.20</td></tr>
</table>

（四）蒸压加气混凝土砌块的功能特点

1. 轻质高强

绝干容重为 300～800kg/m³，为标准砖的 1/4，黏土砖的 1/3。因此，可以有效地减轻建筑物的自重，减少基础和结构投入，非常适合各类工业与民用建筑中的框架结构，及软弱地质的建筑。

2. 保温隔热

保温隔热性能是黏土砖 7 倍，普通混凝土的 10 倍，黏土实心砖的 3～4 倍，其导热系数通常为 0.09～0.17W/(m·K)。用 20cm 厚的产品做外墙，其保温隔热效果与 49cm 的实心砖墙相当。

3. 抗渗防水

该产品内部小孔均为独立的封闭孔，直径约为 1～2mm，能有效地阻止水分扩散。如采用专用黏结剂砌筑，产品灰缝为 3/4mm，更进一步提高了墙体整体防渗性。

4. 防火阻燃

该产品的原料和产品本身为无机物，具有绝对不燃性，在 700℃高温下不会损失强度，火灾时不产生有毒气体。10cm 厚的墙体防火能力可达 4h 以上，是理想的一级防火建筑材料。

5. 隔声吸音

具有良好的隔声效果，依其厚度不同可隔声40～50dB，同时也是一种良好的吸声材料。

6. 尺寸精确

长、宽、高尺寸误差可在2～3mm范围内，达到国家标准要求，使薄层砂浆的推广应用成为可能。

7. 施工便捷

现场加工性能好，可锯、可刨、可对尺寸修整、可连续砌筑；水电设施安装时，钻孔、镂槽、开洞方便快捷。

（五）蒸压加气混凝土砌块的选用要点

（1）主要用于建筑物的外填充墙和非承重内隔墙，也可与其他材料组合成为具有保温隔热功能的复合墙体，但不宜用于最外层。

（2）蒸压加气混凝土砌块如无有效措施，不得用于下列部位：长期浸水、经常受干湿交替或经常受冻融循环的部位；受酸碱化学物质侵蚀的部位以及制品表面温度高于80℃的部位。

（3）设计施工详见国家建筑标准设计图集《蒸压加气混凝土砌块建筑构造》（03J104）。外墙转角及内、外墙交接处应咬砌，并在沿墙高1m左右的灰缝内配制钢筋或网片，每边深入墙内1m，山墙沿墙高1m左右的灰缝内另加通长钢筋。

（4）后砌的非承重墙、填充墙或隔墙与外承重墙相交处，应沿墙高900～1000mm处用钢筋与外墙拉接，且每边深入墙内的长度不得小于700mm。

（5）蒸压加气混凝土外墙墙面的突出部分，如线脚、出檐、窗台等，应做泛水和滴水，避免流入墙中的水经多次冻融循环后，破坏外墙面。

（6）在砌块墙底、墙顶、门窗洞口处，应局部采用烧结普通砖或多孔砖砌筑，其高度不宜小于200mm。

（7）不同干密度和强度等级的加气混凝土砌块不应混砌，也不得与其他砖和砌块混砌。

（8）砌筑砂浆应采用黏结性能良好的专用砂浆；加气混凝土的抹面也应采用专用的抹面材料或聚丙烯纤维抹面抗裂砂浆。

三、轻骨料混凝土小型空心砌块

轻骨料混凝土小型空心砌块是由水泥、砂（轻砂或砂）、轻骨料、水经搅拌、成型得到的。所用的轻骨料有粉煤灰陶粒、黏土陶粒、页岩陶粒、膨胀珍珠岩、自然煤石轻料、煤渣等。其主规格尺寸为390mm×190mm×190mm，辅助尺寸有190×190mm×190mm。

（一）轻骨料混凝土小型空心砌块的主要技术要求

根据《轻骨料混凝土小型空心砌块》（GB/T 15229—2002）的规定，轻骨料混凝土小型空心砌块孔的排数分为5类：实心（0）、单排孔（1）、双排孔（2）、三排孔（3）和四排孔（4）。按砌块密度等级分为8级，即500、600、700、800、900、1000、1200、1400，见表6-32。

表6-32 轻骨料混凝土小型空心砌块密度等级（GB/T 15229—2002）

密度等级	500	600	700	800	900	1000	1200	1400
砌块干燥表观密度的范围（kg/m³）	≤500	510～600	610～700	710～800	810～900	910～1000	1010～1200	1210～1400

按砌块强度等级分为6级，即1.5、2.5、3.5、5.0、7.5、10.0，见表6-33。

表6-33　轻骨料混凝土小型空心砌块强度等级（GB/T 15229—2002）

强度等级	砌块抗压强度（MPa）		密度等级范围≤
	平均值≥	最小值	
1.5	1.5	1.2	600
2.5	2.5	2.0	800
3.5	3.5	2.8	1200
5.0	5.0	4.0	1200
7.5	7.5	6.0	1400
10.0	10.0	8.0	1400

按砌块尺寸允许偏差和外观质量，分为两个等级：一等品（B）和合格品（C）。砌块的吸水率不应大于20%，干缩率、抗冻性应符合标准规定。

（二）轻骨料混凝土小型空心砌块的应用和保管

强度等级为3.5有以下的砌块主要用于保温墙体或非承重墙体，强度等级为3.5及其以上的砌块主要用于承重保温墙体。

砌块应按密度等级、强度等级、质量等级分批堆放，不得混放。堆放运输及砌筑时有防雨措施。装卸时严禁碰撞、扔摔，应轻码轻放、不许翻斗倾卸。

四、粉煤灰砌块

粉煤灰砌块属硅酸盐类制品，是以粉煤灰、石灰、石膏和骨料（炉渣、矿渣）等为原料，经配料、加水搅拌、振动成型、蒸汽养护而制成的密实砌块。

（一）粉煤灰砌块的主要技术要求

根据《粉煤灰砌块》［JC 238—1991（1996）］的规定，粉煤灰砌块的主规格尺寸有880mm×380mm×240mm和880mm×430mm×240mm两种。按立方体试件的抗压强度，粉煤灰砌块分为10级和13级两个强度等级；按外观质量、尺寸偏差和干缩性能分为一等品（B）和合格品（C）两个质量等级。粉煤灰砌块的立方体抗压强度、碳化后强度、抗冻性和密度应符合表6-34的要求，干缩值应符合表6-35中的规定。

表6-34　粉煤灰砌块的立方体抗压强度、碳化后强度、抗冻性和密度

项　目	指　标	
	10级	13级
抗压强度	3块试件平均值不小于10.0MPa 单块试件最小值不小于8.0MPa	3块试件平均值不小于13.0MPa 单块试件最小值不小于10.5MPa
人工碳化后强度	不小于6.0MPa	不小于7.5MPa
抗冻性	冻融循环结束后，外观无明显或裂缝，强度损失不大于20%	
密度	不超过设计密度的10%	

表6-35　粉煤灰砌块的干缩值（mm/m）

一等品（B）	合格品（C）
≤0.75	≤0.90

（二）粉煤灰砌块的应用

粉煤灰砌块的干缩值比水泥混凝土大，弹性模量低于同强度的水泥混凝土制品。粉煤灰砌块适用于一般工业与民用建筑的墙体和基础，但不宜长时间受到高温（如炼钢车间）和经常受潮的承重墙，也不宜用于有酸性介质侵蚀的建筑部分。

五、混凝土中型空心砌块

混凝土中型空心砌块是以水泥或无熟料水泥，配以一定比例的骨料，制成空心率不小于25%的制品。砌块的构造形式如图6-5所示。

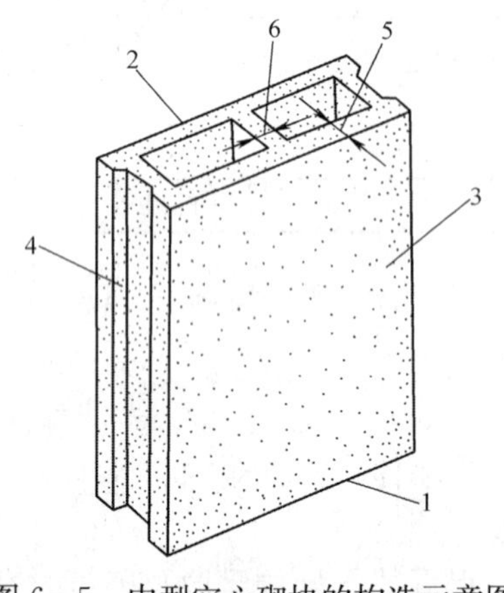

图6-5 中型空心砌块的构造示意图
1—铺浆面；2—坐浆面；3—侧面；
4—端面；5—壁；6—肋

其尺寸规格为：

长度：500、600、800、1000mm；

宽度：200、240mm；

高度：400、450、800、900mm。

用无熟料水泥或少熟料水泥配制的砌块属于硅酸盐类制品，生产中应通过蒸汽养护或相关的技术措施以提高产品的质量。该类砌块的干燥收缩值不大于0.8mm/m；经15次冻融循环后其强度损失不大于15%，外观无明显疏松和裂缝。

混凝土中型空心砌块具有表观密度小、强度较高、生产简单、施工方便等特点，适用于民用与一般工业建筑物的墙体。

六、石膏砌块

石膏砌块是以建筑石膏为主要原材料，经加水搅拌、浇筑成型和干燥制成的轻质建筑石膏制品。生产中允许加入纤维增强材料或轻集料，也可加入发泡剂。

石膏砌块种类很多，按其结构特性，可分为石膏实心砌块和石膏空心砌块；按其石膏来源，可分为天然石膏砌块和化学石膏砌块；按其防潮性能，可分为普通石膏砌块和防潮石膏砌块；按成型制造方式，可分为手工石膏砌块和机制石膏砌块。

七、发泡混凝土砌块

发泡混凝土砌块采用粉煤灰，细河砂和水泥等为原料，加入发泡剂和活化剂、无机复合矿物等原料，通过科学配方对材料进行改性，增加硬度，降低吸水率，生产而成。

发泡混凝土砌块又称“泡沫混凝土砌块”、“免蒸复合发泡新型墙体材料”、“泡沫砖”等，发泡混凝土砌块是一种新型建筑节能保温技术，具有众多优良的特性：高强度，防火，耐酸、碱，隔声，环保，施工简便。

第三节 墙 体 板 材

板材外形扁平，宽厚比大，单位体积的表面积也很大，这种外形特点带来其使用上的特点：表面积大，故包容覆盖能力强；可任意剪裁，使用灵活方便。

随着建筑结构体系的改革和大开间多功能框架结构的发展，各种轻质和复合墙用板材也蓬勃发展起来。以板材为围护墙体的建筑体系具有质轻、节能、高强、快捷、施工方便、使用面积大、开间布置灵活等特点。因此，墙用板材具有广阔的前景。

现在可用于墙体的板材很多，本节介绍几种有代表性的板材。

一、石膏类墙用板材

目前市场上常用的石膏类板材墙体有纸面石膏板隔墙、石膏空心条板隔墙、植物纤维石膏板隔墙等。

（一）纸面石膏板

纸面石膏板是以天然石膏和护面纸为主要原材料，掺加适量纤维、淀粉、促凝剂、发泡剂和水等制成的轻质建筑薄板。

纸面石膏板品种很多，市面上常见的纸面石膏板有以下三类。

1. 普通纸面石膏板

象牙白色板芯，灰色纸面，是最为经济与常见的品种。适用于无特殊要求的使用场所，使用场所连续相对湿度不超过 65%。

2. 耐水纸面石膏板

其板芯和护面纸均经过了防水处理，根据国标的要求，耐水纸面石膏板的纸面和板芯都必须达到一定的防水要求，耐水纸面石膏板适用于连续相对湿度不超过 95%的使用场所，如卫生间、浴室等。

3. 耐火纸面石膏板

其板芯内增加了耐火材料和大量玻璃纤维，如果切开石膏板，可以从断面处看见很多玻璃纤维。质量好的耐火纸面石膏板会选用耐火性能好的无碱玻纤，一般的产品都选用中碱或高碱玻纤。

纸面石膏板具有质轻、防火、隔声、保温、隔热、加工性强良好（可刨、可钉、可锯）、施工方便、可拆装性能好，增大使用面积等优点。

（二）石膏空心条板

它是石膏板的一种，强度高，用作住宅或公共建筑的内墙和隔墙等，其特点是无需龙骨。它以天然石膏为主要材料，添加适当的辅料，搅和成料浆，浇筑成型、抽芯、干燥等工艺制成的轻质板材。

石膏空心条板具有重量轻、强度高、隔热、隔声、防水等性能，可锯、可刨、可钻、施工简便。与纸面石膏板相比，石膏用量多、不用纸和胶黏剂、不用龙骨，工艺设备简单，所以比纸面石膏板造价低。石膏空心条板主要用于工业与民用建筑的内隔墙，其墙面可做喷浆、涂料、贴瓷砖、贴壁纸等各种饰面。

（三）植物纤维石膏板

植物纤维石膏板又称捷弗板，它是以建筑石膏和植物纤维、废旧书报为主要原料，采用半干法压制工艺流程而制成的新型墙体材料。该板材的特点是综合技术性能好，同时兼备防火、防水、隔声、轻质高强、耐冲击、韧性优等优点。

它耐火防潮综合性能良好。这种纤维石膏板由于经过高压、烘干、防水等技术处理，具有良好的防潮和耐水性能。在防火性能上，这种纤维石膏板属于不燃性 A 级产品，10mm 厚板做成 95mm 厚空心墙体结构，耐火极限达到 60min。在节能环保上，这种纤维石膏板导热系数为 0.28W/(m·K)，能够满足全国各地建筑工程保温和隔热的节能标准，不需另做保温层。

纤维石膏板的整个生产过程也不排放任何有毒有害物质；施工容易，可钉、可刨、可钻、可洗；具有独特的呼吸功能，具有独特的吸收和释放空气中湿气的呼吸功能，可自动调节室内的温度和湿度。

二、水泥类墙用板材

水泥类墙板具有较好的力学性能和耐久性，生产技术成熟，产品质量可靠。可用于承重墙、外墙和复合墙板的外层面。其缺点是自重大，抗拉强度低（大板在起吊过程中容易断），生产中可制成预应力空心板材，以减轻自重和改善隔声、隔热性能，也可制作以纤维类增强的薄型板材，还可在水泥类板材上制作成具有装饰效果的表面层。

（一）预应力混凝土空心墙板

预应力混凝土空心墙板构造如图 6－6 所示。

该类板的长度为 1000～1900mm，宽度为 600～1200mm，总厚度为 480mm。可用于承重或非承重外墙板、内墙板、楼板、屋面板和阳台板等。

（二）玻璃纤维增强水泥轻质多孔隔墙条板

玻璃纤维增强水泥（简称 GRC）轻质多孔隔墙条板是以低碱水泥为胶结料，耐碱玻璃纤维或其网格布为增强材料，膨胀珍珠岩为轻骨料也可用炉渣、粉煤灰等，并配以发泡剂和防水剂等，经配料、搅拌、浇筑、振动成型、脱水、养护而成。

如图 6－7 所示，GRC 轻质多孔隔墙条板长度为 2500～3500mm，宽度为 600mm，厚度有 60mm、90mm、120mm 三种规格；按板型分为板（PB）、门框板（MB）、窗框板（CB）、过梁板（LB）四种类型；按物理力学性能、尺寸偏差及外观质量分为一等品（B）和合格品（C）两个质量等级。该板可采用不同的企口和开孔形式。

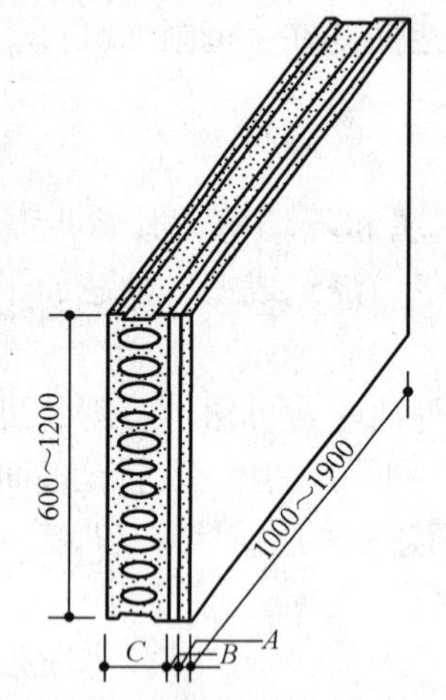

图 6－6 预应力空心墙板示意图
A—外饰面层；B—保温层；
C—预应力混凝土空心墙板

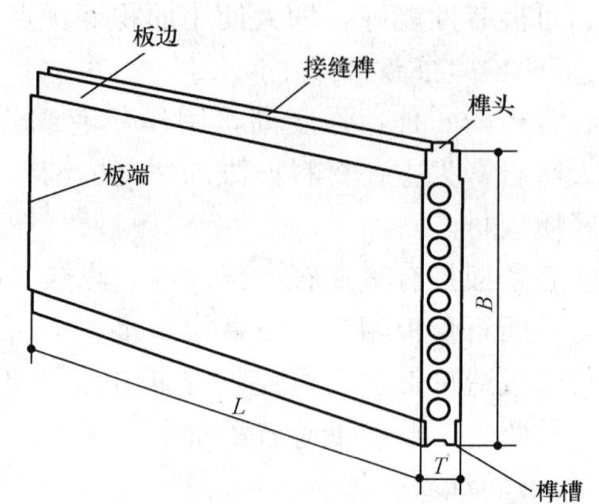

图 6－7 GRC 轻质多孔隔墙条板外形示意图

GRC 轻质多孔隔墙条板的优点是质轻、强度高、隔热、隔声、不燃、加工方便等。可用于工业与民用建筑的内墙及复合墙体的外墙面。

（三）真空挤出成型纤维水泥板

真空挤出成型纤维水泥板是低水灰比的塑性纤维水泥拌和料，在真空挤出成型机内，经真空排气并在螺杆的高挤压力与高剪力的作用下，由模口挤出而制成的具有多种断面形状的系列化板材。有空心板和平板两种形式。它的特点是外观平整、均匀，密实度高；质轻；板材可锯、可磨、可钻。适用于中档或较高档建筑框架结构的内、外墙，灵活隔断，高速公路的隔声墙，地下工程衬墙，活动房，屋面板等。

（四）木丝水泥板

属于环保型绿色建材，由水泥作为胶黏剂，木丝作为纤维增强材料，加入部分添加剂所压制而成的板材，主要由细碎木屑与波特兰水泥胶合加工而成，颜色清灰，双面平整光滑。

它实用性广、性能优异，有着耐腐、耐热、耐蚁蚀、易加工，与水泥、石灰、石膏配合性好，具有防火、强抗击冲力、隔声效果好、耐候性和耐用性等多种优点。

（五）石棉增强水泥板

石棉增强水泥板是以水泥、石棉纤维为主要原料，经过打浆、抄取辊压、切断、蒸汽养护、空气养护而制成的。

石棉增强水泥板是采用真空辊压工艺生产的板材。该种板材具有良好的综合性能，石棉增强水泥板同纸面石膏板一样，可与轻钢龙骨组装成复合墙体，而且可适用于较潮湿的环境，也可与吊顶龙骨组装成吊顶。

石棉增强水泥板具有轻质、抗弯和抗冲击强度高、不燃、耐火以及良好的可加工性能等特点（可锯、可钉、可钻、可粘）。

石棉增强水泥板按成型方法分为两种：湿法辊压成型和干法辊压成型。

三、植物纤维类墙用板材

（一）蔗渣板

蔗渣板又称为微粒板、刨花板，碎料板，由木材或其他木质纤维素材料制成的碎料，施加胶黏剂后在热力和压力作用下胶合成的人造板。

按板坯结构分单层、三层（包括多层）和渐变结构。按耐水性分室内耐水类和室外耐水类。按刨花在板坯内的排列有定向型和随机型两种。此外，还有非木材材料，如棉秆、麻秆、蔗渣、稻壳等所制成的刨花板，以及用无机胶黏材料制成的水泥木丝板、水泥刨花板等。

优点如下：

（1）有良好的吸声和隔声性能，刨花板绝热、吸声。

（2）内部为交叉错落结构的颗粒状，各部方向的性能基本相同，结构比较均匀，因此握钉力好，横向承重力好。

（3）防潮性能较强，吸收水分后膨胀系数较小，被普遍用于橱柜、浴室柜的等环境潮湿的柜类产品原材料。

（4）刨花板表面平整，纹理逼真，容重均匀，厚度误差小，耐污染，耐老化，美观，可进行油漆和各种贴面。

（5）刨花板在生产过程中，用胶量较小，环保系数相对较高。

缺点如下：

（1）内部为颗粒状结构，不易于铣型。

（2）在裁板时容易造成暴齿的现象，所以部分工艺对加工设备要求较高；不宜现场制作。

（二）稻草（麦秸）板

生产的主要原料是稻草或麦秸、板纸和脲醛树脂胶料等。其生产方法是将干燥的稻草或麦秸热压成密实的板芯，在板芯的两面及四个侧边用胶贴上一层完整的面纸经过加热固化而成。板芯内不加任何胶黏剂，只利用稻草或麦秸之间的缠绞拧编与压合而形成密实并有相当刚度的板材。其生产工艺简单，生产能低，仅为纸面石的1/3～1/4。

稻草（麦秸）板轻质，保温隔热效果好，隔声好，具有足够的强度和刚度，可以单板使用而不需要龙骨支撑，且便于锯、钉、打孔、黏结和油漆，施工便捷。其缺点是耐水性差、可燃。稻草（麦秸）板适用于非承重内隔墙、天花板、厂房望板及复合外墙的内壁板。

（三）稻壳板

稻壳板是以与合成树脂为原料，经配料、混合、铺装、热压而成的中密度板，表面可涂刷酚醛清漆或用薄木贴面加以装饰。稻壳板可作为内隔墙及室内各种隔断板、壁橱（柜）隔板等。

四、复合类墙用板材

以单一材料制成的板材，常因材料本身的局限性而使其在应用中受到限制。如质量较轻、隔热、隔声效果较好的石膏板、加气混凝土板、稻草板等，因其耐水性差或强度低，就只能用于非承重的内隔墙。而水泥混凝土类的板材虽有足够的强度和耐久性但其自重大，隔声、保温性能差。为了克服上面的缺点，常用不同的材料组合多功能的复合墙板以达到要求。常用的复合主要由随外力的结构层、保温层及面层组成，其优点是承重材料和轻保温材料的功能得到合理利用实现了物尽其用拓宽了材料的来源。

（一）泰柏板

泰柏板是一种新型建筑材料，选用强化钢丝焊接而成的三维笼为构架，阻燃EPS泡沫塑料芯材组成，是目前取代轻质墙体最理想的材料，是以阻燃聚苯泡沫板，或岩棉板为板芯，两侧配以冷拔钢丝网片，钢丝网目，腹丝斜插过芯板焊接而成，如图6-8所示。

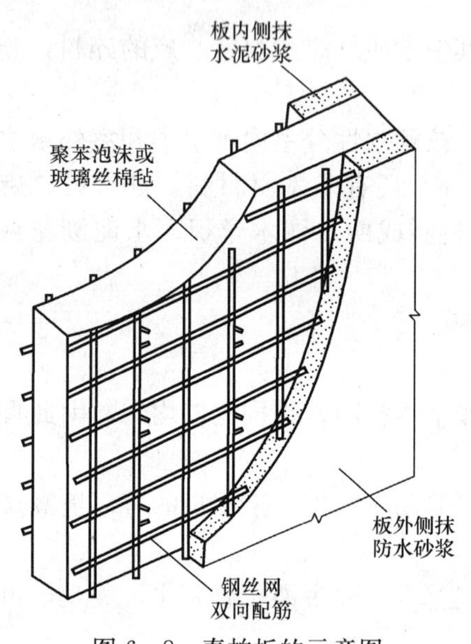

图6-8　泰柏板的示意图

泰柏板的标准尺寸为1.22m×2.44m=3m²，标准厚度为100mm，平均自重为90kg/m²，导热系数小（其热损失比一砖半的砖墙小50%）。由于所用的钢丝网架构造及夹心层材料、厚度的差别等，该类板材有多种名称，如GY板（夹心为岩棉），三维板、3D板、钢丝网节能板等，但它们的性能和基本结构相似。

泰柏板具有较高节能，重量轻、强度高、防火、抗震、隔热、隔声、抗风化，耐腐蚀的优良性能，并有组合性强、易于搬运，适用面广，施工简便等特点。

它广泛用于建筑业和装饰业内隔墙、围护墙、保温复合外墙和双轻体系（轻板，轻框架）的承重墙，以用楼面、屋面、吊顶和新旧楼房加层，卫生间隔墙，并且可作弄何贴面装修等。

（二）PU夹芯板

聚氨酯（PU）夹芯板，内、外两面为玻璃钢板，夹芯层硬质聚氨酯泡沫，经德国真空技术高压复合而成。夹芯板表面光洁，污物能够轻易除掉，整个面板色彩鲜艳，具有极佳的保光性。

玻璃钢板表面有一层性能优异的胶衣，对大气、水和一般浓度的酸、碱、盐等介质有着良好的化学稳定性；表面光洁度高，保光性极佳，不变色、耐腐蚀、防光晒、抗老化。

它主要适用于保温、冷藏、干货车厢、大跨度结构屋面、墙面、保温隔热（或防火）厂房、净化厂房、高中档组合房屋、冷库、集装箱房等地方。

（三）金属面夹芯板

金属面夹芯板是指上下两层为金属薄板，芯材为有一定刚度的保温材料，如岩棉、硬质泡沫塑料等，在专用的自动化生产线上复合而成的具有承载力的结构板材，也称为“三明治”板。

(1) 按面层材料分有：镀锌钢板夹芯板、热镀锌彩钢夹芯板、电镀锌彩钢夹芯板、镀铝锌彩钢夹芯板和各种合金铝夹芯板等。

(2) 按芯材材质分有：

金属泡沫塑料夹芯板：如金属聚氨酯夹芯板（PUR）、金属聚苯夹芯板（EPS）。

金属无机纤维夹芯板：如金属岩棉夹芯板、金属矿棉夹芯板、金属玻璃棉夹芯板等。

(3) 按建筑物的使用部位分有：屋面板、墙板、隔墙板、吊顶板等。

第四节 墙体材料实训项目

一、实训依据

《烧结普通砖》(GB 5101—2003)；

《砌墙砖试验方法》(GB/T 2542—1992)；

《砌墙砖检验规则》(JC 466—1996)。

二、抽样方法

在做砖的各项指标试验时，必须按照规定的随机抽样方案和抽样方法抽取规定数量的砖（表 6－36），每一块砖样上必须注明实训内容和编号。（注意：不得随便更换砖样和更改实训内容）

表 6－36 单项实训所需砖样数

检验项目	外观质量	尺寸偏差	强度等级	泛霜	石灰爆裂	冻融	吸水率和饱和系数
抽取砖样数（块）	50	20	10	5	5	5	5

三、砖的尺寸偏差检查

（一）实训目的

检查砖的尺寸偏差是否在允许的范围内，并为评定砖的质量等级提供依据。

（二）量具

砖用卡尺，分度值为 0.5mm，如图 6－9 所示。

（三）实训方法

长度应在砖的两个大面的中间处分别测量两个尺寸；宽度应在砖的两个大面的中间处分别测量两个尺寸；高度应在两个条面的中间处分别测量两个尺寸。当被测处有缺损或凸出时，可在其旁边测量，但应选择不利的一侧，如图 6－10 所示。

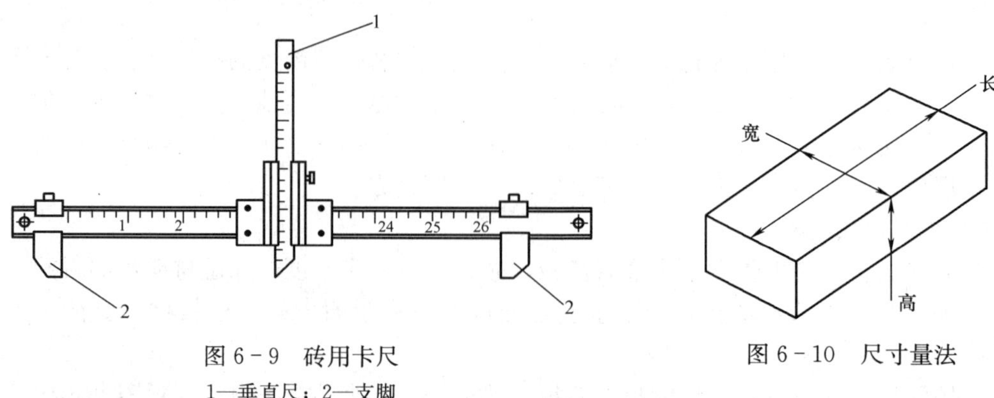

图 6-9 砖用卡尺

1—垂直尺；2—支脚

图 6-10 尺寸量法

（四）结果评定

结果分别以长度、高度和宽度的最大偏差值表示。每一尺寸测量不足 0.5mm 按 0.5mm 计，每一方向的尺寸以两个测量值的算术平均值表示。

检验样品数为 20 块。样本平均偏差是 20 块试样同一方向的算术平均值减去公称尺寸的差值，样本极差是抽检的 20 块试样中同一方向最大测量值与最小测量值的差值。

四、砖的外观质量检查

（一）实训目的

检查砖的外观质量是否在允许的范围内，并为评定砖的质量等级提供依据。

（二）量具

（1）砖用卡尺（图 6-9），分度值为 0.5mm。

（2）钢直尺，分度值为 1mm。

（三）测量方法

1. 缺损

（1）缺棱掉角在砖上造成的破损程度，以破损部分对长、宽、高三个棱边的投影尺寸来度量，称为破坏尺寸，如图 6-11 所示。

（2）缺损造成的破坏面，系指缺损部分对条、顶面（空心砖为条、大面）的投影面积，如图 6-12 所示。空心砖内壁残缺及肋缺尺寸，以长度方向的投影尺寸来度量。

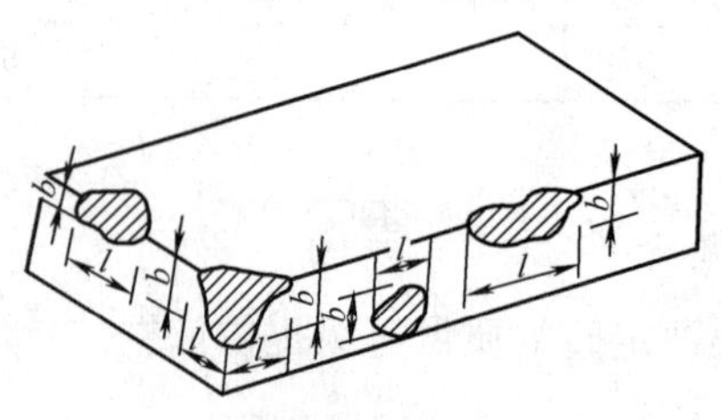

图 6-11 缺棱掉角三个破坏尺寸量法

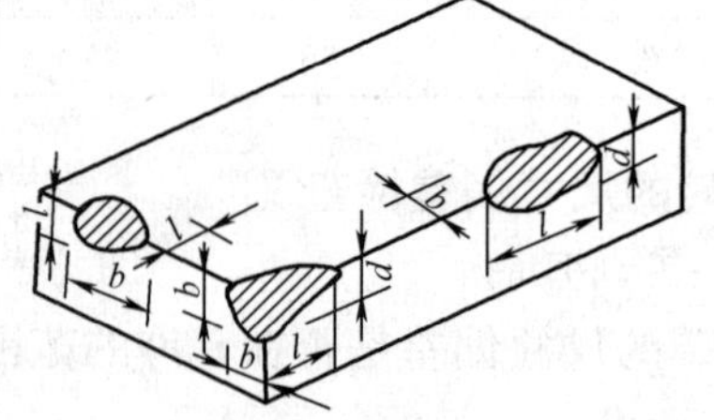

图 6-12 缺棱掉角在条、顶面上造成破坏面的示意图

2. 裂纹

（1）裂纹分为长度方向、宽度方向和水平方向三种，以被测方向的投影长度表示，如果裂纹从一个面延伸至其他面上时，则累计其延伸的投影长度。

（2）多孔砖的孔洞与裂纹相通时，则将孔洞包括在裂纹内一并测量。裂纹长度以在三个方向上分别测的最长裂纹作为测量结果。

3. 弯曲

弯曲分别在大面和条面上测量，测量时将砖用卡尺的两支肢沿棱边两端放置，择其弯曲最大处将垂直尺推至砖面，如图 6-13 所示。但不应将因杂质或碰伤造成的凹处计算在内。以弯曲中测的较大者作为测量结果。

4. 杂质凸出高度

杂质在砖面上造成的凸出高度，以杂质距砖面的最大距离表示。测量时将砖用卡尺的两支脚置于凸出两边的砖平面上，以垂直尺测量，如图 6-14 所示。

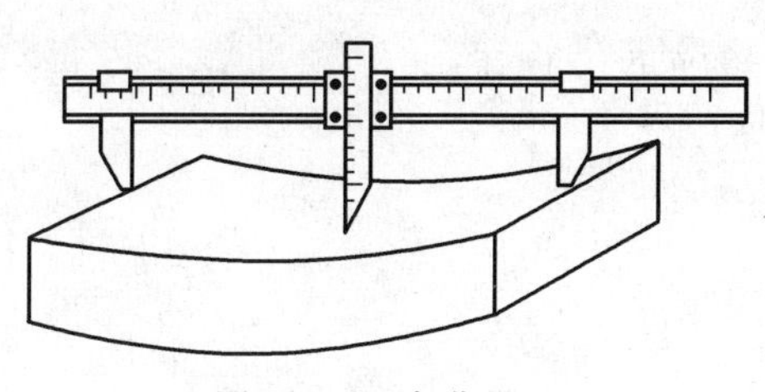

图 6-13 弯曲量法

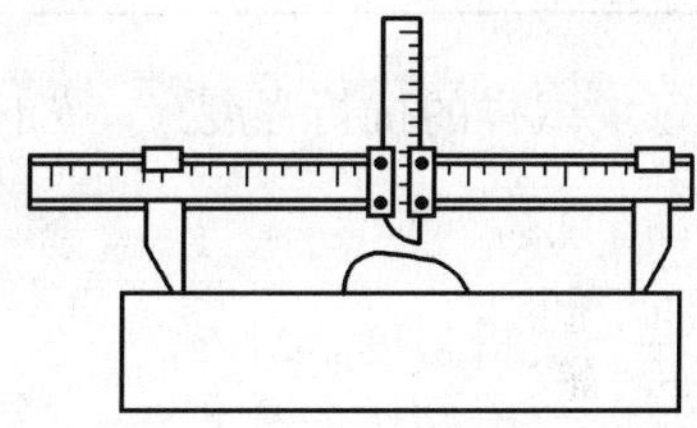

图 6-14 杂质凸出量法

（四）结果评定

外观测量以毫米为单位。不足 1mm 者，按 1mm 计。

五、砖的抗折强度实训

（一）实训目的

测定砖的抗折强度，根据它确定烧结普通砖的强度等级。通过本试验初步熟悉材料抗压强度的试验方法和材料试验机的使用方法。

（二）仪器与设备

1. 材料试验机

试验机的示值相对误差不大于±1%，其下加压板应为球绞支座，预期最大破坏荷载应在量程的 20%～80%之间。

2. 抗折夹具

抗折试验的加荷形式为三点加荷，其上压辊和下支辊的曲率半径为 15mm，下支辊应有一个为铰接固定。

3. 钢直尺

钢直尺分度值为 1mm。

（三）实训步骤

（1）测量试样的宽度和高度尺寸各 2 个，分别取其算术平均值，精确至 1m。

（2）调整抗折夹具下支辊的跨距为砖规格长度减去 40mm，如图 6-15 所示，但规格长度为 190mm 的砖，其跨距为 160mm。

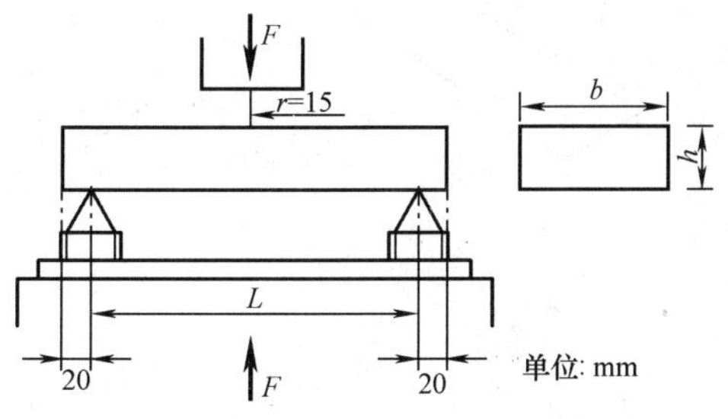

图 6-15 砖的抗折强度（荷重）试验示意图

（3）将试样大面平放在下支辊上，试样两端面与下支辊的距离应相同，当试样有裂缝或凹陷时，应使有裂缝或凹陷的大面朝下，以 50～150N/s 速度均匀加荷，直至试样断裂，记录最大破坏荷载 P。

（四）结果评定

（1）每块多孔砖试样的抗折荷重以最大破坏荷载乘以换算系数计算（表 6－37），精确至 0.1kN。

表 6－37　抗折荷重换算系数表

代号	长（mm）	宽（mm）	高（mm）	换算系数
M	190	190	90	1
P	240	115	90	2

（2）每块试样的抗折强度 f_m 按下式计算（精确至 0.1MPa）

$$f_m = \frac{3FL}{2bh^2}$$

式中　f_m——抗折强度，MPa；

F——最大破坏荷载，N；

L——跨距，mm；

b——实训宽度，mm；

h——实训高度，mm。

（3）实训结果以试样抗折强度或抗折荷重的算术平均值和单块最小值表示（精确至 0.1MPa 或 0.1kN）。

六、烧结普通砖强度等级的确定

（一）实训目的

测定砖的抗压强度，根据它确定烧结普通砖的强度等级。通过木实训初步熟悉材料抗压强度的方法和材料试验机的使用方法。

（二）仪器与设备

压力试验机（300～500kN）、切砖器、量尺、镘刀等。

（三）实训方法

用随机抽样法选 10 块砖，将试样切断或锯成两块半截砖，断开的半截砖长不得小于 100mm，如图 6－16 所示。将已断开的半截放置在室温水中浸 10～20min 后取出，并以断口相反方向叠放，中间抹以厚度不超过 5mm 的 425 号普通水泥净浆，上下面抹以不超过 3mm 的水泥净浆，制成的试件必须相互平行，并垂直于侧面，如图 6－16 所示。试件应在不低于 10℃的不通风室内养护 3d 再进行。

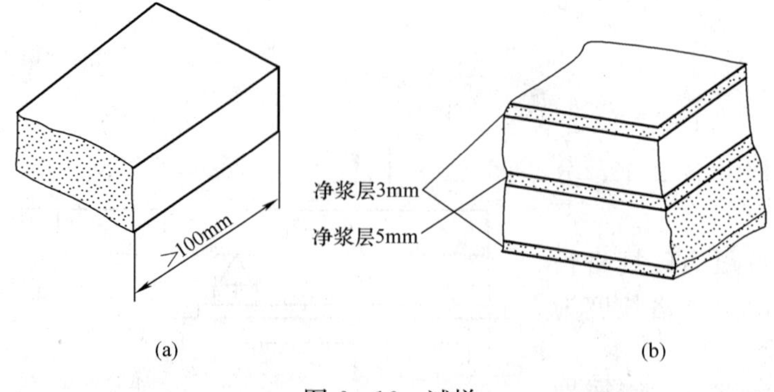

图 6－16　试样

（a）半截砖样；（b）抹面试件

（四）实训步骤

（1）测量每个试件连接面

或受压面的长、宽尺寸各两个，分别取其平均值（精确至1.0mm）。

（2）将试件平放在加压板的中央，垂直于受压面加荷，应均匀平稳，不得发生冲击或振动。加荷速度为5kN/s±0.5kN/s直至试件破坏为止，记录破坏荷载P。

（五）实训结果与评定

（1）每块试样的抗压强度f_i按下式计算，精确至0.1MPa

$$f_i=\frac{P}{LB}$$

式中　P——最大破坏荷载，N；

L——受压面（连接面）的长度，mm；

B——受压面（连接面）的宽度，mm。

（2）分别计算下列指标

$$\bar{f}=\frac{1}{10}\sum_{i=1}^{10}f_i$$

$$S=\sqrt{\frac{1}{9}\sum_{i=1}^{10}(f_i-\bar{f})^2}$$

$$\delta=\frac{S}{\bar{f}}$$

式中　f_i——单块试样抗压弧度的测定值，精确至0.01MPa；

$\bar{f}$——10块试样抗压强度算术平均值，精确至0.1MPa；

S——10块试样的抗压强度标准差，精确至0.01MPa；

δ——砖强度的变异系数，精确至0.01。

（3）评定方法。

1）平均值—标准值方法。

变异系数$\delta\leqslant0.21$时，按抗压强度平均值$\bar{f}$和强度标准值f_i评定砖的强度等级。样本量$n=10$时的强度标准值按下式计算，精确至0.1MPa

$$f_{\mathrm{k}}=\bar{f}-1.8S$$

2）平均值—最小值法。

当变异系数$\delta>0.21$时，按表中压强度平均值$\bar{f}$和单块最小抗压强度值$f_{\min}$评定砖的强度等级，单块最小抗压强度值精确至0.1MPa。

思 考 题 与 习 题

一、填空题

1. 与烧结多孔砖相比，烧结空心砖的孔洞尺寸较________，主要适用于________墙。

2. 砌墙砖按生产工艺可分为________和________。

3. 烧结普通砖的生产工艺主要包括________、________、________和________等。

4. 烧结普通砖根据________、________、________和________分为优等品（A）、一等品（B）和合格品（C）三个等级。

二、选择题

1. 确定多孔砖强度等级的依据是（　　）。

A. 抗压强度平均值　　B. 抗压强度标准值

C. 抗压强度和抗折强度　　D. 抗压强度平均值和标准值或最小值

2. 烧结普通砖的规格尺寸是（　　）。

A. 240mm×115mm×53mm　　B. 240mm×110mm×53mm

C. 200mm×100mm×50mm　　D. 240mm×115mm×50mm

3. 仅能用于砌筑填充墙的是（　　）。

A. 烧结普通砖　　B. 烧结多孔砖　　C. 烧结空心砖　　D. 烧结煤矸石砖

4. 检验黏土砖的标号，需取（　　）块试样进行试验。

A. 1　　B. 5　　C. 7　　D. 10

三、计算题

如何确定烧结普通砖的强度等级？某烧结普通砖的强度测定值见表 6-38，试确定该批次砖的强度等级。

表 6-38　　某烧结普通砖的强度测定值

砖编号	1	2	3	4	5	6	7	8	9	10
抗压强度（MPa）	16.6	18.2	9.2	17.6	15.5	20.1	19.8	21.0	18.9	19.2

四、问答题

1. 烧结多孔砖与烧结普通砖相比，其优势主要体现在哪些方面？

2. 用哪些简易方法可以鉴别欠火砖和过火砖？欠火砖和过火砖能否用于工程？

3. 如何划分烧结普通砖的质量等级。

4. 工程中常用的非烧结砖有哪些？常用的墙用砌块有哪些？

5. 比较混凝土小型空心砌块与蒸压加气混凝土砌块的适用性有何不同？

6. 简述改革墙体材料的重大意义及发展方向，你知道哪些新型墙体材料，它们与烧结普通砖相比有哪些优势？

第七章 建 筑 钢 材

教学要求

了解：钢材的分类，建筑工程常用钢材，化学成分对钢材性能的影响。
掌握：钢材的抗拉性能及抗拉指标。
应用：不同建筑结构类型钢材的选用。
重点：建筑钢材的抗拉性能及工艺性能特点。
难点：屈强比概念的理解与运用。

第一节 概 述

一、钢铁材料的种类

钢铁材料包括生铁、钢材和熟铁，是应用最广、产量最大的金属材料，也称为黑色金属材料。钢及钢材是工农业和国防工业的重要原料，也是建筑工程中主要材料之一。

生铁是铁矿石在高炉内通过焦炭还原而得的铁碳合金。其含 C 量大于 2%，并有较多 Si、Mn、S、P 等杂质。分为炼钢生铁、铸造生铁（简称铸铁）。

钢是用生铁冶炼而成的。将生铁（及废钢）在熔融状态下进行氧化，除去过多的碳及杂质即得钢液。钢液在氧化过程中，会含有较多 FeO，故在冶炼后期，需加入脱氧剂（锰铁、硅铁、铝等）进行脱氧，然后才能浇铸成合格的钢锭。

纯铁质软、易加工，但强度低，几乎不能用于工业。生铁抗拉强度低、塑性差，尤其是炼钢生铁硬而脆，不易加工，更难以使用。铸铁虽可加工，但不能承受冲击及振动荷载，使用范围有限。钢材则具有良好的物理及机械性能应用范围极其广泛。

二、钢材的冶炼方法及对性能的影响

钢材的冶炼方法有氧气转炉法、平炉法及电炉法三种。电炉法的质量最好，但成本高，多用来炼制合金钢。我国建筑钢材主要是用氧气转炉法及平炉法冶炼。

按钢材脱氧程度的不同，碳素钢分为沸腾钢、镇静钢、半镇静钢及特殊镇静钢。合金钢一般都是镇静钢或特殊镇静钢。

沸腾钢属脱氧不充分的钢，当钢液注入锭模时会有大量 CO_2 逸出呈沸腾状，故名沸腾钢。镇静钢为脱氧完全的钢，注入锭模时的钢液平静地冷却凝固。半镇静钢介于沸腾钢与镇静钢之间。

沸腾钢与镇静钢相比，其化学成分有偏析、不均匀，钢锭内残留气泡较多，致密程度较差，故抗腐蚀性、冲击韧性、塑性及可焊性均较差，只适用于次要结构。但沸腾钢的钢锭缩孔较小，成品率较高，成本较低。镇静钢质量均匀，机械性能较好，多用于重要结构以及承受冲击荷载和焊接的结构，如桥梁、高压容器、水电站压力钢管及高压闸门等。

三、钢材的分类

钢材按化学成分分为碳素钢和合金钢，其中合金钢又可分为低合金钢、中合金钢及高合

金钢，碳素钢又可分为低碳钢、中碳钢、高碳钢。

钢材按其有害杂质含量分为普通钢、优质钢、高级优质钢和特级优质钢。

钢材按其主要性能及使用特性分为结构钢（包括机械结构用钢及工程结构用钢）、工具钢、特殊性能钢及专门用途钢等。

钢材按其加工工艺分为压钢、锻钢及铸钢。具体分类见表7－1。

表7－1　　钢的分类

分类方法	类别		特性
按化学成分分类	碳素钢	低碳钢	含碳量＜0.25％
		中碳钢	含碳量0.25％～0.60％
		高碳钢	含碳量＞0.60％
	合金钢	低合金钢	合金元素总含量＜5％
		中合金钢	合金元素总含量5％～10％
		高合金钢	合金元素总含量＞10％
按脱氧程度分类	沸腾钢		脱氧不完全，硫、磷等杂质偏析较严重，代号为“F”
	镇静钢		脱氧完全，同时去硫，代号为“Z”
	半镇静钢		脱氧程度介于沸腾钢和镇静钢之间，代号为“B”
	特殊镇静钢		比镇静钢脱氧程度还要充分彻底，代号为“TZ”
按质量分类	普通钢		含硫量≤0.055％～0.065％，含磷量≤0.045％～0.085％
	优质钢		含硫量≤0.03％～0.045％，含磷量≤0.035％～0.045％
	高级优质钢		含硫量≤0.02％～0.03％，含磷量≤0.027％～0.035％
按用途分类	结构钢		工程结构构件用钢、机械制造用钢
	工具钢		各种刀具、量具及模具用钢
	特殊钢		具有特殊物理、化学或机械性能的钢，如不锈钢、耐热钢、耐酸钢、耐磨钢、磁性钢等

四、建筑钢材的用途

建筑钢材具有优良的机械性能，可焊接、铆接和螺栓连接。用型钢制作的厂房、桥梁、闸门及高压管道等，安全性强、质量轻，适于大跨度及多、高层结构。用钢筋和混凝土组成的钢筋混凝土结构，强度高、耐久性好，适用范围广。

现代大、中型水工建筑物，主要是由混凝土、钢筋混凝土及各种钢结构所组成的。

钢材的生产条件严格，质量均匀，性能可靠，对工程结构的安全起着决定性作用。工程中合理使用钢材，严格检验其质量，对保证工程质量具有重要意义。

第二节　建筑钢材的技术性能

钢材的技术性质主要包括力学性能（抗拉性能、冲击韧性、耐疲劳和硬度等）和工艺性能（冷弯和焊接）两个方面。

一、力学性能

（一）拉伸性能

拉伸是建筑钢材的主要受力形式，所以拉伸性能是表示钢材性能和选用钢材的重要指标。

将低碳钢（软钢）制成一定规格的试件，放在材料试验机上进行拉伸试验，可以绘出如图 7－1 所示的应力—应变关系曲线。从图中可以看出，低碳钢受拉至拉断，经历了四个阶段：弹性阶段（O—A）、屈服阶段（A—B）、强化阶段（B—C）和颈缩阶段（C—D）。

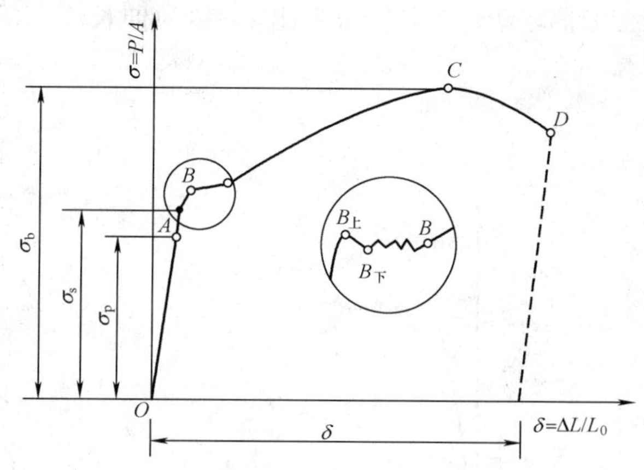

图 7－1 低碳钢受拉的应力—应变图

1. 弹性阶段

曲线中 OA 段是一条直线，应力与应变成正比。如卸去外力，试件能恢复原来的形状，这种性质即为弹性，此阶段的变形为弹性变形。与 A 点对应的应力称为弹性极限，以 σ_p 表示。应力与应变的比值为常数，即弹性模量 E，$E=\sigma/\varepsilon$。弹性模量反映钢材抵抗弹性变形的能力，是钢材在受力条件下计算结构变形的重要指标。

2. 屈服阶段

应力超过 A 点后，应力、应变不再成正比关系，开始出现塑性变形。应力的增长滞后于应变的增长，当应力达 $B_{下}$ 点后（上屈服点），瞬时下降至 $B_{下}$ 点（下屈服点），变形迅速增加，而此时外力则大致在恒定的位置上波动，直到 B 点，这就是所谓的“屈服现象”，似乎钢材不能承受外力而屈服，所以 AB 段称为屈服阶段。与 $B_{下}$ 点（此点较稳定、易测定）对应的应力称为屈服点（屈服强度），用 σ_s 表示。

钢材受力大于屈服点后，会出现较大的塑性变形，已不能满足使用要求，因此屈服强度是设计上钢材强度取值的依据，是工程结构计算中非常重要的一个参数。

3. 强化阶段

当应力超过屈服强度后，由于钢材内部组织中的晶格发生了畸变，阻止了晶格进一步滑移，钢材得到强化，所以钢材抵抗塑性变形的能力又重新提高，B—C 呈上升曲线，称为强化阶段。对应于最高点 C 的应力值（σ_b）称为极限抗拉强度，简称抗拉强度。

显然，σ_b 是钢材受拉时所能承受的最大应力值。屈服强度和抗拉强度之比（即屈强比＝σ_s/σ_b）能反映钢材的利用率和结构安全可靠程度。屈强比越小，其结构的安全可靠程度越高，但屈强比过小，又说明钢材强度的利用率偏低，造成钢材浪费。建筑结构钢合理的屈强比一般为 0.60～0.75。

4. 颈缩阶段

试件受力达到最高点 C 点后，其抵抗变形的能力明显降低，变形迅速发展，应力逐渐下降，试件被拉长，在有杂质或缺陷处，断面急剧缩小，直到断裂。故 CD 段称为颈缩阶段。

中碳钢与高碳钢（硬钢）的拉伸曲线与低碳钢不同，屈服现象不明显，难以测定屈服点，则规定产生残余变形为原标距长度的 0.2％时所对应的应力值，作为硬钢的屈服强度，也称条件屈服点，用 $\sigma_{0.2}$ 表示，如图 7－2 所示。

（二）塑性

建筑钢材应具有很好的塑性。钢材的塑性通常用伸长率和断面收缩率表示。将拉断后的试件拼合起来，测定出标距范围内的长度 L_1（mm），其与试件原标距 L_0（mm）之差为塑性变形值，塑性变形值与之比 L_0 称为伸长率（δ），如图 7－3 所示。伸长率（δ）即如下计算

$$\delta=\frac{L_1-L_0}{L_0}\times 100\% \tag{7-1}$$

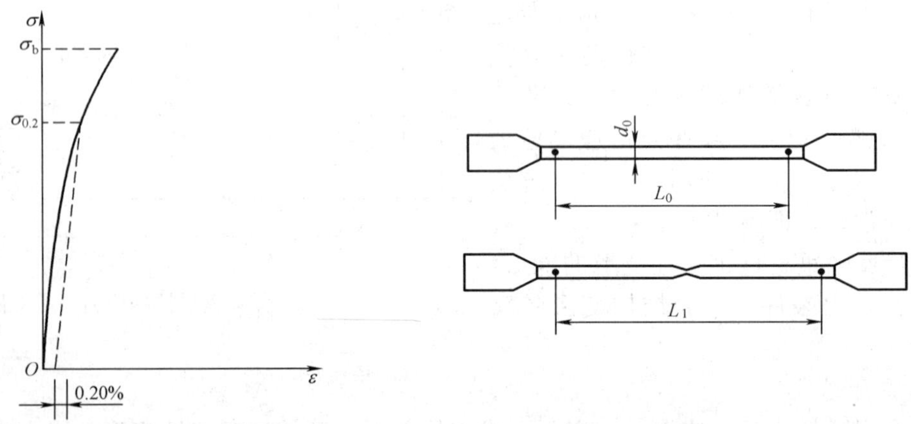

图 7－2 中、高碳钢的应力—应变图　　图 7－3 钢材的伸长率

伸长率是衡量钢材塑性的一个重要指标，δ 越大说明钢材的塑性越好。而一定的塑性变形能力，可保证应力重新分布，避免应力集中，从而钢材用于结构的安全性越大。

塑性变形在试件标距内的分布是不均匀的，颈缩处的变形最大，离颈缩部位越远其变形越小。所以原标距与直径之比越小，则颈缩处伸长值在整个伸长值中的比重越大，计算出来的 δ 值就大。通常以 δ_5 和 δ_{10} 分别表示 $L_0=5d_0$ 和 $L_0=10d_0$ 时的伸长率。对于同一种钢材，其 $\delta_5>\delta_{10}$。

（三）冲击韧性

冲击韧性是指钢材抵抗冲击荷载而不被破坏的能力。钢材的冲击韧性是用有刻槽的标准试件，在冲击试验机的一次摆锤冲击下，以破坏后缺口处单位面积上所消耗的功（J/cm^2）来表示，其符号为 α_k。试验时将试件放置在固定支座上，然后以摆锤冲击试件刻槽的背面，使试件承受冲击弯曲而断裂。α_k 值越大，冲击韧性越好。对于经常受较大冲击荷载作用的结构，要选用 α_k 值大的钢材。

影响钢材冲击韧性的因素很多，如化学成分、冶炼质量、冷作及时效、环境温度等。

（四）耐疲劳性

钢材在交变荷载的反复作用下，往往在最大应力远小于其抗拉强度时就发生破坏，这种现象称为钢材的疲劳性。疲劳破坏的危险应力用疲劳强度（或称疲劳极限）来表示。它是指疲劳试验时试件在交变应力作用下，于规定的周期基数内不发生断裂所能承受的最大应力。一般把钢材承受交变荷载 $10^6\sim10^7$ 次时不发生破坏的最大应力作为疲劳强度。设计承受反复荷载且需进行疲劳验算的结构时，应了解所用钢材的疲劳极限。

研究证明，钢材的疲劳破坏是拉应力引起的，首先在局部开始形成微细裂纹，其后由于

裂纹尖端处产生应力集中而使裂纹迅速扩展直至钢材断裂。因此，钢材的内部成分的偏析、夹杂物的多少，以及最大应力处的表面光洁程度、加工损伤等，都是影响钢材疲劳强度的因素。疲劳破坏经常是突然发生的，因而具有很大的危险性，往往造成严重事故。

（五）硬度

硬度是指金属材料在表面局部体积内，抵抗硬物压入表面的能力，即材料表面抵抗塑性变形的能力。测定钢材硬度采用压入法，即以一定的静荷载（压力），把一定的压头压在金属表面，然后测定压痕的面积或深度来确定硬度。按压头或压力不同，有布氏法、洛氏法等，相应的硬度试验指标称布氏硬度（HB）和洛氏硬度（HR）。较常用的方法是布氏法，其硬度指标是布氏硬度值。

各类钢材的HB值与抗拉强度之间有一定的相关关系。材料的强度越高，塑性变形抵抗力越强，硬度值也就越大。由试验得出，其抗拉强度与布氏硬度的经验关系式如下：

当HB$<$175时，$\sigma_b \approx 3.6$HB；

当HB$>$175时，$\sigma_b \approx 3.5$HB。

根据这一关系，可以直接在钢结构上测出钢材的HB值，并估算该钢材的σ_b。

二、工艺性能

良好的工艺性能，可以保证钢材顺利通过各种加工，而使钢材制品的质量不受影响。冷弯、冷拉、冷拔及焊接性能均是建筑钢材的重要工艺性能。

（一）冷弯性能

冷弯性能是指钢材在常温下承受弯曲变形的能力。钢材的冷弯性能指标是以试件弯曲的角度（α）和弯心直径对试件厚度（或直径）的比值（d/α）来表示。

钢材的冷弯试验是通过直径（或厚度）为α的试件，采用标准规定的弯心直径d（$d=n\alpha$），弯曲到规定的弯曲角（180°或90°）时，试件的弯曲处不发生裂缝、裂断或起层，即认为冷弯性能合格。钢材弯曲时的弯曲角度越大，弯心直径越小，则表示其冷弯性能越好。图7-4为弯曲时不同弯心直径的钢材冷弯试验。

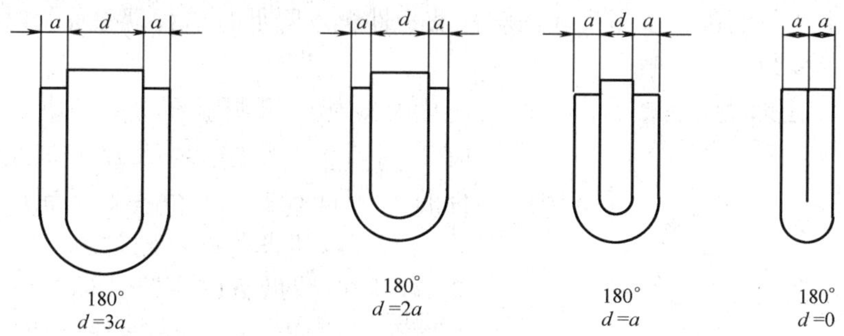

图7-4 钢材的冷弯试验

通过冷弯试验更有助于暴露钢材的某些内在缺陷。相对于伸长率而言，冷弯是对钢材塑性更严格的检验，它能揭示钢材是否存在内部组织不均匀、内应力和夹杂物等缺陷，冷弯试验对焊接质量也是一种严格的检验，能揭示焊件在受弯表面存在未熔合、微裂纹及夹杂物等缺陷。

（二）焊接性能

在建筑工程中，各种型钢、钢板、钢筋及预埋件等需用焊接加工。钢结构有90%以上是焊接结构。焊接的质量取决于焊接工艺、焊接材料及钢的焊接性能。

钢材的可焊性是指钢材是否适应通常的焊接方法与工艺的性能。可焊性好的钢材指易于用一般焊接方法和工艺施焊，焊口处不易形成裂纹、气孔、夹渣等缺陷；焊接后钢材的力学性能，特别是强度不低于原有钢材，硬脆倾向小。钢材可焊性能的好坏，主要取决于钢的化学成分。含碳量高将增加焊接接头的硬脆性，含碳量小于0.25%的碳素钢具有良好的可焊性。

钢筋焊接应注意的问题是：冷拉钢筋的焊接应在冷拉之前进行；钢筋焊接之前，焊接部位应清除铁锈、熔渣、油污等；应尽量避免不同国家的进口钢筋之间或进口钢与国产钢筋之间的焊接。

第三节　钢材加工对钢材性能的影响

一、冷加工性能及时效处理

（一）冷加工强化处理

将钢材在常温下进行冷加工（如冷拉、冷拔或冷轧），使之产生塑性变形，从而提高屈服强度，但钢材的塑性、韧性及弹性模量会降低，这个过程称为冷加工强化处理。建筑工地或预制构件厂常用的方法是冷拉和冷拔。

冷拉是将热轧钢筋用冷拉设备加力进行张拉，使之伸长。钢材经冷拉后屈服强度可提高20%～30%，可节约钢材10%～20%，钢材经冷拉后屈服阶段缩短，伸长率降低，材质变硬。

冷拔是将光面圆钢筋通过硬质合金拔丝模孔强行拉拔，每次拉拔断面缩小应在10%以下。钢筋在冷拔过程中，不仅受拉，同时还受到挤压作用，因而冷拔的作用比纯冷拉作用强烈。经过一次或多次冷拔后的钢筋，表面光洁度高，屈服强度提高40%～60%，但塑性大大降低，具有硬钢的性质。

（二）时效

钢材经冷加工后，在常温下存放15～20d或加热至100～200℃，保持2h左右，其屈服强度、抗拉强度及硬度进一步提高，而塑性及韧性继续降低，这种现象称为时效。前者称为自然时效，后者称为人工时效。

钢材经冷加工及时效处理后，其性质变化的规律，可明显在应力—应变图上看到，如图7-5所示。图中$OABCD$为未经冷拉和时效试件的$\sigma-\varepsilon$曲线。当试件冷拉至超过屈服强度的任意一点K，卸去荷载，此时由于试件已产生塑性变形，则曲线沿KO'下降，KO'大致与AO平行。如立即再拉伸，则$\sigma-\varepsilon$曲线将成为$O'KCD$（虚线），屈服强度由B点提高到K点。但如在K点卸荷后进行时效处理，然后再拉伸，则$\sigma-\varepsilon$曲线将成为$O'K_1C_1D_1$，这表明冷拉时效以后，屈服强度和抗拉强度均得到提高，但塑性和韧性则相应降低。

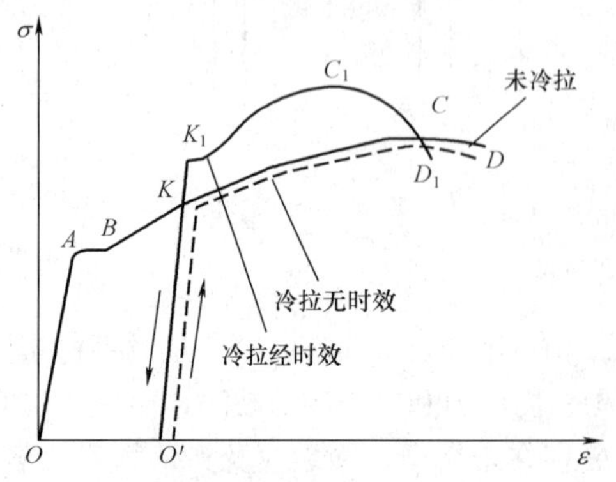

图7-5　钢筋冷拉时效后应力—应变图的变化

二、钢材的热处理

钢材的热处理通常有以下几种基本方法。

1. 淬火

将钢材加热至 723℃以上某一温度，并保持一定时间后，迅速置于水中或机油中冷却，这个过程称钢材的淬火处理。钢材经淬火后，强度和硬度提高，脆性增大，塑性和韧性明显降低。

2. 回火

将淬火后的钢材重新加热到 723℃以下某一温度范围，保温一定时间后再缓慢地或较快地冷却至室温，这一过程称为回火处理。回火可消除钢材淬火时产生的内应力，使其硬度降低，恢复塑性和韧性。按回火温度不同，又可分为高温回火（500～650℃）、中温回火（300～500℃）和低温回火（150～300℃）种。回火温度越高，钢材硬度下降越多，塑性和韧性恢复越好，若钢材淬火后随即进行高温回火处理，则称调质处理，其目的是使钢材的强度、塑性、韧性等性能均得以改善。

3. 退火

退火是指将钢材加热至 723℃以上某一温度，保持相当时间后，在退火炉中缓慢冷却。退火能消除钢材中的内应力，细化晶粒、均匀组织，使钢材硬度降低，塑性和韧性提高，从而达到改善性能的目的。

4. 正火

正火是将钢材加热到 723℃以上某一温度，并保持相当长时间，然后在空气中缓慢冷却，则可得到均匀细小的显微组织。钢材正火后强度和硬度提高，塑性较退火为小。

5. 化学热处理

化学热处理是对钢材表面进行的热处理。它是利用某些化学元素向钢表层内进行扩散，以改变钢材表面上的化学成分和性能。常用的方法有渗碳法、氮化法、氰化法等。

第四节　化学元素对钢材性能的影响

冶炼后存在于钢内的合金元素（包括特意加入的元素）和杂质，对钢材性能都有显著影响。

一、碳（C）

碳是普通碳素钢中的重要元素，通常以固溶体、化合物（Fe_3C）及机械混合物等形式存在。

随着含 C 量的增加，钢的伸长率、断面收缩率和冲击韧性逐渐下降，但硬度增大，抗拉强度则在含 C 量＜0.8%时随着含 C 量增加而逐渐提高，含 C 量＞0.8%时则逐渐下降。

此外，C 含量增加，将使钢的冷弯性能、焊接性能和抗腐蚀性能下降。

二、硅（Si）

在钢冶炼过程中，为了脱氧、减少钢内气泡而加入硅铁，脱氧后多余的 Si 存留了下来。在一般碳素钢中，Si 的含量不大于 0.35%；在合金钢中，有时多加入一定量的 Si，以改善其机械性能。Si 在钢内固溶于 $\alpha-Fe$ 内，形成含硅铁素体，使钢的硬度和强度提高，当含量超过 1.0%时，钢的塑性和冲击韧性显著降低，冷脆性增加，焊接性能变差。

三、锰（Mn）

在炼钢过程中，锰可形成 MnO 及 MnS，成为钢渣而排出，故 Mn 起着脱氧去硫的作用，能消除钢的热脆性，改善热加工性。过剩的 Mn 固溶于钢内，形成含 Mn 的合金铁素体和合金渗碳体，能提高钢的屈服强度和抗拉强度。Mn 的有害作用是使钢的伸长率略有下降，当锰的含量较高时，还会显著降低可焊性。在普通碳素钢中，Mn 的含量在 0.8%以下，在低合金钢中含量在 1%～1.4%以下。含 Mn 量高达 11%～14%的钢，称为高锰钢，具有很高的耐磨性，可用来制造铁路道岔、坦克履带及挖掘机铲齿等构件。

四、磷（P）

磷能固溶于铁素体中，使钢的屈服点和抗拉强度提高，但塑性降低、韧性显著下降。磷的存在会带来钢的冷脆性（韧性随温度下降而急剧恶化的现象），这对于承受冲击荷载或低温下使用的钢材是有害的。含磷还能使钢的冷弯性能急剧下降，可焊性变坏。故钢材对磷的含量给予严格限制，普通碳素钢中磷的含量最多不得超过 0.045%。但磷在钢中能提高钢材在大气作用下的耐腐蚀性，冶冻某些耐候钢时可加入较多的磷。如焊接结构耐候钢中≤0.035%，高耐候结构钢中含磷量可达 0.07%～0.15%。

五、硫（S）

硫在钢内以 FeS 形式存在于晶界上。由于 FeS 的熔点低，使钢材在热加工过程中产生晶粒的分离，引起钢的断裂，即所谓热脆现象。硫的存在也降低了钢的冲击韧性、疲劳强度、可焊性和抗腐蚀性。硫为钢的有害成分，故其含量受严格控制，在普通碳素钢中最高含量不得大于 0.005%。

六、氧（O）

氧在钢中多以氧化物形式存在，使钢材强度下降，热脆性增加，冷弯性能变坏，并使钢的热加工性能和焊接性能下降。氧也是钢中的有害杂质。

七、氮（N）

氮在钢中虽有部分溶于铁素体，可提高钢的屈服点、抗拉强度和硬度，但会使钢材的塑性和冲击韧性显著下降，也会增大冷脆性、热脆性和时效敏感性，并使钢的焊接性能和冷弯性能变坏，因此，应尽量减少钢中氮的含量。

第五节 常用建筑钢材

建筑工程用钢有钢结构用钢和钢筋混凝土结构用钢两类，前者主要采用型钢和钢板，后者主要采用钢筋、钢丝和钢绞线。

一、钢结构用钢

钢结构用钢主要有碳素结构钢和低合金结构钢两种。

（一）碳素结构钢（非合金钢）

1. 碳素结构钢的牌号及其表示方法

碳素结构钢的牌号由四个部分组成：屈服点的字母（Q）、屈服点数值、质量等级符号（A、B、C、D）、脱氧方法符号（F、B、Z、TZ）。碳素结构钢的质量等级是按钢中硫、磷含量由多至少划分的，随着 A、B、C、D 的顺序质量等级逐级提高。当为镇静钢或特殊镇静钢时，则牌号表示“Z”与“TZ”符号可予以省略。

按标准规定，我国碳素结构钢分 4 个牌号，即 Q195、Q215、Q235 和 Q275。例如 Q235—A·F，它表示屈服点为 $235N/mm^2$ 的平炉或氧气转炉冶炼的 A 级沸腾碳素结构钢。

2. 碳素结构钢的技术要求

按照标准《碳素结构钢》（GB 700—2006）规定，碳素结构钢的技术要求包括化学成分、力学性能、冶炼方法、交货状态、表面质量等5个方面。各牌号碳素结构钢的化学成分及力学性能应分别符合表7-2、表7-3的要求。

表7-2　碳素结构钢的化学成分

牌号	等级	化学成分（质量分数）（%），不大于					脱氧方法
		C	Mn	Si	S	P	
Q195	—	0.12	0.50	0.30	0.040	0.035	F、Z
Q215	A	0.15	1.20	0.35	0.050	0.045	F、Z
	B				0.045		
Q235	A	0.22	1.4	0.35	0.050	0.045	F、Z
	B	0.20			0.045		
	C	0.17			0.040	0.040	Z
	D				0.035	0.035	TZ
Q275	A	0.24	1.5	0.35	0.050	0.045	F、Z
	B	0.21			0.045	0.045	Z
	C	0.22			0.040	0.040	Z
	D	0.20			0.035	0.035	TZ

表7-3　碳素结构钢的力学性能

牌号	等级	拉伸试验												冲击试验	
		屈服点 σ_s(MPa) 钢筋厚度（直径）(mm)						抗拉强度 σ_s(MPa)	伸长率 δ_5(%)，不小于 钢材厚度（直径）(mm)					温度(℃)	V型冲击功（纵向）J，不小于
		≤16	>16～40	>40～60	>60～100	>100～150	>150～200		≤40	>40～60	>60～100	>100～150	>150～200		
Q195	—	195	185	—	—	—	—	315～430	33	—	—	—	—	—	—
Q215	A	215	205	195	185	175	165	335～450	31	30	29	27	26	—	—
	B													20	27
Q235	A	235	225	215	205	195	185	370～500	26	25	24	22	21	—	—
	B													20	27
	C													0	
	D													−20	
Q275	A	275	265	255	245	225	215	410～540	22	21	20	18	17	—	27
	B													20	
	C													0	
	D													−20	

3. 碳素结构钢各类牌号的特性与用途

建筑工程中常用的碳素结构钢牌号为Q235，由于该牌号钢既具有较高的强度，又具有较好的塑性和韧性，可焊性也好，故能较好地满足一般钢结构和钢筋混凝土结构的用钢要求。相反，Q195 和 Q215 号钢，虽塑性很好，但强度太低；而 Q255 和 Q275 号钢，其强度很高，但塑性较差，可焊性也差，所以均不适用。

Q235 号钢冶炼方便，成本较低，故在建筑中应用广泛。由于塑性好，在结构中能保证在超载、冲击、焊接、温度应力等不利条件下的安全，并适于各种加工，大量被用作轧制各种型钢、钢板及钢筋。其力学性能稳定，对轧制、加热、急剧冷却时的敏感性较小。其中 Q235－A 级钢，一般仅适用于承受静荷载作用的结构，Q235－C 和 D 级钢可用于重要焊接的结构。另外，由于 Q235－D 级钢含有足够的形成细晶粒结构的元素，同时对硫、磷有害元素控制严格，故其冲击韧性很好，具有较强的抗冲击、振动荷载的能力，尤其适宜在较低温度下使用。

Q195 和 Q215 号钢常用作生产一般使用的钢钉、铆钉、螺栓及铁丝等；Q275 号钢多用于生产机械零件和工具等。

（二）低合金高强度结构钢

低合金高强度结构钢是在碳素钢结构钢的基础上，添加少量的一种或多种合金元素（总含量＜5％）的一种结构钢。其目的是提高钢的屈服强度、抗拉强度、耐磨性、耐蚀性与耐低温性等。因而它是综合性较为理想的建筑钢材，在大跨度、承重动荷载和冲击荷载的结构中更适用。此外，与使用碳素钢相比，可以节约 20％～30％钢材，而成本并不很高。

1. 低合金结构钢的牌号及其表示方法

根据国家标准（GB 1591—1994）规定，我国低合金结构钢共有 5 个牌号，所加元素主要有锰、硅、钒、钛、铌、铬、镍及稀土元素。其牌号的表示由屈服点字母 Q、屈服点数值、质量等级（A、B、C、D、E 5 级）三部分组成。

2. 低合金结构钢的应用

低合金结构钢主要用于轧制各种型钢（角钢、槽钢、工字钢）、钢板、钢管及钢筋，广泛用于钢结构和钢筋混凝土结构中，特别适用于各种重型结构、大跨度结构、高层结构及桥梁工程等，尤其对用于大跨度和大柱网的结构，其技术经济效果更为显著。

二、钢筋混凝土结构用钢

（一）热轧钢筋

钢筋混凝土用热轧钢筋，根据其表面状态特征、工艺与供应方式可分为热轧光圆钢筋、热轧带肋钢筋与余热处理钢筋等，热轧带肋钢筋通常为圆形横截面，且表面通常带有两条纵肋和沿长度方向均匀分布的横肋。按肋纹的形状分为月牙肋和等高肋，如图 7－6 所示；热轧钢筋按屈服强度特征值分为 335，400，500 级，强度等级代号分别为 HRB335（用“3”表示）、HRB400（用“4”表示）、HRB500（用“5”表示）。3 级和 4 级钢筋的强度较高，塑性和焊接性能也较好，广泛用作大、中型钢筋混凝土结构的受力钢筋。5 级钢筋强度高，但塑性和可焊性较差，可用作预应力

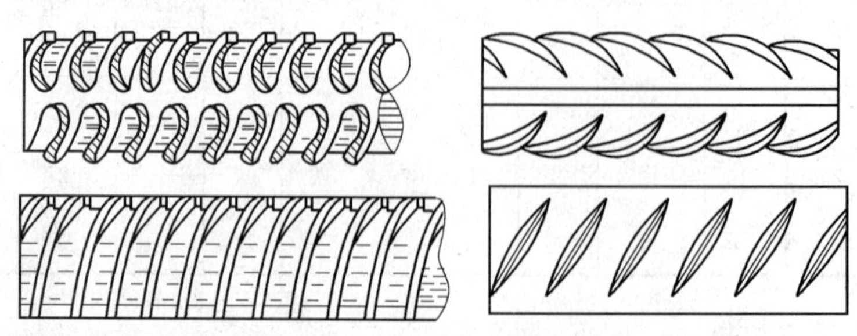

图 7－6 带肋钢筋外形

钢筋。

Ⅰ级钢筋的强度较低，但塑性及焊接性能很好，便于各种冷加工，故广泛用于普通钢筋混凝土构件的受力筋及各种钢筋混凝土结构的构造筋。Ⅱ级和Ⅲ级钢筋的强度较高，塑性和焊接性能也较好，广泛用作大、中型钢筋混凝土结构的受力钢筋。Ⅳ级钢筋强度高，但塑性和可焊性较差，可用作预应力钢筋。

（二）冷轧带肋钢筋

热轧圆盘条经冷轧后，在其表面带有沿长度方向均匀分布的三面或两面横肋，即成为冷轧带肋钢筋。冷轧带肋钢筋按抗拉强度分为 5 个牌号，分别为 CRB550、CRB650、CRB800、CRB970、CRB1170。C、R、B 分别代表，冷轧、带肋、钢筋三个词的英文首位字母，数值为抗拉强度的最小值。与冷拔低碳钢丝相比，冷轧带肋钢筋具有强度高、塑性好，与钢筋黏结牢固，节约钢材，质量稳定等优点。

（三）预应力混凝土用热处理钢筋

预应力混凝土用热处理钢筋是用热轧带肋钢筋经淬火和回火调质处理后的钢筋。有直径为 6、8.2、10（mm），3 种规格。热处理钢筋成盘供应，每盘长约 100～120m，开盘后钢筋自然伸直，按要求的长度切断。

预应力混凝土用热处理钢筋的优点，强度高，可代替高强钢丝使用；配筋根数少，节约钢材；锚固性好，不易打滑，预应力值稳定；施工简便，开盘后钢筋自然伸直，不需调直，不能焊接。主要用作预应力钢筋混凝土轨枕，也用于预应力梁、板结构及吊车梁等。

（四）预应力混凝土用优质钢丝及钢绞线

1. 预应力混凝土用钢丝

预应力混凝土用钢丝是高碳钢盘条经淬火、酸洗、冷拉加工而制成的高强度钢丝。

（1）分类及代号。

预应力混凝土用钢丝按下列分类。

按交货状态分为：冷拉钢丝（代号 L)、矫直回火钢丝（代号 J）两种。

按外形分为：光面钢丝、刻痕钢丝（代号 K）两种。

（2）技术性能。

预应力钢丝具有强度高、柔性好、松弛率低、耐蚀等特点，适用于各种特殊要求的预应力结构，主要用于大跨度屋架及薄腹梁、大跨度吊车梁、桥梁、电杆、轨枕等的预应力钢筋。其技术性能应该符合《预应力混凝土用钢丝》（GB 5223—2002）的要求。

2. 预应力混凝土用钢铰线

预应力混凝土用钢绞线按结构分为 5 类：用 2 根冷拉钢丝捻制的钢绞线（代号 1×2），用三根钢丝捻制的钢绞线（代号 1×3）；用 3 根刻痕钢丝捻制的钢绞线（代号 1×3I），用 7 根钢丝捻制的标准型钢绞线（代号 1×7），用 7 根钢丝捻制又经模拔的钢绞线［(1×7)C］是由 7 根直径为 2.5～5.0mm 的高强度钢丝，绞捻后经一定热处理清除内应力而制成。一般以 1 根钢丝为中心，其余 6 根钢丝围绕着进行螺旋状左捻绞合，再经低温回火制成。钢铰线直径有 9.0mm、12.0mm 和 15.0mm 3 种。预应力混凝土用钢铰线按其应力松弛性能分为两种：

Ⅰ级松弛：代号Ⅰ。

Ⅱ级松弛：代号Ⅱ。

钢绞线具有强度高、与混凝土黏结性好、断面面积大，使用根数少，在结构中布置方便，易于锚固等优点。主要用于大跨度、大负荷的后张法预应力屋架、桥梁和薄腹梁等结构的预应力筋。

三、钢材的选用原则

钢材的选用一般遵循下面原则：

（1）荷载性质。对于经常承受动力或振动荷载的结构，容易产生应力集中，从而引起疲劳破坏，需要选用材质高的钢材。

（2）使用温度。对于经常处于低温状态的结构，钢材容易发生冷脆断裂，特别是焊接结构更甚，因而要求钢材具有良好的塑性和低温冲击韧性。

（3）连接方式。对于焊接结构，当温度变化和受力性质改变时，焊缝附近的母体金属容易出现冷、热裂纹，促使结构早期破坏。所以焊接结构对钢材化学成分和机械性能要求应较严。

（4）钢材厚度。钢材力学性能一般随厚度增大而降低，钢材经多次轧制后、钢的内部结晶组织更为紧密，强度更高，质量更好。故一般结构用的钢材厚度不宜超过 40mm。

（5）结构重要性。选择钢材要考虑结构使用的重要性，如大跨度结构、重要的建筑物结构，须相应选用质量更好的钢材。

第六节 建筑钢材实训项目

一、钢材拉伸试验

（一）实训目的

测定钢材的屈服强度、抗拉强度和伸长率。

（二）主要仪器设备

万能试验机、游标卡尺、支承辊、弯心等。

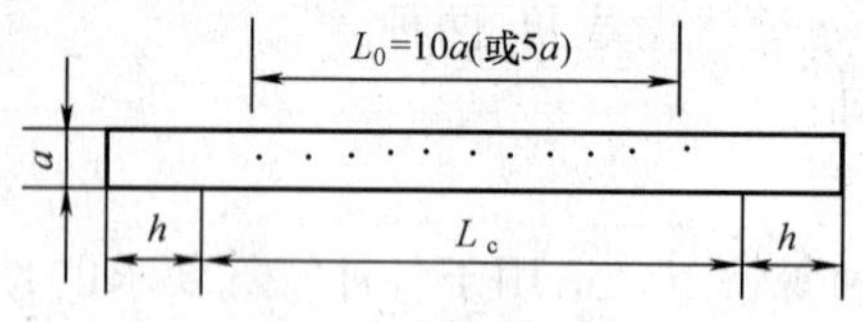

图 7－7 钢筋拉伸试件

a—试样原始直径；L_0—标距长度；h—夹头长度；L_c—试样平行长度（不小于 L_0+a）

（三）实训步骤

1. 试件制作和准备

抗拉试验用钢筋试件不得进行车削加工，可以用两个或一系列等分小冲点或细画线标出原始标距（标记不应影响试样断裂），测量标距长度 L_0（精确至 0.1mm），如图 7－7 所示。计算钢筋强度用横截面积采用表 7－4 所列公称横截面积。

表 7－4 钢筋的公称横截面积

公称直径(mm)	公称横截面面积(mm²)	公称直径(mm)	公称横截面面积(mm²)
8	50.27	22	380.1
10	78.54	25	490.9
12	113.1	28	615.8
14	153.9	32	804.2
16	201.1	36	1018
18	254.5	40	1257
20	314.2	50	1964

2. 屈服点 σ_s 和抗拉强度 σ_b 测定

(1) 调整试验机测力度盘的指针，使其对准零点，并拨动副指针，使之与主指针重叠。

(2) 将试件固定在试验机夹头内，开动试验机进行拉伸。测屈服点时，屈服前的应力增加速率按表 7-5 规定，并保持试验机控制器固定于这一速率位置上，直至该性能测出为止。屈服后或只需测定抗拉强度时，试验机活动夹头在荷载下的移动速度为不大于 $0.5L_0$/min。

表 7-5　　屈服前的加荷速率

金属材料的弹性模量(N/mm^2)	应力速率[$N/(mm^2 \cdot s^{-1})$]	
	最小	最大
<150 000	1	10
≥150 000	3	30

(3) 拉伸中，测力度盘的指针停止转动时的恒定荷载，或第一次回转时的最小荷载，即为所求的屈服点荷载 F_s (N)。按下式计算试件的屈服点

$$\sigma_s = \frac{F_s}{A} \tag{7-2}$$

式中 σ_s——屈服点，MPa；

F_s——屈服点荷载，N；

A——试件的公称横截面积，mm^2。

(4) 向试件连续施荷直至拉断，由测力度盘读出最大荷载 F_b (N)。按下式计算试件的抗拉强度。

$$\sigma_b = \frac{F_b}{A} \tag{7-3}$$

式中 σ_b——抗拉强度，MPa；

F_b——最大荷载，N；

A——试件的公称横截面积，mm^2。

σ_b 计算精度的要求同 σ_s。

3. 伸长率测定

(1) 将已拉断试件的两段在断裂处对齐，尽量使其轴线位于一条直线上。如拉断处由于各种原因形成缝隙，则此缝隙应计入试件拉断后的标距部分长度内。

(2) 如拉断处到邻近标距端点的距离大于 $1/3L_0$ 时，可用卡尺直接量出已被拉长的标距长度 L_1 (mm)。

(3) 如拉断处到邻近的标距端点距离小于等于 $1/3L_0$ 时，可按下述移位法确定 L_1。

在长段上，从拉断处 O 取基本等于短段格数，得 B 点，接着取等于长段所余格数[偶数，图 7-8(a)] 之半，得 C 点；或者取

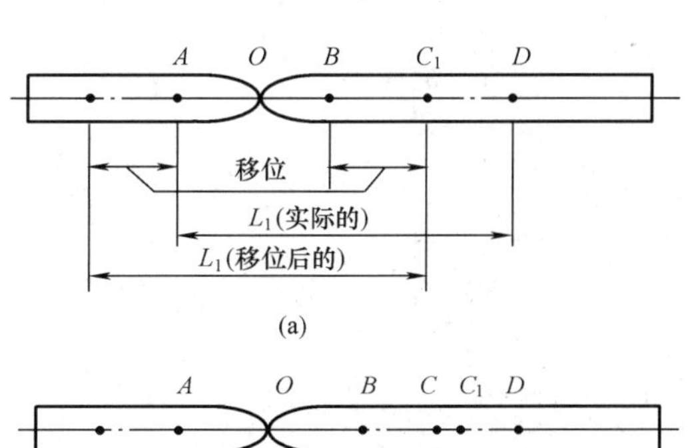

(a)

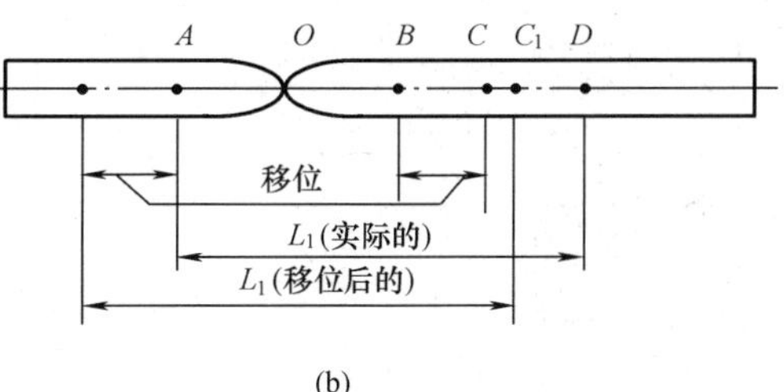

(b)

图 7-8　用移位法测量断后标距 L_1

所余格数［奇数，图 7-8(b)］减 1 与加 1 之半，得 C 与 C_1 点。移位后的 L_1 分别为 $AO+OB+2BC$ 或者 $AO+OB+BC+BC_1$。

如用直接量测所求得的伸长率能达到技术条件的规定值，则可不采用移位法。

(4) 伸长率按下式计算（精确至 1%）

$$\delta_{10}(\delta_5)=\frac{L_1-L_0}{L_0}\times 100\% \tag{7-4}$$

式中 δ_{10}、δ_5——$L_0=10a$ 和 $L_0=5a$ 时的伸长率（a 为试件原始直径）；

L_0——原标距长度 $10a$（$5a$），mm；

L_1——试件拉断后直接量出或按移位法确定的标距部分的长度，mm。（测量精确至 0.1mm）

(5) 如试件在标距端点上或标距外断裂，则试验结果无效，应重作试验。

二、冷弯试验

（一）实训目的

通过检验钢筋的工艺性能评定钢筋的质量。掌握《金属材料弯曲试验方法》(GB/T 232—1999) 钢筋弯曲（冷弯）性能的测试方法和钢筋质量的评定方法，正确使用仪器设备。

（二）主要仪器设备

压力机或万能试验机。

（三）实训步骤

1. 计算公式

钢筋冷弯试件不得进行车削加工，试样长度通常按下式确定：

$$L\approx 5a+150\text{mm}\quad (a\text{ 为试件原始直径})$$

2. 半导向弯曲

试样一端固定，绕弯心直径进行弯曲，如图 7-9(a) 所示。试样弯曲到规定的弯曲角度或出现裂纹、裂缝或断裂为止。

3. 导向弯曲

(1) 试样放置于两个支点上，将一定直径的弯心在试样两个支点中间施加压力，使试样弯曲到规定的角度［图 7-9(b)］或出现裂纹、裂缝、裂断为止。

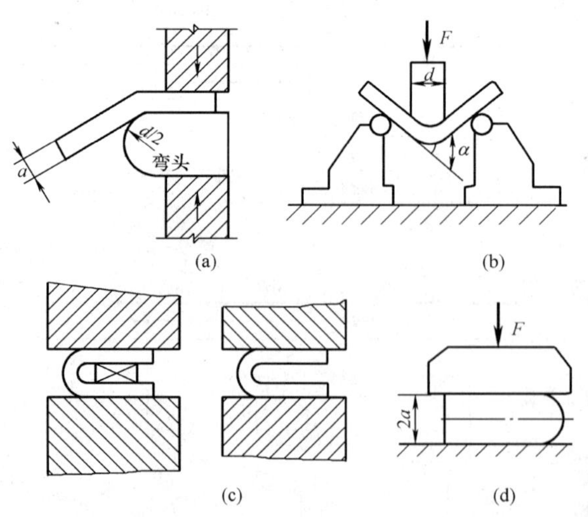

图 7-9 弯曲实验示意图

(2) 试样在两个支点上按一定弯心直径弯曲至两臂平行时，可一次完成试验，也可先弯曲到图 7-9(b) 所示的状态，然后放置在试验机平板之间继续施加压力，压至试样两臂平行。此时可以加与弯心直径相同尺寸的衬垫进行试验［图 7-9(c)］。当试样需要弯曲至两臂接触时，首先将试样弯曲到图 7-9(b) 所示的状态，然后放置在两平板间继续施加压力，直至两臂接触［图 7-9(d)］。

(3) 试验应在平稳压力作用下，缓慢

施加试验力。两支辊间距离为（d＋2.5a）±0.5a，并且在过程中不允许有变化。

(4) 试验应在10～35℃或控制条件下23℃±5℃进行。

(四) 结果评定

弯曲后，按有关标准规定检查试样弯曲外表面，进行结果评定。若无裂纹、裂缝或裂断，则评定试样合格。

(五) 实验结果分析与讨论

根据σ_s、σ_b、δ确定所检钢材的钢号。

思考题与习题

一、名词解释

1. 弹性模量；2. 屈服强度；3. 疲劳破坏；4. 钢材的冷加工。

二、填空题

1. ________和________是衡量钢材强度的两个重要指标。

2. 钢材热处理的工艺有：________、正火、________、________。

3. 按冶炼时脱氧程度分类钢可以分成：________，________，________和特殊镇静钢。

4. 冷弯检验是：按规定的________和________进行弯曲后，检查试件弯曲处外面及侧面不发生断裂、裂缝或起层，即认为冷弯性能合格。

三、单项选择题

1. 钢材抵抗冲击荷载的能力称为（　　）。

A. 塑性　B. 冲击韧性　C. 弹性　D. 硬度

2. 钢的含碳量为（　　）。

A. ＜2.06％　B. ＞3.0％　C. ＞2.06％　D. ＜1.26％

3. 伸长率是衡量钢材的（　　）指标。

A. 弹性　B. 塑性　C. 脆性　D. 耐磨性

4. 普通碳塑结构钢随钢号的增加，钢材的（　　）。

A. 强度增加、塑性增加　B. 强度降低、塑性增加

C. 强度降低、塑性降低　D. 强度增加、塑性降低

5. 在低碳钢的应力应变图中，有线性关系的是（　　）阶段。

A. 弹性阶段　B. 屈服阶段　C. 强化阶段　D. 颈缩阶段

四、多项选择题

1. 碳素结构钢随牌号增大（　　）。

A. 屈服强度提高　B. 抗拉强度降低　C. 塑性性能降低　D. 冷弯性能变差

E. 焊接性能降低

2. 经冷加工处理，钢材的（　　）降低。

A. 屈服点　B. 塑性　C. 韧性　D. 屈强比

E. 抗拉强度

3. 钢中（　　）为有害元素。

A. 磷　B. 硫　C. 氮　D. 氧

E. 锰

4. 下列钢号中，属于低合金结构钢的有（　　）。

A. Q345－C　　B. Q235－C　　C. 20MnSi　　D. 20MnNb

E. Q275－C

五、是非判断题

1. 一般来说，钢材硬度越高，强度也越大。（　　）

2. 屈强比越小，钢材受力超过屈服点工作时的可靠性越大，结构的安全性越高。（　　）

3. 一般来说，钢材的含碳量增加，其塑性也增加。（　　）

4. 钢筋混凝土结构主要是利用混凝土受拉、钢筋受压的特点。（　　）

六、问答题

1. 为什么说屈服点 σ_s、抗拉强度 σ_b 和伸长率 δ 是建筑用钢材的重要技术性能指标。

2. 钢材的冷加工强化有何作用意义？

七、计算题

一钢材试件，直径为 25mm，原标距为 125mm，做拉伸试验，当屈服点荷载为 201.0kN，达到最大荷载为 250.3kN，拉断后测得标距长为 138mm。求该钢筋的屈服点、抗拉强度及拉断后的伸长率。

第八章　木　　材

教学要求

了解：木材细胞壁组成及其对木材性质的影响，针叶树与阔叶树木材显微构造的区别，木材平衡含水率的实用意义，引起木材翘曲、开裂的原因，造成木材腐朽的原因，木材腐朽的外界条件。

掌握：树木的分类，木材的优缺点，针叶树与阔叶树树干的特点，平衡含水率，纤维饱和点，木材中自由水与吸附水的区别。

应用：木材平衡含水率的确定。

重点：木材的综合利用。

难点：木材的湿胀干缩性与防腐。

第一节　木材的构造与组成

木材是古老的建筑材料之一，曾与钢材、水泥并称为建筑"三材"。在现代建筑中主要应用于门窗、室内外装饰装修、脚手架、模板等。

木材具有很多优点，如自重轻、强度高、弹性、韧性及吸收振动和冲击的性能好，木材表面易于着色和油漆，热加工性好，容易加工，结构构造简单。木材的缺点主要有材质不均匀、各向异性、吸水性高而且涨缩显著，易变形、易腐朽、虫蛀、易燃烧、成长周期长等。

一、木材的分类

建筑工程中使用的木材是由树木加工而成的。树木按照树种不同可以分为针叶树和阔叶树两种。

针叶树树种主要有松树、水杉、柏树等。树叶细长呈针状，多为常绿树，树干直而高大，纹理顺直，材质均匀且较软，易于加工，又称"软木材"。胀缩变形小，强度较高，耐腐蚀性好。建筑工程中多用于承重构件、门窗、地面等。

阔叶树树种主要有榆树、桦树、水曲柳等。树叶宽大呈片状，多为落叶树。树干通直部分较短，材质较硬，不易加工，又称为"硬木材"。表加工后木纹和颜色美观，可用于内部装饰与家具。

二、木材的构造

木材的性能取决于木材的构造，木材的构造一般分为宏观构造和微观构造。

1. 宏观构造

宏观构造指用肉眼或放大镜能观察到的木材组织，如图8-1所示。

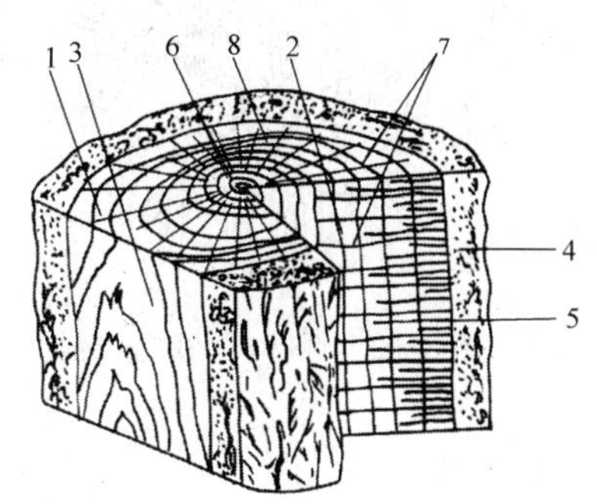

图8-1　木材的宏观构造

1—横切面；2—径切面；3—弦切面；4—树皮；5—木质部；6—髓心；7—髓线；8—年轮

横切面：垂直于树轴的切面；

径切面：通过树轴的纵切面；

弦切面：和树轴平行与年轮相切的纵切面。

树木是由树皮、木质部和髓心等部分组成。

树皮是树木的外表组织，其保护树木的作用，在工程中一般没有使用价值。髓心是树木最早生成的部分，其材质松软，易腐朽开裂，强度低。树皮和髓心之间的部分是木质部，它是木材主要的使用部分。靠近髓心部分颜色较深，称为心材。靠近外围部分颜色较浅，称为边材，边材含水高于心材，容易翘曲。

横切面上深浅相间的同心圆，称为年轮。年轮内侧颜色比较浅的部分是在春天生长的木质，材质较松软、形体较大、胞壁较薄称为春材（早材）。年轮外侧颜色较深部分是春秋两季生长，材质较密实、胞壁较厚，称为夏材（晚材）。木材的年轮越密实越均匀，材质越好。夏材部分越多，木材强度越高。

从髓心呈放射状穿过数个年轮的细线条，称为髓线。髓线与周围组织连接较差，木材干燥时易沿髓线开裂。年轮和髓线构成木材表面花纹。

2. 微观构造

在显微镜下所看到的木材组织。通过显微镜可以观察到，木材是由很多管状细胞紧密结合而成，除少量细胞（髓线）是横向排列的，它们大部分都是纵向排列。每个细胞都包括细胞壁和细胞腔两部分，细胞壁由很多细胞纤维组成，其纵向连接较横向牢固。细胞壁越厚，细胞腔越小，木材越密实，其表观密度和强度也越高，湿胀干缩率也越大。木材的纵向强度高于横向强度。

针叶树和阔叶树的微观构造有较大差别，如图 8－2 和图 8－3 所示。针叶树显微构造简单而规则，主要由管胞、髓线和树脂道组成，其髓线较细而不明显。阔叶树显微构造较为复杂，主要有木纤维、导管和髓线组成。它的最大特点是髓线发达，粗大而明显，这是区别于针叶树材的显著差别。

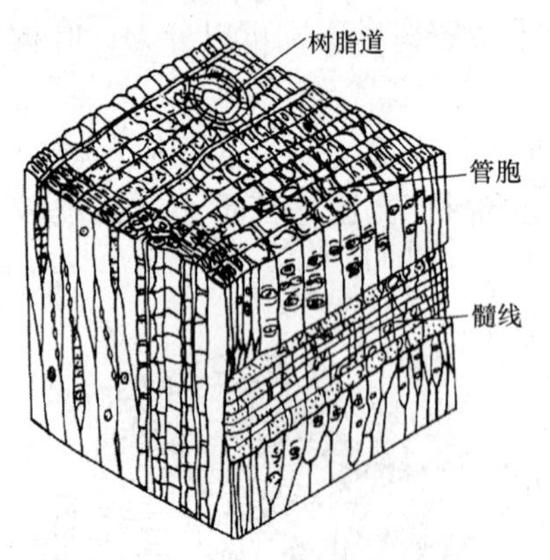

图 8－2　针叶树马尾微观构造

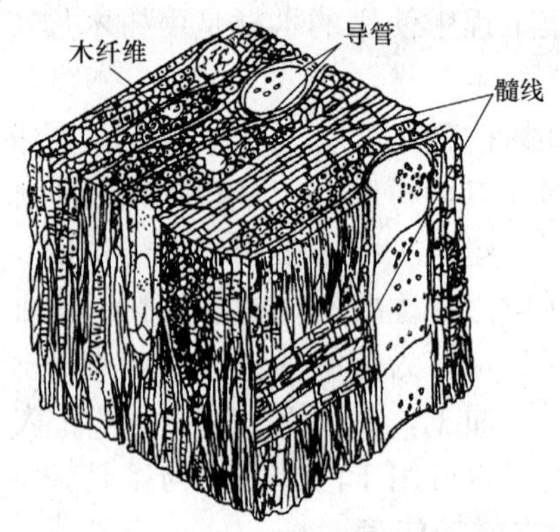

图 8－3　阔叶树柞木微观构造

第二节　木材的物理和力学性质

一、木材的含水率

木材的含水量用含水率表示，木材的含水率指木材中所含水分的质量占干燥质量的百分数。

木材中的水分可以分为三种，自由水、吸附水和结合水。自由水是存在于木材细胞腔和细胞间隙中的水分，自由水会影响木材的表观密度、耐腐蚀性、燃烧性等；吸附水是吸附在细胞壁内细纤维之间的水分；吸附水主要影响木材的强度和胀缩变形；结合水是形成细胞的化合水，总含量很少，它随着树种的不同而变化，常温下对木材性质没有影响。

潮湿的木材在干燥空气中存放或人工干燥时，自由水首先蒸发，然后才失去吸附水。当木材中没有自由水，而吸附水已达到饱和状态时，此时木材的含水率称为纤维饱和点。木材的纤维饱和点随树种而异，一般介于25%～35%，平均值为30%。它是木材物理性质、力学性质是否随含水率而发生变化的转折点。

木材的含水率是随着周围空气湿度的变化而变化，直到与周围空气的相对湿度达到平衡为止，此时的含水率称为木材的平衡含水率。木材的平衡含水率是木材进行干燥时的重要指标。木材的平衡含水率随所在地区不同以及温度和湿度环境变化而不同，我国北方地区约为12%左右，南方地区约为18%～20%。

二、木材的湿胀干缩

木材具有显著的湿胀干缩性能，这是由于木材细胞壁内吸附水含量变化而引起的。当木材从潮湿状态到纤维饱和点时，蒸发的水分都是自由水，木材的尺寸并不改变，但如果继续干燥，木材的含水率在纤维饱和点以下时，随着含水率的增大，木材细胞壁内的吸附水增多，体积膨胀；反之随着含水率的减小，木材体积收缩。木材的湿胀干缩大小随树种的不同而异，一般情况下表观密度大的、夏材含量多的，膨胀变形较大。木材由于构造不均匀，各个方向的收缩也不同，纵向、径向次之，弦向最大，如图8-4所示。径向和弦向干缩率的不同是木材产生裂缝和翘曲的主要原因。

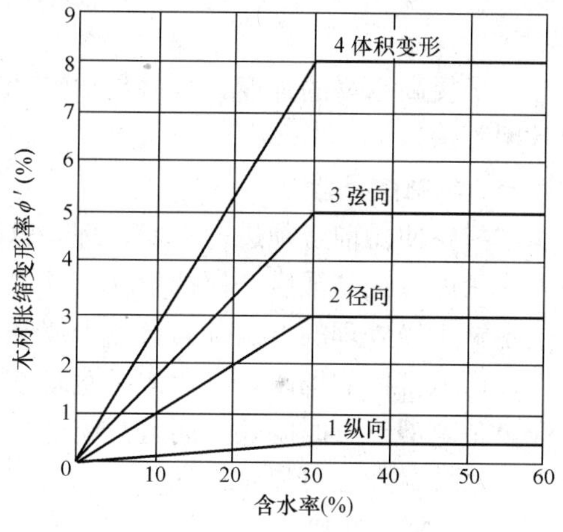

图8-4　木材含水率与胀缩变形的关系

木材的湿胀干缩会对其使用带来不利影响。干缩会造成木结构连接处出现缝隙而导致结构松弛，湿胀又会使木材产生凸起变形，为了避免此种情况发生，必须采取相应的防范措施，最根本的方法是在木材制作前将其进行干燥处理，将木材干燥至平均平衡含水率后再使用。

三、木材的强度

木材的强度按受力状态分为抗拉、抗压、抗弯、抗剪四种。而抗拉、抗压、抗剪强度又分为顺纹和横纹。顺纹（作用力方向与纤维方向平行）和横纹（作用力方向与纤维方向垂直）的强度有很大差别。木材各种强度的关系见表8-1。

表8-1　木材各种强度间的关系

抗压		抗拉		抗弯	抗剪	
顺纹	横纹	顺纹	横纹		顺纹	横纹
1	$\frac{1}{10}$～$\frac{1}{3}$	2～3	$\frac{1}{20}$～$\frac{1}{3}$	$1\frac{1}{2}$～2	$\frac{1}{7}$～$\frac{1}{3}$	$\frac{1}{2}$～1

木材的顺纹抗拉强度最高，但是实际应用中木材很少用于受拉构件，这是因为木材的天然疵病如木节、斜纹对抗拉强度影响较大，使实际强度值变低。另外受拉构件在连接处受力较复杂，使其因横纹受压或顺纹受剪而破坏。

木材的顺纹抗压强度为作用力方向与纤维平行时的抗压强度。木材的顺纹抗压强度受疵病影响较小，是木材各种力学性能中的基本指标。其强度在实际工程中应用最广，例如柱、桩、桁架等承重构件。

木材的强度除与自身的构造有关系外，还与含水率、疵病、荷载作用时间、环境温度等外在因素有关。木材含水率在纤维饱和点以下时，其强度随着含水率的增加而降低；木材在长期荷载作用下不引起破坏的最大强度，称为持久强度，一般为极限强度的50%～60%，所以木材在长期荷载作用下强度会降低；木材的强度随着温度的升高而逐渐降低，当使用环境的温度超过50℃时，不适合采用木结构。

第三节 木材的处理

为了提高木材的强度，木材在加工和使用时要进行处理，包括木材的干燥、防腐、防火等常用方法。

一、木材的干燥

木材在使用前必须进行干燥处理，这样可以防止木材腐朽、变形及开裂，可以降低木材的表观密度和提高强度，保持形状尺寸的稳定，以达到延长使用寿命的目的。

木材干燥处理的方法分为自然干燥和人工干燥两种。自然干燥法是将木材按一定的方式堆积在通风良好的场所，避免太阳直晒或雨淋，使木材的水分蒸发。此法比较简单，不需要特殊设备，但干燥时间长，而且只能达到风干状态。人工干燥法是在利用人工的方法排除木材中的水分。此法可控制性强，能缩短干燥时间，但成本较高。

二、木材的防腐

木材受到真菌的侵害后，会改变其颜色，结构逐渐变得松软，强度、耐久性降低，这种现象称为木材的腐朽。真菌在木材中生存和繁殖必须具备三个条件，适当的水分、足够的空气和适宜的温度。当空气的湿度在90%以上，木材的含水率在35%～50%，温度在25～30℃，真菌容易繁殖，此时木材最易腐朽。

木材防腐处理的根本就是破坏真菌生存和繁殖的条件，常用的方法有两种。一是将木材干燥，将其含水率控制在20%以下，并使木结构处于干燥、通风的状态，可以采取防潮、表面涂刷油漆、涂料等措施；二是防腐剂法，通过涂刷或浸渍化学防腐剂注入木材中，常用的方法有表面喷漆、浸渍或压力渗透等。常用的防腐剂有水溶性的防腐剂、油溶性的防腐剂和浆膏类的防腐剂等。

三、木材的防火

木材属于易燃烧材料，所以木材应进行防火处理，以提高其耐火性。木材防火处理方法一是采用防火浸剂对木材进行浸注处理，浸注法分为常压浸注和加压浸注；二是将防火涂料涂刷或喷洒于木材表面，这样既能防火，又能起到防腐、装饰的效果。木材防火处理之前应使木材充分干燥，并初步加工成型，防止在防火处理以后再进行锯、刨等加工，造成防火剂的浪费。木材防火涂料的主要品种、特性及其应用详见表8-2。

表 8-2 **木材防火涂料主要品种、特性及应用**

<table>
<tr><th colspan="2">品　种</th><th>防火特性</th><th>应　用</th></tr>
<tr><td rowspan="4">溶剂型防火涂料</td><td>A60-501 型改性氨基膨胀防火涂料</td><td>遇水生成均匀致密的海绵状泡沫隔热层，防止初期火灾和减缓火灾蔓延扩大</td><td>高层建筑、商店、影剧院、地下工程等可燃部位防火</td></tr>
<tr><td>A60-501 膨胀防火涂料</td><td>涂层遇火体积迅速膨胀 100 倍以上，形成连续蜂窝状隔热层，释放出阻燃气体，具有优异的阻燃隔热效果</td><td>广泛用于木板、纤维板、胶合板等的防火保护</td></tr>
<tr><td>A60-KG 型快干氨基膨胀防火涂料</td><td>遇火膨胀生成均匀致密的泡沫状碳质隔热层，有极其良好地隔热阻燃效果</td><td>公共建筑、高层建筑、地下建筑等有防火要求的场所</td></tr>
<tr><td>AE60-1 膨胀型透明防火涂料</td><td>涂膜透明光亮，能显示基材原有纹理，遇火时涂膜膨胀发泡，形成防火隔热层。既有装饰性，又具防火性</td><td>广泛用于各种建筑室内的木质、纤维板、胶合板等结构构件及家具的防火保护和装饰</td></tr>
<tr><td rowspan="3">水乳型防火涂料</td><td>B60-1 膨胀型丙烯酸水性防火涂料</td><td>在火焰和高温作用下，涂层受热分解放出大量灭火性气体，抑制燃烧。同时，涂层膨胀发泡，形成隔热覆盖层，组织火势蔓延</td><td>公共建筑、高级宾馆、酒店、学校、医院、影剧院、商场等建筑物的木板、纤维板，胶合板结构构件及制品的表面防火保护</td></tr>
<tr><td>B60-2 木结构防火涂料</td><td>遇火时涂层发生理化反应，构成绝热的炭化泡膜</td><td>建筑物木墙、木屋架、木吊顶以及纤维板、胶合板构件的表面防火阻燃处理</td></tr>
<tr><td>B878 膨胀型丙烯酸乳胶防火涂料</td><td>涂膜遇火立即生成均匀致密的蜂窝状隔热层，延缓火焰的蔓延，无毒无臭，不污染环境</td><td>学校、影剧院、宾馆、商场等公共建筑和民用住宅等内部可燃性基材的防火保护及装饰</td></tr>
</table>

第四节　木材的综合利用

一、木材产品

木材按照加工程度和用途的不同分为：原条、原木、锯材和枕木 4 类。

(1) 原条指除去皮、根、树梢的木料，但尚未按照一定尺寸加工成规定直径和长度的材料。常用于建筑工程的脚手架、建筑用材、家具等。

(2) 原木是指已经除去皮、根、树梢的木料，并按一定尺寸加工成规定直径和长度的材料。常用于建筑工程（如屋架、檩、椽等）、桩木、电杆、坑木等，经加工后的原木可用于胶合板、造船、车辆、机械模型及一般加工用材等。

(3) 锯材是指已经加工锯解成材的木料，凡宽度为厚度 3 倍或 3 倍以上的，称为板材，不足 3 倍的称为方材。常用于建筑工程、桥梁、家具、造船、车辆、包装箱等。

(4) 枕木是指按枕木断面和长度加工而成的成材。常用于铁道工程。

常用锯材按照厚度和宽度分为薄板、中板、厚板，见表 8-3。

表 8-3 **锯 材 尺 寸 表**

<table>
<tr><th rowspan="2">树种类</th><th rowspan="2">锯材分类</th><th rowspan="2">厚度(mm)</th><th colspan="2">宽度</th><th rowspan="2">长度(mm)</th></tr>
<tr><th>尺寸范围</th><th>径级</th></tr>
<tr><td>针叶树</td><td>薄板</td><td>12、15、18、21</td><td>50～240</td><td rowspan="3">10</td><td>1～8</td></tr>
<tr><td rowspan="2">阔叶树</td><td>中板</td><td>25、30</td><td>50～260</td><td rowspan="2">1～6</td></tr>
<tr><td>厚板</td><td>40、50、60</td><td>60～300</td></tr>
</table>

二、人造板材

我国是木材资源贫乏的国家。为了饱和和扩大现有森林面积，促进环保事业，必须合理地、综合地利用木材。充分利用木材加工后的边角废料以及废木材，加工制成各种人造板材是综合利用木材的主要途径。

人造板材幅面宽、表面平整光滑、不翘曲不开裂，经加工处理后还具有防水、防火、防腐、耐酸等性能。常用的人造板材有以下几种。

（一）胶合板

胶合板是用原木旋切成薄片，按照奇数层并且相邻两层木纤维互相垂直重叠，经胶合粘热压而成。胶合板最多层数有15层，一般常用的是三合板和五合板。

胶合板材质均匀、强度高，不翘曲、不开裂，木纹美丽、色泽自然、幅度大，使用方便，装饰性好，应用十分广泛。各类胶合板的分类、特性和适用范围见表8-4。

表8-4 胶合板分类、特性及适用范围

分类	名称	胶种	特性	适用范围
Ⅰ类	耐气候胶合板（NQF）	酚醛树脂胶或其他性能相当的胶	耐久、耐煮沸或蒸汽处理、耐干热、抗菌	室外工程
Ⅱ类	耐水胶合板（NS）	脲醛树脂或其他性能相当的胶	耐冷水浸泡及短时间热水浸泡、不耐煮沸	室外工程
Ⅲ类	耐潮胶合板（NC）	血胶、带有多量填料的脲醛树脂或其他性能相当的胶	耐短期冷水浸泡	室内工程 一般常态下使用
Ⅳ类	不耐潮胶合板（BNS）	豆胶或其他性能相当的胶	有一定胶合强度，但不耐水	室内工程 一般常态下使用

胶合板厚度为2.7mm、3mm、3.5mm、4mm、5mm、5.5mm、6mm，自6mm起按1mm递增。胶合板的宽度有915mm、1220mm两种，长度有915～2400mm多种规格。

（二）细木工板

细木工板也称复合木板，由三层木板粘压而成。上、下两个面层为旋切木质单板，芯板是用短小木板条拼接而成。一般厚度为20mm，长2000mm，宽1000mm，表面平整，幅面宽大，可代替实木板，使用非常方便。

（三）纤维板

纤维板是将树皮、刨花、树枝等木材加工的下脚碎料经破碎浸泡、研磨成木浆，加入一定胶黏剂，经热压成型、干燥处理而成的人造板材。根据成型时温度和压力的不同分为硬质、半硬质、软质三种。生产纤维板可使用的利用率达90%以上。纤维板构造均匀，克服了木材各向异性和有天然瑕疵的缺陷，不易翘曲变形和开裂，表面适于粉刷各种涂料或粘贴装裱。

表观密度大于800kg/m³的硬质纤维板，强度高、耐磨、不易变形，可代替木板，用于室内壁板、门板、地板、家具等。半硬质纤维板表观密度为400～800kg/m³，表面光滑、材质细密、性能稳定、边缘牢固，且板材表面的再装饰性能好。常制成带有一定图形的盲孔板、版面施以白色涂料，这种板兼具吸声和装饰作用，多用作会议室、报告厅等室内顶棚材料。软质纤维板表观密度小于400kg/m³，结构松软、强度较低，但吸声性和保温性好，适用于保温隔热材料。

（四）刨花板、木丝板、木屑板

刨花板、木丝板、木屑板是木材加工时产生的刨花、木屑和短小废料刨制的木丝等碎渣，经干燥后拌入胶料，再经热压成型而制成的人造板材。所用胶结料可为合成树脂胶，也可用水泥、菱苦土等无机胶结料。这类板材表观密度小，强度较低，主要用作绝热和吸声材料。有的表层作了饰面处理，如粘贴塑料贴面后，可用作装饰或家具等材料。

思考题与习题

一、名词解释

1. 木材的平衡含水率；2. 纤维饱和点；3. 自由水；4. 吸附水；5. 年轮。

二、填空题

1. 树木按树种可以分为__________和__________。
2. 从横切面上可以看到木材由__________、__________、__________组成。
3. 木材中所含的水分根据其存在形式可分为________、________和________三类。
4. 当含水率在纤维饱和点以下变化时，随含水率增加强度________。
5. 真菌在木材质繁殖和腐朽的三个条件为________、________和________。

三、单项选择题

1. 木材中（　　）的含量变化，将导致木材的体积和强度发生变化。

A. 自由水　　B. 吸附水　　C. 化学结合水

2. 木材在不同受力方式下的强度值，存在如下关系（　　）。

A. 抗弯强度＞抗压强度＞抗拉强度＞抗剪强度

B. 抗压强度＞抗弯强度＞抗拉强度＞抗剪强度

C. 抗压强度＝抗弯强度＝抗拉强度＝抗剪强度

D. 抗拉强度＞抗弯强度＞抗压强度＞抗剪强度

3. 木材随含水量降低其体积发生收缩，强度（　　）。

A. 降低　　B. 增大　　C. 不变

4. 木材的平衡含水率在相对湿度不变条件下随着温度升高而（　　）。

A. 增大　　B. 减少　　C. 不变

5. 木材含水率变化时，一定会产生变化的性质是（　　）。

A. 强度　　B. 体积　　C. 密度　　D. 易燃性

四、是非判断题

1. 木材体积密度越大，则其胀缩变形越小。（　　）
2. 木材的湿胀变形是随着其含水率的提高而增大的。（　　）
3. 自由水的变化不会引起木材体积和强度的变化。（　　）
4. 木材随着含水率的降低，其体积发生收缩，而强度增大。（　　）
5. 木材的顺纹抗压强度比横纹抗压强度大。（　　）
6. 木材腐朽是由霉菌寄生所致。（　　）
7. 木材时干时湿最易腐朽，长期浸在水中或深埋土中的木材反而不会腐朽。（　　）
8. 木材的构造越紧密，收缩和膨胀越小。（　　）

五、问答题

1. 简述木材有哪些优缺点？
2. 影响木材强度的因素有哪些？是如何影响的？
3. 木材含水率的变化对木材的哪些性质有影响？有什么样的影响？
4. 木材腐朽的原因及主要防腐措施如何？

第九章　防　水　材　料

教学要求

了解：沥青的生产、沥青的组成、沥青的分类、沥青的掺配。

掌握：沥青防水材料、改性沥青防水材料、高分子防水材料的特性及运用，不同场合选取何种防水材料与防水构造做法。

应用：防水材料的选择。

重点：不同防水材料的特性。

难点：防水构造做法。

第一节　沥　　青

沥青是一种憎水性的有机胶凝材料，构造致密，与石料、砖、混凝土及砂浆等能牢固地黏结在一起。沥青制品具有良好的隔潮、防水、抗渗、耐腐蚀等性能。在地下防潮、防水和屋面防水等建筑工程中及铺路等工程中得到广泛的应用。

沥青的种类很多，按产源可分为地沥青和焦油沥青。地沥青主要包括石油沥青和天然沥青；焦油沥青包括煤沥青、木沥青等。建筑工程中主要用的是石油沥青和煤沥青。

本章主要以石油沥青为重点，在此基础上了解改性的沥青材料及其制品。

一、石油沥青

石油沥青是一种有机胶凝材料，在常温下呈固体、半固体或黏性液体状态。颜色为褐色或黑褐色。由于其化学成分复杂，为便于分析和实用，常将其物理、化学性质相近的成分归类为若干组，称为组分。不同的组分对沥青性质的影响不同。

通常将沥青分为油分、树脂和地沥青质三组分组成。此外，沥青中常含有一定量的固体石蜡。

（一）油分

油分为沥青中最轻的组分，呈无色至淡黄色，密度为 $0.7\sim1g/cm^3$。它能溶于大多数有机溶剂，如丙酮、苯、三氯甲烷等，但不溶于酒精。在石油沥青中，含量为45％～60％。油分使沥青具有流动性。

（二）树脂

树脂为密度略大于 $1g/cm^3$ 的黏稠物质，呈黄色至黑褐色。能溶于汽油、三氯甲烷和苯等有机溶剂，但在丙酮和酒精中溶解度很低。在石油沥青中含量为15％～30％。它使石油沥青具有塑性与黏结性。

（三）地沥青质

地沥青质为密度大于 $1g/cm^3$ 的固体物质，黑色。不溶于汽油、酒精，但能溶于二硫化碳和三氯甲烷中。在石油沥青中含量为10％～30％。它决定了石油沥青的温度稳定性和黏性。

（四）固体石蜡

固体石蜡会降低沥青的黏结性、塑性、温度稳定性和耐热性。由于存在于沥青油分中的石蜡是有害成分，故常采用氯盐处理或高温吹氧、溶剂脱蜡等方法处理。

石油沥青中的各组分是不稳定的。在阳光、空气、水等外界因素作用下，各组分之间会不断演变，油分、树脂会逐渐减少，地沥青质逐渐增多，这一演变过程称为沥青的老化。沥青老化后，其流动性、塑性变差，脆性增大，使沥青失去防水、防腐效能。

二、石油沥青的技术性质及运用

（一）技术性质

1. 黏滞性（或称黏性）

黏滞性是反映沥青材料在外力作用下，材料内部阻碍其产生相对流动的能力。液态石油沥青的黏滞性用黏度表示。半固体或固体沥青的黏性用针入度表示。黏度和针入度是沥青划分牌号的主要指标。

黏度是液体沥青在一定温度（25℃或60℃）条件下，经规定直径（3mm、4mm、5mm或10mm）的孔，漏下50mL所需的秒数。其测定示意图如图9－1所示。黏度常以符号C_t^d表示，其中d为孔径（mm），t为试验时沥青的温度（℃）。C_t^d代表在规定的d和t条件下所测得的黏度值。黏度大时，表示沥青的稠度大。

针入度是指在温度为25℃的条件下，以质量100g的标准针，经5s沉入沥青中的深度（0.1mm称1度）来表示。针入度测定示意图如图9－2所示。针入度值大，说明沥青流动性大，黏性差。针入度范围在5～200度之间。

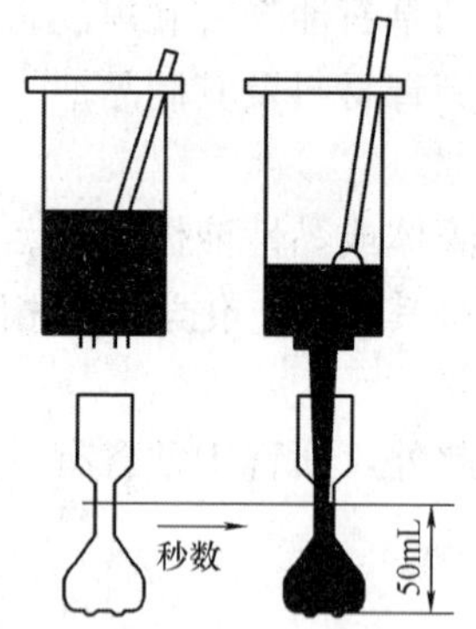

图9－1 黏度测定示意图

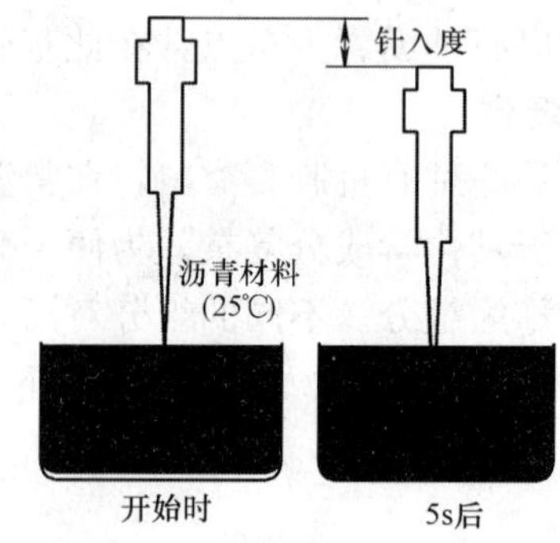

图9－2 针入度测定示意图

按针入度可将石油沥青划分为以下几个牌号：道路石油沥青牌号有200、180、140、100甲、100乙、60甲、60乙等号；建筑石油沥青牌号有40、30、10等号；普通石油沥青牌号有75、65、55等号。

2. 塑性

塑性是指沥青在外力作用下产生变形而不破坏，除去外力后仍能保持变形后的形状不变的性质。

沥青的塑性用“延伸度”（或称延度）表示。按标准试验方法，制成“8”形标准试件，试件中间最狭处断面积为1cm^2，在规定温度（一般为25℃）和规定速度（5cm/min）的条件下在延伸仪上进行拉伸，延伸度以试件拉细而断裂时的长度（cm）表示。沥青的延伸度越大，沥青的塑性越好。延伸度测定示意图如图 9－3 所示。

3．温度敏感性

温度敏感性是指石油沥青的黏滞性和塑性随温度升降而变化的性能。温度敏感性较小的石油沥青，其黏滞性、塑性随温度的变化较小。

温度敏感性常用软化点来表示，软化点是沥青材料由固体状态转变为具有一定流动性的膏体时的温度。软化点可通过“环与球法”试验测定（图 9－4）。将沥青试样装入规定尺寸的铜环 B 中，上置规定尺寸和质量的钢球 a，再将置球的铜环放在有水或甘油的烧杯中，以 5℃/min 的速率加热至沥青软化下垂达 25mm 时的温度（℃），即为沥青软化点。

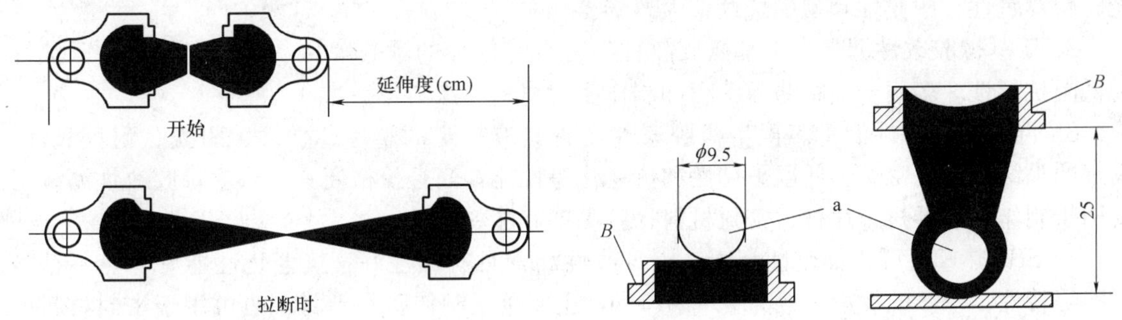

图 9－3　延伸度测定示意图　　图 9－4　软化点测定示意图（单位：mm）

不同沥青的软化点不同，大致在 25～100℃之间。软化点高，说明沥青的耐热性能好，但软化点过高，又不易加工；软化点低的沥青，夏季易产生变形，甚至流淌。

4．大气稳定性

大气稳定性是指石油沥青在热、阳光、氧气和潮湿等因素的长期综合作用下抵抗老化的性能，它反映沥青的耐久性。大气稳定性可以用沥青的蒸发损失量及针入度变化来表示，即试样在 160℃温度加热蒸发 5h 后的质量损失百分率和蒸发前后的针入度比两项指标来表示。蒸发损失率越小，针入度比越大，则表示沥青的大气稳定性越好。

（二）石油沥青的应用

在选用沥青材料时，应根据工程类别及当地气候条件，所处工程部位来选用不同牌号的沥青。

道路石油沥青主要用于道路路面或车间地面等工程，一般选用黏性较大和软化点较高的石油沥青。

建筑石油沥青主要用作制造防水材料、防水涂料和沥青嵌缝膏。它们绝大部分用于屋面及地下防水、沟槽防水、防腐蚀及管道防腐等工程。

普通石油沥青由于含有较多的石蜡，故温度敏感性较大，在建筑工程上不宜直接使用，可以采用吹气氧化法改善其性能。

1．沥青的掺配使用

当单独用一种牌号的沥青不能满足工程的耐热性要求时，可以用同产源的两种或三种沥青进行掺配。两种沥青掺配量可按下式计算

$$\text{较软沥青掺量}(\%)=\frac{\text{较硬沥青软化点}-\text{要求的沥青软化点}}{\text{较硬沥青软化点}-\text{较软沥青软化点}}\times 100\%$$

$$\text{较硬沥青掺量}(\%)=100-\text{较软沥青掺量}$$

2. 改性沥青

通常，普通石油沥青的性能不一定能全面满足使用要求，为此，常采取措施对沥青进行改性。性能得到不同程度改善后的新沥青，称为改性沥青。改性沥青可分为橡胶改性沥青、树脂改性沥青、橡胶和树脂共混改性沥青、再生胶改性沥青和矿物填充剂改性沥青等。

(1) 橡胶改性沥青。

沥青与橡胶相溶性较好，改性后的沥青高温变形小，低温时具有一定的塑性。常用的橡胶有天然橡胶、合成橡胶和再生橡胶。

1) 氯丁橡胶改性沥青。氯丁橡胶可以使沥青的气密性、低温柔性、耐化学腐蚀性、耐光、耐臭氧性、耐候性和耐燃烧性大大改善。

2) 丁基橡胶改性沥青。丁基橡胶改性沥青具有优异的耐分解性，并具有较好的耐热性和低温抗裂性。多用于道路路面工程和制作密封材料与涂料等。

3) 再生橡胶改性沥青。再生橡胶改性沥青具有一定的塑性、弹性、耐光、耐臭氧性、良好的黏结性、气密性、低温柔韧性和抗老化等性能，而且价格便宜。再生橡胶改性沥青主要用于制作防水卷材、片材、密封材料、胶黏剂和涂料。

4) SBS热塑性弹性体改性沥青。SBS改性沥青具有塑性好、抗老化性能好、热不粘冷不脆等特性。SBS的掺量一般为5%～10%，主要用于制作防水卷材，也可用于密封材料或防水涂料等。

(2) 合成树脂类改性沥青。用树脂改性石油沥青，可以改善沥青的强度、塑性、耐热性、耐寒性、黏结性和抗老化等。常用的树脂主要有古马隆树脂改性沥青、聚乙烯树脂改性沥青、环氧树脂改性沥青、APP改性沥青等。

1) 古马隆树脂改性沥青。古马隆树脂呈黏稠液体或固体状，浅黄色至黑色，易溶于酯类、硝基苯等。古马隆树脂掺量约为40%，这种沥青的黏性较大，可以和SBS等材料一起用于自黏结油毡和沥青基胶黏剂。

2) 环氧树脂改性沥青。环氧树脂改性沥青具有热固性材料的性质，强度和黏结力大大提高，但延伸性改变不大。一般用于屋面、厕所和浴室的修补。

3) APP改性沥青。APP改性沥青具有良好的弹塑性、低温柔韧性、耐老化和抗冲击等性能，容易与沥青混溶。主要用于屋面防水卷材。

第二节 防 水 卷 材

常按其组成材料不同分为沥青防水卷材、高聚物改性沥青防水卷材和合成高分子防水卷材三大类。

按卷材的结构不同又可分为有胎卷材及无胎卷材两种。

一、沥青防水卷材

沥青防水卷材有石油沥青防水卷材和煤沥青防水卷材两种。

石油沥青防水卷材有纸胎油毡、油纸及玻璃布或玻璃毡胎石油沥青油毡等。

(一) 石油沥青纸胎油毡、油纸

采用低软化点沥青浸渍原纸所制成的无涂撒隔离物的纸胎卷材称为油纸。再用高软化点沥青涂盖油纸两面，并撒布隔离材料后，则称为油毡。所用隔离物为粉状材料（如滑

石粉、石灰石粉）时，为粉毡；用片状材料（如云母片）时，为片毡。其主要性能见表9-1和表9-2。

表9-1 石油沥青纸胎油毡物理性能

<table>
<tr><td rowspan="2" colspan="2">项目 \ 标号、等级</td><td colspan="3">200号</td><td colspan="3">350号</td><td colspan="3">500号</td></tr>
<tr><td>合格</td><td>一等</td><td>优等</td><td>合格</td><td>一等</td><td>优等</td><td>合格</td><td>一等</td><td>优等</td></tr>
<tr><td colspan="2">单位面积浸涂材料总量(g/cm²)</td><td>≥600</td><td>≥700</td><td>≥800</td><td>≥1000</td><td>≥1050</td><td>≥1100</td><td>≥1400</td><td>≥1450</td><td>≥1500</td></tr>
<tr><td rowspan="2">不透水性</td><td>压力(MPa),不小于</td><td colspan="3">≥0.05</td><td colspan="3">≥0.10</td><td colspan="3">≥0.15</td></tr>
<tr><td>保持时间(min),不小于</td><td>≥15</td><td>≥20</td><td>≥30</td><td colspan="2">≥30</td><td>≥45</td><td colspan="3">≥30</td></tr>
<tr><td rowspan="2">吸水率(真空法)(%)</td><td>粉毡</td><td colspan="3">≤1.0</td><td colspan="3">≤1.0</td><td colspan="3">≤1.5</td></tr>
<tr><td>片毡</td><td colspan="3">≤3.0</td><td colspan="3">≤3.0</td><td colspan="3">≤3.0</td></tr>
<tr><td rowspan="2" colspan="2">耐热度(℃)</td><td colspan="2">85±2</td><td>90±2</td><td colspan="2">85±2</td><td>90±2</td><td colspan="2">85±2</td><td>90±2</td></tr>
<tr><td colspan="9">受热2h涂盖层应无滑动和集中性气泡</td></tr>
<tr><td colspan="2">拉力(25℃±2℃时纵向)(N)</td><td>≥240</td><td colspan="2">≥270</td><td>≥340</td><td colspan="2">≥370</td><td>≥440</td><td colspan="2">≥470</td></tr>
<tr><td rowspan="2" colspan="2">柔度</td><td colspan="3">18℃±2℃</td><td>18℃±2℃</td><td>16℃±2℃</td><td>14℃±2℃</td><td colspan="2">18℃±2℃</td><td>14℃±2℃</td></tr>
<tr><td colspan="6">绕φ20mm圆棒或弯板无裂纹</td><td colspan="3">绕φ25mm圆棒或弯板无裂纹</td></tr>
<tr><td rowspan="2">每卷质量(kg)</td><td>粉毡</td><td colspan="3">≥17.5</td><td colspan="3">≥28.5</td><td colspan="3">≥39.5</td></tr>
<tr><td>片毡</td><td colspan="3">≥20.5</td><td colspan="3">≥31.5</td><td colspan="3">≥42.5</td></tr>
</table>

表9-2 石油沥青油纸的物理性能

项目 \ 标号	200号	350号
浸渍材料占干原纸质量(%)	≥100	
吸水率(真空法)(%)	≤25	
拉力(25℃时纵向)(N)	≥110	≥240
柔度,18℃±2℃时	绕φ10圆棒或弯板无裂纹	

（二）*石油沥青玻纤油毡及石油沥青玻璃布胎油毡*

石油沥青玻纤油毡（简称玻纤胎油毡），是以无纺玻璃纤维薄毡为胎芯，用石油沥青浸涂薄毡两面，并涂撒隔离材料所制成的防水卷材。

玻纤胎油毡按每10m²油毡的标称质量（kg）数分为15号、25号及35号3种标号，及优等品（A）、一等品（B）和合格品（C）3个等级。

石油沥青玻璃布胎油毡是采用玻璃布为胎基，浸涂石油沥青并在两面涂撒隔离材料。

石油沥青玻纤胎油毡及玻璃布胎油毡物理性能见表9-3。

二、改性沥青基防水卷材

以各种改性沥青为浸涂材料，以纤维织物、纤维毡或塑料膜为胎体，表面覆以矿物质粉粒或薄膜作隔离材料制成的可卷曲的防水材料，总称为改性沥青防水卷材。

表9-3　石油沥青玻纤胎油毡及玻璃布胎油毡物理性能

品种		石油沥青玻纤胎油毡(GB/T 14688—2002)									玻璃布胎油毡(JC/T 84—1996)	
标号		200号			350号			500号				
等级		合格	一等	优等	合格	一等	优等	合格	一等	优等	一等品	合格品
每卷标称质量(kg)		30			25			35			—	
每卷质量(kg)	上表面:PE膜	≥25			≥21			≥31			—	
	上表面:粉	≥26			≥22			≥32			≥15	
	上表面:砂	≥28			≥24			≥34			≥15	
可溶物含量(g/m²)		≥800	≥800	≥700	≥1300	≥1300	≥1200	≥2100	≥2100	≥2000	≥420	≥380
拉力(N)	纵向	≥300	≥250	≥200	≥400	≥300	≥250	≥400	≥320	≥270	≥400	≥360
	横向	≥200	≥150	≥130	≥300	≥200	≥180	≥300	≥240	≥200	—	—
耐热度(℃)		85℃±2℃受热2h涂盖层无滑动										
不透水性	压力(MPa)	≥0.1			≥0.15			≥0.2			≥0.2	≥0.1
	保持时间(min)	≥30			≥30			≥30			≥15	
柔度	温度(℃)	≤0	≤5	≤10	≤0	≤5	≤10	≤0	≤5	≤10	≤0	≤5
	弯曲半径(mm)	绕 r=15 弯板无裂纹						绕 r=25 无裂纹			绕 r=25 无裂纹	
耐霉菌(8周)	外观	2级			2级			1级				
	失重率(%)	≤3.0			≤3.0			≤3.0			≤2.0	
	拉力损失(%)	≤40.0			≤30.0			≤20.0			≤15.0	
人工加速气候老化(27周)	外观										—	
	失重率(%)	≤8.0			≤5.5			≤4.0				
	拉力变化率(%)	+25～−20			+25～−15			+25～−10				

改性沥青卷材所用浸渍及涂覆材料有改性氧化沥青、丁苯橡胶改性氧化沥青、聚合物改性沥青（SBS及APP等）三类。

胎体材料有玻纤毡、聚酯毡、聚乙烯膜、玻纤网格布增强玻纤毡，以及玻纤网格布与聚酯毡或涤棉无纺布的复合毡等。

隔离覆面材料有细砂（S）、矿物粒（片）料（M）、聚乙烯膜（PE）及铝箔等。

（一）弹性体改性沥青防水卷材及塑性体改性沥青防水卷材

弹性体改性沥青防水卷材是以热塑性弹性体（SBS）改性沥青浸涂胎体，两面覆以隔离材料制成的防水卷材，简称SBS卷材。

塑性体改性沥青防水卷材是用热塑性塑料（无规聚丙烯——APP、非晶态聚α—烯烃—APAO、APO）改性沥青为浸涂材料，两面覆以隔离材料所制成的防水卷材，统称为APP卷材。

卷材胎体分为玻纤胎（G）和聚酯胎（PY）两种；隔离材料有聚乙烯膜、细砂及矿物粒（片）料三种；并按其力学性能分为Ⅰ、Ⅱ两个型号。

弹性体及塑性体改性沥青防水卷材具有抗拉强度高、柔性好、延伸率大、耐老化等特点，适用于各种防水等级的屋面防水，以及桥梁、蓄水池、隧道及水利工程。其中SBS卷材适用于环境温度较低的防水工程，APP卷材适用于较高气温环境的防水工程。

（二）改性沥青聚乙烯胎防水卷材

改性沥青聚乙烯胎防水卷材是以各种改性沥青为基料（浸涂材料），以高密度聚乙烯膜为胎体，经滚压、水冷成型制得的表面覆盖有隔离材料的防水卷材。

卷材基料有氧化改性沥青、丁苯橡胶改性沥青及高聚物改性沥青（SBS或APP）三类。

改性沥青聚乙烯胎防水卷材，综合了沥青和聚乙烯塑料薄膜的防水功能，具有不透水性强、抗拉等特点，并可热熔粘接施工。

（三）自粘橡胶沥青防水卷材及自粘聚合物改性沥青聚酯胎防水卷材

自粘橡胶沥青防水卷材是以SBS等弹性体、沥青为基料，以聚乙烯膜、铝箔为表面材料或无膜（双面自粘）、采用防粘隔离层的自粘防水卷材，简称自粘卷材。

以聚合物改性沥青为基料，采用聚酯毡为胎体，粘贴面背面覆以防粘材料的增强自粘防水卷材，称为自粘聚合物改性沥青聚酯胎防水卷材，简称自粘聚酯胎卷材。

以聚乙烯膜为上表面材料的自粘卷材适用于非外露的防水工程。

以铝箔为上表面材料的适用于外露的防水工程。

无膜双面自粘卷材适用于辅助防水工程。

自粘聚酯胎卷材的背面防粘材料有：聚乙烯膜、细砂及铝箔三种，按力学性能分为Ⅰ型、Ⅱ型。聚乙烯膜面、细砂面自粘聚酯胎卷材适用于非外露防水工程，铝箔面自粘聚酯胎卷材可用于外露防水工程。

三、合成高分子防水卷材

合成高分子防水卷材是以合成橡胶、合成树脂或两者共混物为基料，加入适量助剂及填充料，以压延法或挤出法生产的可卷曲片状防水材料，也称为高分子防水片材。

高分子防水片材按所用基料不同分为硫化橡胶类、非硫化橡胶类及树脂类三种。

高分子防水片材常用的有三元乙丙橡胶片材、聚氯乙烯防水卷材、氯化聚乙烯防水卷材、三元丁橡胶防水卷材（再生胶类）、氯化聚乙烯橡胶共混防水卷材等。

（1）三元乙丙橡胶片材及橡塑共混片材。

（2）聚氯乙烯防水卷材及氯化聚乙烯防水卷材。

聚氯乙烯防水卷材是以聚氯乙烯树脂为主要原料，加入适量添加剂制成的防水卷材（代号PVC卷材）。

氯化聚乙烯防水卷材是以氯化聚乙烯树脂为主要原料，加入适量添加剂制成的防水卷材（代号CPE卷材）。

防水卷材分为无复合层的（N类）、用纤维单面复合的（L类）及织物内增强的（W类）三类。

第三节　防　水　涂　料

涂料是一种流态或半流态物质，传统上称为“油漆”。

涂料包括各种油漆、天然树脂漆、合成树脂漆、无机类涂料及复合型涂料等。

组成涂料的物质可概括为：主要成膜物（包括基料、胶黏剂、硬化剂等）、次要成膜物（包括颜料、填料）、辅助成膜物（包括溶剂、分散剂、催干剂等）。

一、防水涂料的特性及基本要求

防水涂料必须具备以下性能：

（1）固体含量。固体含量是指涂料中所含固体比例。涂料涂刷后，固体成分将形成涂膜。

（2）耐热性。耐热性是指成膜后的防水涂料薄膜在高温下不发生软化变形、流淌的性能。

（3）柔性（也称低温柔性）。柔性是指成膜后的防水涂料薄膜在低温下保持柔韧的性能。

（4）不透水性。不透水性是指防水涂膜在一定水压和一定时间内不出现渗漏的性能。

（5）延伸性。延伸性是指防水涂膜适应基层变形的能力。

二、常用防水涂料

按主要成膜物质的不同，防水涂料分为沥青基防水涂料、高聚物改性沥青防水涂料及合成高分子防水涂料三类。

（一）沥青基防水涂料

沥青基防水涂料有溶剂型和水乳型两类。溶剂型涂料即液体沥青（冷底子油），水乳型涂料即乳化沥青。

沥青基防水涂料主要用于Ⅲ、Ⅳ级防水等级的屋面防水工程，以及道路、水利等工程中的辅助性防水工程。

（二）高聚物改性沥青防水涂料

采用橡胶、树脂等高聚物对沥青进行改性处理，可提高沥青的低温柔性、延伸率、耐老化性及弹性等。

高聚物改性沥青防水涂料一般是采用再生橡胶、合成橡胶或SBS聚合物对沥青改性，制成水乳型或溶剂型防水涂料。

水乳型高聚物改性沥青防水涂料主要品种有：再生胶沥青防水涂料、丁苯胶乳防水涂料、SBS橡胶沥青防水涂料及氯丁橡胶沥青防水涂料等。

（三）合成高分子防水涂料

合成高分子防水涂料是以合成橡胶或合成树脂为主要成膜物质的单组分或多组分防水涂料。

主要品种有聚氨酯防水涂料，水乳型单组分有机硅橡胶防水涂料，水乳型丙烯酸酯防水涂料等。适用于屋面防水工程，以及重要的水利、道路、化工等防水工程。

第四节 防水密封材料

密封材料是指能承受建筑物接缝位移以达到气密、水密目的而嵌入结构接缝中的定型和非定型材料。

定型密封材料具有一定形状和尺寸的密封材料，如止水带，密封条（带）、密封垫等。

定型密封材料，又称密封胶、密封膏，有溶剂型、乳剂型或化学反应型等黏稠状的密封材料，如沥青嵌缝油膏、聚氯乙烯建筑防水接缝材料、建筑窗用弹性密封剂等。

密封材料按其嵌入接缝后的性能分为弹性密封材料和塑性密封材料。

弹性密封材料嵌入接缝后呈现明显弹性，当接缝位移时，在密封材料中引起的应力值几乎与应变量成正比。

塑性密封材料嵌入接缝后呈现塑性，当接缝位移时，在密封材料中发生塑性变形，其残余应力迅速消失。密封材料按使用时的组分分为单组分密封材料和多组分密封材料；按组成材料分为改性沥青密封材料和合成高分子密封材料。

一、建筑防水密封膏

建筑防水密封膏属非定型密封材料。由气密性和不透水性良好的材料组成。

（一）建筑防水沥青嵌缝油膏

建筑防水沥青嵌缝油膏（简称沥青嵌缝油膏），是以石油沥青为基料，加入改性材料、稀释剂、填料等配制成的黑色膏装嵌缝材料。

常用的改性材料有废橡胶粉、硫化鱼油、桐油等。按油膏的耐热性及低温柔性分为702和801两个标号。

沥青嵌缝油膏主要用于冷施工型的屋面、墙面防水密封及桥梁、涵洞、输水洞及地下工程等的防水密封。

（二）聚氯乙烯建筑防水接缝

材料（简称PVC接缝材料）聚氯乙烯接缝材料是以PVC树脂为基料，加入改性材料（如煤焦油等）、其他助剂（如增塑剂、稳定剂）和填充料等配制而成的防水密封材料。聚氯乙烯建筑防水接缝材料按施工工艺不同分为J型（俗称聚氯乙烯胶泥，系用热塑法施工），G型（俗称塑料油膏，系用热熔法施工）两种。

聚氯乙烯胶泥（J型）配制方法是将煤焦油加热脱水，再将其他材料加入混溶，在130～140℃温度下保持5min～10min，充分塑化后，即成胶泥。将熬好的胶泥趁热嵌入清洁的缝内，使之填注密实并与缝壁很好地黏结。

PVC接缝材料防水性能好，具有较好的弹性和较大的塑性变形性能，可适应较大的结构变形。适用于各种屋面嵌缝或表面涂抹成防水层，也可用于大型墙板嵌缝、渠道、涵洞、管道等的接缝处理。

（三）硅酮建筑密封胶（有机硅密封材料）

硅酮密封胶是以聚硅氧烷为主要成分的单组分或双组分的室温固化建筑密封材料。单组分密封胶是把硅氧烷聚合物和硫化剂、填料及其他助剂在隔绝空气条件下混合均匀，装于密闭筒中的产品。

双组分密封胶将主剂、填料、助剂等混合作为一个组分，将交联剂等作为另一组分，分别包装。硅酮密封胶为单组分密封胶，分为G类和F类，高弹性模量和低弹性模量二级。G类密封胶适用于玻璃及门窗等密封；F类适用于混凝土墙板、花岗岩外墙面板及其建筑接缝的密封。

建筑用硅酮结构密封胶简称结构胶，分为单组分及双组分两种；并按适用基材分为适用于黏结金属（M型）、黏结水泥砂浆、混凝土（C型）、黏结玻璃（G型）及其他（Q型）等。结构胶适用于建筑玻璃幕墙及其他结构接缝密封。

硅酮密封胶具有优异的耐高低温性能、柔韧性、耐水性、耐候性及耐腐蚀性、拉—压循环疲劳耐久性，黏结力强，延伸率大，并能长期保持弹性，是一种高档密封材料。

（四）聚氨酯密封膏

聚氨酯密封膏是以聚氨基甲酸酯为主要成分的双组分反应型建筑密封材料。

聚氨酯密封膏的特点是：

（1）具有弹性模量低、高弹性、延伸率大、耐老化、耐低温、耐水、耐油、耐酸碱、耐疲劳等特性。

（2）与水泥、木材、金属、玻璃、塑料等多种建筑材料有很强的黏结力。

（3）固化速度较快，适用于要求快速施工的工程。

（4）施工简便安全可靠。

聚氨酯密封膏价格适中，应用范围广泛。它适用于各种装配式建筑的屋面板、墙板、地面等部位的接缝密封；建筑物沉陷缝、伸缩缝的防水密封；桥梁、涵洞、管道、水池、厕浴间等工程的接缝防水密封；建筑物渗漏修补等。

二、合成高分子止水带（条）

合成高分子止水带属定形建筑密封材料。

主要用于工业及民用建筑工程的地下及屋顶结构缝防水工程；闸坝、桥梁、隧洞、溢洪道等水工建筑物变形缝的防漏止水；闸门、管道的密封止水等。

常用的合成高分子止水材料有橡胶止水带及止水橡皮、塑料止水带及遇水膨胀型止水条等。

（一）橡胶止水带和止水橡皮

橡胶止水带和止水橡皮是以天然橡胶或合成橡胶为主要原料，加入各种助剂和填充料，经塑炼、混炼、挤出成型或模压成型，制得的各种形状、尺寸的止水密封材料。

常用的橡胶材料有天然橡胶、氯丁橡胶、三元乙丙橡胶、再生橡胶等。止水带按用途分为B类（变形缝用），S类（施工缝用），J类（有特殊耐老化要求的接缝用），G类（有钢边止水带）。

（二）塑料止水带

塑料止水带是用聚氯乙烯树脂、增塑剂、防老剂、填料等原料，经塑炼、挤出等工艺加工成型的止水密封材料，其断面形状有桥形、哑铃形等（与橡胶止水带相似）。

（三）遇水膨胀型橡胶止水条

遇水膨胀型橡胶止水条是用改性橡胶制得的一种新型橡胶止水条。将无机或有机吸水材料及高粘性树脂等材料作为改性剂，掺入到合成橡胶后可制得遇水膨胀的改性橡胶。

1. 遇水膨胀橡胶

以水溶性聚氨酯予聚体、丙烯酸钠高分子吸水性树脂作吸水性材料，与天然橡胶或氯丁橡胶共混制得的遇水膨胀性防水橡胶。

2. BW型遇水膨胀橡胶

用橡胶、膨润土、高粘性树脂等材料加工制得的自粘性遇水膨胀型橡胶止水条。具有自粘性，可直接粘贴在混凝土基面上，施工简便；遇水后几十分钟内即可逐渐膨胀，吸水膨胀率可达300％～400％；耐腐蚀、耐老化，具有良好的耐久性；使用温度范围宽。

第五节 石油沥青实训项目

一、沥青针入度测定

（一）实训目的

测定沥青的针入度，描述沥青的温度敏感性，用以评价沥青的高温稳定性。

（二）实训仪器

（1）针入度仪（图 9－5），针和针连杆组合件总质量为 50g±0.05g。

（2）标准针，标准针由硬化回火的不锈钢制成，洛氏硬度 HRC54～HRC60。

（3）盛样皿，金属制，圆柱形平底。小盛样皿的内径 55mm，深 35mm（适用于针入度小于 200 时）；大盛样皿内径 70mm，深 45mm（适用于针入度 200～350 时）；对针入度大于 350 的试样需使用特殊盛样皿，其深度不小于 60mm，试样体积不少于 125mL。

（4）恒温水槽，容量不少于 10L，控温的准确度为 0.1℃。水槽中应设有一带孔的搁架位于水面下不得少于 100mm，距水槽底不得少于 50mm 处。

（5）平底玻璃皿、温度计、秒表、盛样皿盖、溶剂、电炉或砂浴、石棉网、金属锅或瓷把坩埚等。

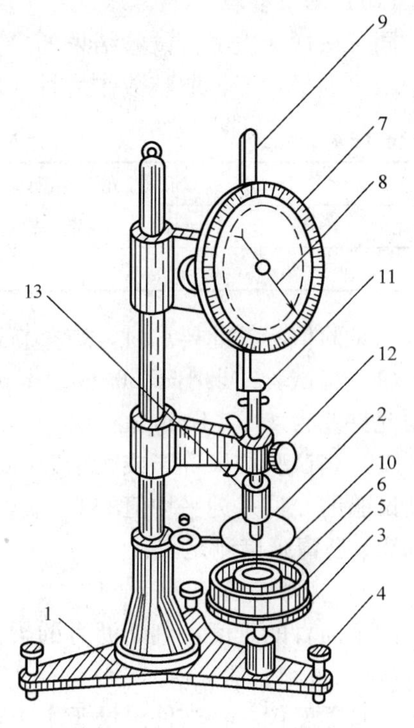

图 9－5 针入度仪（单位：mm）

1—底座；2—小镜；3—圆形平台；4—调平螺栓；5—保温皿；6—试样；7—刻度盘；8—指针；9—活杆；10—标准针；11—连杆；12—按钮；13—砝码

（三）实训步骤

（1）取出达到恒温的盛样皿，并移入水温控制在试验温度±0.1℃（可用恒温水槽中的水）的平底玻璃皿中的三脚支架上，试样表面以上的水层深度不少于 10mm。

（2）将盛有试样的平底玻璃皿置于针入度仪的平台上。慢慢放下针连杆，用适当位置的反光镜或灯光反射观察，使针尖恰好与试样表面接触。拉下刻度盘的拉杆，使与针连杆顶端相接触，调节刻度盘或深度指示器的指针指示为零。

（3）开动秒表，在指针正指 5s 的瞬间，用手紧压按钮，使标准针自动下落贯入试样，经规定时间，停压按钮使针停止移动。

注：当采用自动针入度仪时，计时与标准针落下贯入试样同时开始，至 5s 时自动停止。

（4）拉下刻度盘拉杆与针连杆顶端接触，读取刻度盘指针或位移指示器的读数，准确至 0.5（0.1mm）。

（5）同一试样平行试验至少 3 次，各测试点之间及与盛样皿边缘的距离不应少于 10mm。每次试验后应将盛有盛样皿的平底玻璃皿放入恒温水槽，使平底玻璃皿中水温保持试验温度。每次试验应换一根干净标准针或将标准针取下用蘸有三氯乙烯溶剂的棉花或布揩净，再用干棉花或布擦干。

（6）测定针入度大于 200 的沥青试样时，至少用 3 支标准针，每次试验后将针留在试样中，直到 3 次平行试验完成后，才能将标准针取出。

（7）测定针入度指数 PI 时，按同样的方法在 15℃、25℃、30℃（或 5℃）3 个或 3 个以上温度条件下分别测定沥青的针入度。

（四）结果整理

同一试样3次平行试验结果的最大值和最小值之差在下表允许偏差范围内时，计算3次试验结果的平均值，取整数作为针入度试验结果，以0.1mm为单位，见表9-4。

表9-4 针入度试验结果允许偏差范围

针入度(0.1mm)	允许差值(0.1mm)	针入度(0.1mm)	允许差值(0.1mm)
0～49	2	150～249	12
50～149	4	250～500	20

当试验值不符此要求时，应重新进行。

(1) 当试验结果小于50（0.1mm）时，重复性试验的允许差为2（0.1mm），复现性试验的允许差为4（0.1mm）。

(2) 当试验结果等于或大于50（0.1mm）时，重复性试验的允许差为平均值的4%，复现性试验的允许差为平均值的8%。

二、沥青延度测定

（一）实训目的

测定沥青的延度，判断沥青的柔韧性。

（二）实训仪器

(1) 延度仪：将试件浸没于水中，能保持规定的试验温度及按照规定拉伸速度拉伸试件且试验时无明显振动的延度仪均可使用，其形状及组成如图9-6所示。

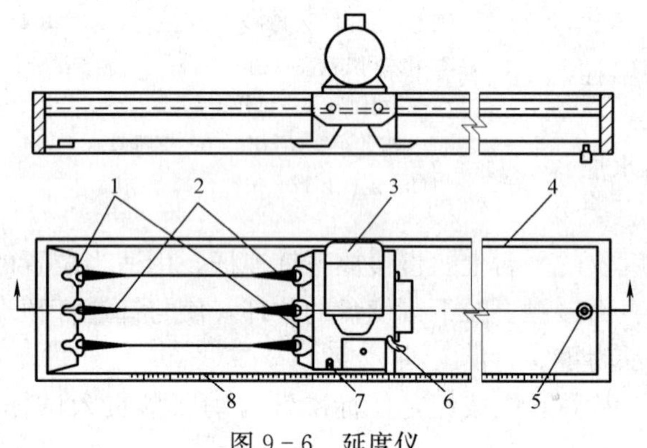

图9-6 延度仪

1—试模；2—试样；3—电机；4—水槽；5—泄水孔；6—开关柄；7—指针；8—标尺

(2) 试模：黄铜制，由两个端模和两个侧模组成，试模内侧表面粗糙度 *Ra* 0.2μm。

(3) 试模底板：玻璃板或磨光的铜板、不锈钢板（表面粗糙度 *Ra* 0.2μm）。

(4) 恒温水槽：容量不少于10L，控制温度的准确度为0.1℃，水槽中应设有带孔搁架，搁架距水槽底不得少于50mm。试件浸入水中深度不小于100mm。

(5) 温度计：0～50℃，分度为0.1℃。

（三）试验准备

(1) 将隔离剂拌和均匀，涂于清洁干燥的试模底板和两个侧模的内侧表面，并将试模在试模底板上装妥。

(2) 按规定的方法准备试样，然后将试样仔细自试模的一端至另一端往返数次缓缓注入模中，最后略高出试模，灌模时应注意勿使气泡混入。

(3) 试件在室温中冷却30～40min，然后置于规定试验温度±0.1℃的恒温水槽中，保持30min后取出，用热刮刀刮除高出试模的沥青，使沥青面与试模面齐平。沥青的刮法应自试模的中间刮向两端，且表面应刮得平滑。将试模连同底板再浸入规定试验温度的水槽中1～1.5h。

(4) 检查延度仪延伸速度是否符合规定要求，然后移动滑板使其指针正对标尺的零点。将延度仪注水，并保温达试验温度25℃±0.5℃。

(四) 试验步骤

(1) 将保温后的试件连同底板移入延度仪的水槽中，然后将盛有试样的试模自玻璃板或不锈钢板上取下，将试模两端的孔分别套在滑板及槽端固定板的金属柱上，并取下侧模。水面距试件表面应不小于25mm。

(2) 开动延度仪，并注意观察试样的延伸情况。此时应注意，在试验过程中，水温应始终保持在试验温度规定范围内，且仪器不得有振动，水面不得有晃动，当水槽采用循环水时，应暂时中断循环，停止水流。

在试验中，如发现沥青细丝浮于水面或沉入槽底时，则应在水中加入酒精或食盐，调整水的密度至与试样相近后，重新试验。

(3) 试件拉断时，读取指针所指标尺上的读数，以厘米表示，在正常情况下，试件延伸时应，成锥尖状，拉断时实际断面接近于零。如不能得到这种结果，则应在报告中注明。

(五) 结果整理

同一试样，每次平行试验不少于3个，如3个测定结果均大于100cm，试验结果记作“＞100cm”；特殊需要也可分别记录实测值。如3个测定结果中，有一个以上的测定值小于100cm时，若最大值或最小值与平均值之差满足重复性试验精密度要求，则取3个测定结果的平均值的整数作为延度试验结果，若平均值大于100cm，记作“＞100cm”；若最大值或最小值与平均值之差不符合重复性试验精度要求时，试验应重新进行。

当试验结果小于100cm时，重复性试验的允许差为平均值的20%；复现性试验的允许差为平均值的30%。

三、软化点测定（环球法）

(一) 目的

测定沥青的软化点。

(二) 仪器设备

(1) 软化点试验仪如图9-7所示，由下列部件组成：

1) 钢球：直径9.53mm，质量3.5g±0.05g。

2) 试样环：黄铜或不锈钢等制成。

3) 钢球定位环：黄铜或不锈钢制成。

4) 金属支架，由两个主杆和三层平行的金属板组成。上层为一圆盘，直径略大于烧杯直径，中间有一圆孔，用以插放温度计。板上有两个孔，各放置金属环，中间有一小孔可支持温度计的测温端部。一侧立杆距环上面51mm处刻有水高标记。环下面距下层底板为25.4mm，而下底板距烧杯底不少于12.7mm，也不得大于19mm。三层金属板和两个主杆由两螺母固定在一起。

5) 耐热玻璃烧环：容量800～1000mL，直径不小于86mm，高不小于120mm。

6) 温度计：0～80℃，分度为0.5℃。

(2) 环夹：由薄钢条制成，用以夹持金属环，以便刮平表面，形状、尺寸如图9-8所示。

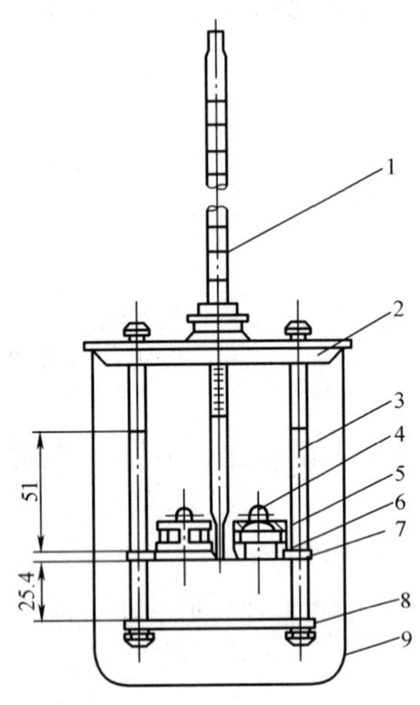

图 9-7 软化点测定仪（尺寸单位：mm）

1—温度计；2—土盖板；3—立杆；4—钢球；5—钢球定位环；6—金属环；7—中层板；8—下底板；9—烧杯

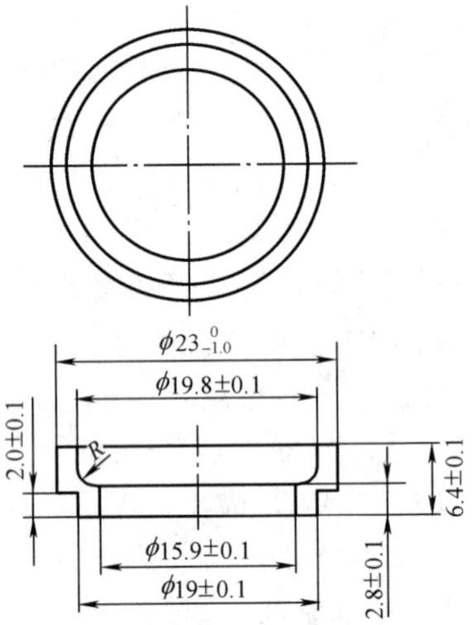

图 9-8 试样环（尺寸单位：mm）

(3) 装有温度调节器的电炉或其他加热炉具（液化石油气、天然气等）。应采用带有振荡搅拌器的加热电炉，振荡器置于烧杯底部。

(4) 试样底板：金属板（表面粗糙度 *Ra* 应达 0.8m）或玻璃板。

(5) 恒温水槽：控温的准确度为 0.5℃。

(6) 平直刮刀。

(7) 甘油滑石粉隔离剂（甘油与滑石粉的比例为质量比 2∶1）。

(8) 新煮沸过的蒸馏水。

(9) 其他：石棉网。

（三）试验准备

(1) 将试样环置于涂有甘油滑石粉隔离剂的试样底板上。按规定方法将准备好的沥青试样徐徐注入试样环内至略高出环面为止。如估计试样软化点高于 120℃，则试样环和试样底板均应预热至 80～100℃。

(2) 试样在室温冷却 30min 后，用环夹夹着试样杯，并用热刮刀刮除环面上的试样，使与环面齐平。

（四）试验步骤

1. 试样软化点在 80℃以下者

(1) 将装有试样的试样环连同试样底板置于 5℃±0.5℃水的恒温水槽中至少 15min；同时将金属支架、钢球、钢球定位环等也置于相同水槽中。

(2) 烧杯内注入新煮沸并冷却至 5℃的蒸馏水，水面略低于立杆上的深度标记。

(3) 从恒温水槽中取出盛有试样的试样环放置在支架中层板的圆孔中，套上定位环；然后将整个环架放入烧杯中，调整水面至深度标记，并保持水温为5℃±0.5℃。环架上任何部分不得附有气泡。将0～80℃的温度计由上层板中心孔垂直插入，使端部测温头底部与试样环下面齐平。

（4）将盛有水和环架的烧杯移至放在石棉网的加热炉具上，然后将钢球放在定位环中间的试样中央，立即开动振荡搅拌器，使水微微振荡，并开始加热，使杯中水温在3min内调节至维持每分钟上升5℃±0.5℃。在加热过程中，应记录每分钟上升的温度值。如温度上升速度超出范围时，则试验应重做。

（5）试样受热软化逐渐下坠，至与下层底板表面接触时，立即读取温度，准确至0.5℃。

2. 试样软化点在80℃以上者

（1）将装有试样的试样环连同试样底板置于装有32℃±1℃甘油的恒温槽中至少15min；同时将金属支架、钢球、钢球定位环等也置于甘油中。

（2）在烧杯内注入预先加热至32℃的甘油，其液面略低于立杆上的深度标记。

（3）从恒温槽中取出装有试样的试样环，按上述的方法进行测定，准确至1℃。

（五）结果整理

同一试样平行试验两次，当两次测定值的差值符合重复性试验精密度要求时，取其平均值作为软化点试验结果，准确至0.5℃。

（1）当试样软化点小于80℃时，重复性试验的允许差为1℃，复现性试验的允许差为4℃。

（2）当试样软化点等于或大于80℃时，重复性试验的允许差为2℃，复现性试验的允许差为8℃。

思考题与习题

一、名词解释

1. 沥青的延性；2. 乳化沥青；3. 冷底子油；4. 石油沥青的大气稳定性。

二、填空题

1. 石油沥青的组成结构为________、________和________三个主要组分。

2. 沥青混合料是指________与沥青拌和而成的混合料的总称。

3. 一般同一类石油沥青随着牌号的增加，其针入度________，延度________而软化点________。

4. 沥青的塑性指标一般用________来表示，温度敏感性用________来表示。

5. 油纸按________分为200、350两个标号。

6. 沥青混凝土是由沥青和________、石子和________所组成。

三、选择题（不定向选择）

1. 沥青混合料的技术指标有（　　）。

A. 稳定度　　B. 流值

C. 空隙率　　D. 沥青混合料试件的饱和度

2. 沥青的牌号是根据以下（　　）技术指标来划分的。

A. 针入度　　B. 延度　　C. 软化点　　D. 闪点

3. 石油沥青的组分长期在大气中将会转化，其转化顺序是（　　）。

A. 按油分—树脂—地沥青质的顺序递变　　B. 固定不变

C. 按地沥青质—树脂—油分的顺序递变　　D. 不断减少

4. 常用做沥青矿物填充料的物质有（　　）。

A. 滑石粉　　B. 石灰石粉　　C. 磨细砂　　D. 水泥

5. 石油沥青材料属于（　　）结构。

A. 散粒结构　　B. 纤维结构　　C. 胶体结构　　D. 层状结构

6. 根据用途不同，沥青分为（　　）。

A. 道路石油沥青　　B. 普通石油沥青　　C. 建筑石油沥青　　D. 天然沥青

四、是非判断题

1. 当采用一种沥青不能满足配制沥青胶所要求的软化点时，可随意采用石油沥青与煤沥青掺配。（　　）

2. 沥青本身的黏度高低直接影响着沥青混合料黏聚力的大小。（　　）

3. 夏季高温时的抗剪强度不足和冬季低温时的抗变形能力过差，是引起沥青混合料铺筑的路面产生破坏的重要原因。（　　）

4. 石油沥青的技术牌号越高，其综合性能就越好。（　　）

五、问答题

1. 土木工程中选用石油沥青牌号的原则是什么？在地下防潮工程中，如何选择石油沥青的牌号？

2. 请比较煤沥青与石油沥青的性能与应用的差别。

第十章 建筑塑料

教学要求

了解：塑料的发展史；建筑塑料的各个品种的特性和各种制品。

掌握：塑料的组成、分类和特性。

应用：各种建筑塑料在建筑工程中的应用。

重点：塑料的组成和特性。

难点：塑料的组成。

第一节 塑料的组成

塑料为合成的高分子化合物（聚合物），又可称为高分子或巨分子，也是一般所俗称的塑料或树脂，可以自由改变形体样式。它是利用单体原料以合成或缩合反应聚合而成的材料，由合成树脂及填料、增塑剂、稳定剂、润滑剂、色料等添加剂组成的。

一、塑料的发展史

1869 年，美国的海厄特（1837—1920）把硝化纤维、樟脑和乙醇的混合物在高压下共热制得"赛璐珞"。它是人类历史上第一种合成塑料，是由天然的纤维素加工而成的，而人类历史上第一种完全人工合成的塑料是在 1909 年由美国人贝克兰用苯酚和甲醛制造的酚醛树脂，它是通过缩合反应制备的，属于热固性塑料。至此，塑料这一新型材料出现，并迅速发展。

中国的塑料建材业更是以超过 15%的年均增速发展，已成为塑料行业中仅次于包装的第二大支柱产业。近几年来，中国塑料建材行业加快了研发和推广应用步伐，行业生产规模不断扩大，技术水平稳步提高，尤其是塑料型材、管材已经进入稳定成熟的增长时期，并成为应用最好的塑料建材品种。中国 30%以上的地区应用了新型塑料管材，发展快的一些省市已经达到了 90%。东北三省、内蒙古等地的一些城镇，40%以上的新建住宅都使用了塑料门窗，青岛、大连 80%以上的新建住宅使用了塑料窗。

二、塑料的组成

塑料是以合成树脂为主要原料，加入必要的添加剂，在一定的温度和压力条件下，塑制而成的具有一定塑性的材料。塑料的主要成分是高分子聚合物（或称合成树脂），塑料的性质主要由树脂决定。此外，为了改进塑料的性能，还要在聚合物中添加各种辅助材料，如填料、增塑剂、润滑剂、稳定剂、着色剂等，才能成为性能良好的塑料。

1. 合成树脂

由人工合成的一类高分子聚合物，为黏稠液体或加热可软化的固体，受热时通常有熔融或软化的温度范围，在外力作用下可呈塑性流动状态，某些性质与天然树脂相似。合成树脂最重要的应用是制造塑料。为便于加工和改善性能，常添加助剂，有时也直接用于加工成形，故常是塑料的同义语。

合成树脂种类繁多。按主链结构有碳链、杂链和非碳链合成树脂；按合成反应特征有加聚型和缩聚型合成树脂。实际应用中，常按其热行为分为热塑性树脂和热固性树脂。生产合成树脂的原料来源丰富，早期以煤焦油产品和电石碳化钙为主，现多以石油和天然气的产品为主，如乙烯、丙烯、苯、甲醛及尿素等。合成树脂的生产方法采用本体聚合、悬浮聚合、乳液聚合、溶液聚合、熔融聚合和界面缩聚等。

合成树脂是将有机原料用化学方法人工合成而得的一类具有类似天然树脂性能的高分子量的聚合物，是一种无定形的半固体或固体有机物。在合成树脂中加入适量的添加剂（增塑剂、稳定剂等），在一定的压力和温度下加工，就成为塑料。塑料经过吹塑、挤压、延伸、注射等方法加工成形，即成为各种塑料制品。

合成树脂是塑料的最主要成分，其在塑料中的含量一般在40%～100%。由于含量大，而且树脂的性质常常决定了塑料的性质，所以人们常把树脂看成是塑料的同义词。例如把聚氯乙烯树脂与聚氯乙烯塑料、酚醛树脂与酚醛塑料混为一谈。其实树脂与塑料是两个不同的概念。

合成树脂与塑料的区别为，树脂指未加工的原始聚合物，塑料则指成形加工后的合成材料及其制品。广义上讲，合成树脂还是合成纤维、涂料和胶黏剂、绝缘材料的基础材料。按主链结构有碳链、杂链和非碳链合成树脂之分；按合成反应特征有加聚型和缩聚型合成树脂之分；但一般常按加热成形后的性能变化，将其划分为热塑性树脂和热固性树脂。

热塑性树脂有聚乙烯（PE)、聚丙烯（PP)、聚苯乙烯（PS)、聚酰胺（PA)、聚碳酸酯（PC)、聚酯（PET等)、ABS树脂、聚甲醛（POM)、聚砜（PSF)、聚氯乙烯等。

热固性树脂有酚醛和脲醛树脂、环氧树脂、氟树脂、不饱和聚酯和聚氨酯、呋喃树脂、三聚氰胺甲醛树脂、丁苯树脂、有机硅树脂、聚酰亚胺树脂等。

2. 填料

填料又称填充剂，可以提高塑料的强度和耐热性能，并降低成本。例如酚醛树脂中加入木粉后可大大降低成本，使酚醛塑料成为最廉价的塑料之一，同时还能显著提高机械强度。填料可分为有机填料和无机填料两类，前者如木粉、碎布、纸张和各种织物纤维等，后者如玻璃纤维、硅藻土、石棉、炭黑等。

3. 增塑剂

凡添加到聚合物体系中能使聚合物体系的塑性增加的物质都可以称为增塑剂。

增塑剂的主要作用是削弱聚合物分子之间的次价键，即范德华力，从而增加了聚合物分子链的移动性，降低了聚合物分子链的结晶性，即增加了聚合物的塑性，表现为聚合物的硬度、模量、软化温度和脆化温度下降，而伸长率、曲挠性和柔韧性提高。增塑剂可增加塑料的可塑性和柔软性，降低脆性，使塑料易于加工成型。增塑剂一般是能与树脂混溶，无毒、无臭，对光、热稳定的高沸点有机化合物，最常用的是邻苯二甲酸酯类。例如生产聚氯乙烯塑料时，若加入较多的增塑剂便可得到软质聚氯乙烯塑料，若不加或少加增塑剂（用量<10%)，则得硬质聚氯乙烯塑料。

增塑剂的品种繁多，在其研究发展阶段，其品种曾多达1000种以上，作为商品生产的增塑剂不过200多种，而且以原料来源于石油化工的邻苯二甲酸酯为最多。

增塑剂的分类方法很多。根据分子量的大小可分为单体型增塑剂和聚合型增塑剂；根据物状可分为液体增塑剂和固体增塑剂；根据性能可分为通用增塑剂、耐寒增塑剂、耐热增塑剂、阻燃增塑剂等；根据增塑剂化学结构分类是常用的分类方法。

根据化学结构可分为：

(1) 邻苯二甲酸酯（如DBP、DOP、DIDP）。

(2) 脂肪族二元酸酯（如己二酸二辛酯DOA、癸二酸二辛酯DOS）。

(3) 磷酸酯（如磷酸三甲苯酯TCP、磷酸甲苯二苯酯CDP）。

(4) 环氧化合物（如环氧化大豆油、环氧油酸丁酯）。

(5) 聚合型增塑剂（如己二酸丙二醇聚酯）。

(6) 苯多酸酯（如1,2,4-偏苯三酸三异辛酯）。

(7) 含氯增塑剂（如氯化石蜡、五氯硬酯酸甲酯）。

(8) 烷基磺酸酯。

(9) 多元醇酯。

(10) 其他增塑剂。

一种理想的增塑剂应具有如下性能：

(1) 与树脂有良好的相溶性。

(2) 塑化效率高。

(3) 对热光稳定。

(4) 挥发性低。

(5) 迁移性小。

(6) 耐水、油和有机溶剂的抽出。

(7) 低温柔性良好。

(8) 阻燃性好。

(9) 电绝缘性好。

(10) 无色、无味、无毒。

(11) 耐霉菌性好。

(12) 耐污染性好。

(13) 增塑糊黏度稳定性好。

(14) 价廉。

4. 稳定剂

为了防止合成树脂在加工和使用过程中受光和热的作用分解和破坏，延长使用寿命，要在塑料中加入稳定剂。常用的有硬脂酸盐、环氧树脂等。

5. 着色剂

任何可以使物质显现设计需要颜色的物质都称为着色剂，它可以是有机或无机的，可以是天然的或合成的。塑料着色剂是为了美化和装饰塑料而在物料中加入的含色料的添加剂。

按来源分为化学合成色素和天然色素两类。常用有机染料和无机颜料作为着色剂。我国允许使用的化学合成色素有苋菜红、胭脂红、赤藓红、新红、柠檬黄、日落黄、靛蓝、亮蓝，以及为增强上述水溶性酸性色素在油脂中分散性的各种色素。我国允许使用的天然色素有甜菜红、紫胶红、橘红、辣椒红、红米红等45种。

着色剂可使塑料具有各种鲜艳、美观的颜色。

6. 润滑剂

润滑剂的作用是防止塑料在成型时粘在金属模具上，同时可使塑料的表面光滑美观。常用的润滑剂有硬脂酸及其钙镁盐等。

7. 抗氧剂

防止塑料在加热成型或在高温使用过程中受热氧化，而使塑料变黄、开裂等。除了上述助剂外，塑料中还可加入阻燃剂、发泡剂、抗静电剂等，以满足不同的使用要求。

三、塑料的成型

塑料的成型加工是指由合成树脂制造厂制造的聚合物制成最终塑料制品的过程。加工方法（通常称为塑料的一次加工）包括压塑（模压成型）、挤塑（挤出成型）、注塑（注射成型）、吹塑（中空成型）、压延等。

1. 压塑

压塑也称模压成型或压制成型，压塑主要用于酚醛树脂、脲醛树脂、不饱和聚酯树脂等热固性塑料的成型。

2. 挤塑

挤塑又称挤出成型，是使用挤塑机（挤出机）将加热的树脂连续通过模具，挤出所需形状的制品的方法。挤塑有时也有于热固性塑料的成型，并可用于泡沫塑料的成型。挤塑的优点是可挤出各种形状的制品，生产效率高，可自动化、连续化生产；缺点是热固性塑料不能广泛采用此法加工，制品尺寸容易产生偏差。

3. 注塑

注塑又称注射成型。注塑是使用注塑机（或称注射机）将热塑性塑料熔体在高压下注入到模具内经冷却、固化获得产品的方法。注塑也能用于热固性塑料及泡沫塑料的成型。注塑的优点是生产速度快、效率高，操作可自动化，能成型形状复杂的零件，特别适合大量生产。缺点是设备及模具成本高，注塑机清理较困难等。

4. 吹塑

吹塑又称中空吹塑或中空成型。吹塑是借助压缩空气的压力使闭合在模具中的热的树脂型坯吹胀为空心制品的一种方法。吹塑包括吹塑薄膜及吹塑中空制品两种方法。用吹塑法可生产薄膜制品、各种瓶、桶、壶类容器及儿童玩具等。

5. 压延

压延是将树脂合各种添加剂经预期处理（捏合、过滤等）后通过压延机的两个或多个转向相反的压延辊的间隙加工成薄膜或片材，随后从压延机辊筒上剥离下来，再经冷却定型的一种成型方法。压延是主要用于聚氯乙烯树脂的成型方法，能制造薄膜、片材、板材、人造革、地板砖等制品。

6. 发泡成型

发泡材料（PVC、PE和PS等）中加入适当的发泡剂，使塑料产生微孔结构的过程。几乎所有的热固性和热塑性塑料都能制成泡沫塑料。按泡孔结构分为开孔泡沫塑料（绝大多数气孔互相连通）和闭孔泡沫塑料（绝大多数气孔是互相分隔的），这主要是由制造方法（分为化学发泡，物理发泡和机械发泡）决定的。

第二节 建筑塑料的应用

一、塑料的特性

1. 轻质

无填料的塑料的相对密度在0.82～22之间，是钢铁的1/8～1/4。有填料的塑料的相对密度也只有铝的1/2。因此，塑料的比强度反而比金属大。

2. 耐腐蚀性良好

塑料在水、水蒸气、酸、碱、盐、汽油等化学介质中，大多比较稳定，不起化学变化。在某些强腐蚀性介质中，有的塑料的耐蚀性甚至超过某些贵金属。因此，在工业生产中，许多设备是由塑料制造的。所谓“塑料王”——聚四氟乙烯，在很宽的温度范围内，对许多强腐蚀性的化学介质，甚至王水都是稳定的。

3. 加工和成型的工艺性能良好

塑料的加工成型方法很多，而且加工方法简单。热塑性的塑料在很短的时间内即可成型出制品，比金属加工成零件的车、铣、刨、钻、磨等工序简单得多。塑料也可以采用机加工，大多数塑料便于焊接。

4. 优良的电绝缘性

大多数塑料有优良的电绝缘性，在高频电压下，可以作为电容器的介电材料和绝缘材料，也可以应用于电视、雷达等装置中。

5. 摩擦系数小，润滑性能好

塑料制成的机械传动部件，机械动力的损耗小，有的甚至可以不加润滑剂，或用水润滑即可。这是金属材料所无法相比的。

6. 热性能不好，耐热性差

大多数塑料的耐热性差，一般只可在100℃以下使用，有的使用温度不能超过60℃，少数可以在200℃左右的条件下使用。高于这些温度，塑料即软化、变形、甚至丧失使用性能。

7. 塑料较容易变形

大多数塑料比金属容易变形，这是作为工程材料的塑料的最大缺点。金属材料在较高温度下，才有显著的蠕变现象；而塑料即使在室温下，经过长时间受力，也会缓慢变形并随温度升高，蠕变加剧。热塑性塑料的蠕变更为严重。添加填料，或使用金属、玻璃纤维、碳纤维等增强材料的塑料，可使所受外力分布到较大的面积上，蠕变会减小。

8. 塑料会逐步老化

塑料制品在使用中，由于大气中氧气、臭氧、光、热等以及各类机械力的作用，又有树脂内部微量杂质的存在，塑料的性能变坏，甚至丧失使用价值，即为塑料的老化。如果在塑料中加入一些防老剂，或者在塑料的表面喷涂防老剂阻隔或减轻光和热的作用，可以减缓塑料的老化速度，延长使用寿命。

二、常用的建筑塑料及其制品

(一) 热塑性塑料

1. 聚氯乙烯塑料（PVC）

聚氯乙烯塑料是应用最广的塑料品种。聚氯乙烯树脂是由聚氯乙烯单体聚合而成的。按照其增塑剂用量的不同，分为硬聚氯乙烯和软聚氯乙烯，前者在100份重的树脂中所加增塑剂<5份；后者所加增塑剂达30～70份。

硬聚氯乙烯塑料的机械强度高、抗腐蚀性强、耐风化性能好，在建筑中主要用于百叶窗、天窗、屋面采光板、水管等，也可作为隔声、保温材料。

软聚氯乙烯塑料材质较软，耐摩擦，具有一定的弹性，易加工成型，可挤压成板、型材等做地面材料和装修材料。

2. 聚乙烯塑料（PE）

聚乙烯塑料是乙烯单体的聚合体。按其聚合条件的不同，可以分为高压聚乙烯、中压聚乙烯和低压聚乙烯。高压聚乙烯分子内有较多的支链，相对密度较小，故又称为低密度聚乙烯；低压聚乙烯分子内的支链较少，相对密度较大，所以又称为高密度聚乙烯。由中压法也可以制得高密度聚乙烯。

聚乙烯塑料耐磨性、耐水性较好，机械强度低，易燃烧。因此必须对聚氯乙烯进行阻燃改性。

聚乙烯塑料产量广泛，用途广。在建筑中主要用于防水、防潮材料和绝缘材料等。

3. 聚丙烯塑料（PP）

聚丙烯塑料是丙烯单体的聚合物，是一种结晶聚合物。共结晶结构比较复杂，在不同条件下会生成不同形态的结晶。而不同结晶度、结晶形态和晶球大小，对其性能有很大影响。结晶度高的，球晶大，材料的熔点高，强度大，刚性强，但是脆性大，冲击强度小；反之，强度小，刚性弱，但是韧性大，冲击强度大。

聚丙烯塑料的密度是商品塑料中最小的一种。相对密度轻，比强度大。聚丙烯塑料刚性、延性、抗水性和耐化学腐蚀性能好；耐低温冲击性较差，抗大气性差，一般适用于室内。聚丙烯常用来生产管材、卫生洁具等建筑制品。

4. 聚甲基丙烯酸甲酯（PMMA）（有机玻璃）

聚甲基丙烯酸甲酯塑料是由丙酮、氰化物和甲醇反应生成的甲基丙烯酸甲酯单体经聚合而成的，是透光性最好的一种塑料，主要用来制造有机玻璃。它质量轻、韧性好并有弹性，有较好的耐热性和耐水性，易加工成型，在建筑工程中可制作板材、管材、室内隔断等。

（二）热固性塑料

热固性塑料以热固性树脂为基本成分，一般具有网状的体型结构，受热时软化或塑化，发生化学变化，并固化定型，固化定型后如再次受热，不再熔化，受强热会分解，不可反复塑制。

热固性树脂有环氧树脂、酚醛树脂、不饱和聚酯、呋喃树脂等，常用作玻璃钢的黏接料。常用的热固性塑料有酚醛塑料、氨基塑料等。

1. 酚醛塑料（PF）

酚醛塑料是世界上最早合成的热塑性塑料，是最重要的热固性塑料的一类。一般又分为非层压酚醛塑料和层压酚醛塑料两类。非层压酚醛塑料又分为铸塑酚醛塑料和压制酚醛塑料。还有主要用作耐酸材料的石棉酚醛塑料、隔声和隔热用的酚醛泡沫塑料与蜂窝塑料等。

2. 氨基塑料

氨基塑料是以氨基树脂为基本成分的热固性塑料。它包括脲—醛塑料、三聚氰胺—甲醛塑料和苯胺—甲醛塑料等。脲—醛塑料制作电工材料和生活日用品。三聚氰胺—甲醛塑料有较好的耐水性和耐电弧性，适于做电绝缘材料。苯胺—甲醛塑料有良好的耐水性、耐油性和较高的介电性能，也适于做绝缘材料。

（三）常用的建筑塑料制品

建筑中应用的塑料制品见表 10－1。

表 10－1　　建筑中应用的塑料制品

分　　类	主要塑料制品	
装饰材料	塑料地面材料	塑料地砖和材料
		塑料涂布地板
		塑料地毯
	塑料内墙面材料	塑料墙纸
		三聚氢胺装饰层压板
		塑料墙面砖
	塑料涂料	内外墙有机高分子溶液
		内外墙无机高分子水性涂料
		有机无机复合涂料
	塑料门窗	塑料门
		塑料窗
		百叶窗
	装修线材踢脚线画镜线扶手踏步	
	塑料建筑小五金灯具	
	塑料平顶吊平顶发光平顶	
	塑料隔断板	
水暖工程材料	给排水管材	
	煤气管	
	卫生洁具浴缸水箱洗脚池	
防水工程材料	防水卷材防水涂料密封嵌缝材料止水带	
隔热材料	现场发泡泡沫塑料 泡沫塑料	
混凝土工程材料	塑料模板	
墙面及屋面材料	护墙板	异型板材扣板折板
		复合护墙板
	屋面板（屋面天窗透明压花塑料天花板）	
	屋面有机复合材料（瓦、聚四氟乙烯涂覆璃板）	
塑料建筑	充气建筑 塑料建筑物 盒子卫生间 厨房	

（四）新型塑料

塑料技术的发展日新月异，针对全新应用的新材料开发，针对已有材料市场的性能完善，以及针对特殊应用的性能提高可谓新材料开发与应用创新的几个重要方向。

1. 新型高热传导率生物塑料

日本电气公司新开发出以植物为原料的生物塑料，其热传导率与不锈钢不相上下。该公司在以玉米为原料的聚乳酸树脂中混入长数毫米、直径 0.01mm 的碳纤维和特殊的黏合剂，制得新型高热传导率的生物塑料。如果混入 10%的碳纤维，生物塑料的热传导率与不锈钢不相上下；加入 30%的碳纤维时，生物塑料的热传导率为不锈钢的 2 倍，密度只有不锈钢的 1/5。

这种生物塑料除导热性能好外，还具有质量轻、易成型、对环境污染小等优点，可用于生产轻薄型的电脑、手机等电子产品的外框。

2. 可变色塑料薄膜

英国南安普照敦大学和德国达姆施塔特塑料研究所共同开发出一种可变色塑料薄膜。这种薄膜把天然光学效果和人造光学效果结合在一起，实际上是让物体精确改变颜色的一种新途径。这种可变色塑料薄膜为塑料蛋白石薄膜，是由在三维空间叠起来的塑料小球组成的，在塑料小球中间还包含微小的碳纳米粒子，从而光不只是在塑料小球和周围物质之间的边缘区反射，而且也在填在这些塑料小球之间的碳纳米粒子表面反射。这就大大加深了薄膜的颜色。只要控制塑料小球的体积，就能产生只散射某些光谱频率的光物质。

3. 新型防弹塑料

墨西哥的一个科研小组最近研制出一种新型防弹塑料，它可用来制作防弹玻璃和防弹服，质量只有传统材料的 1/5～1/7。这是一种经过特殊加工的塑料物质，与正常结构的塑料相比，具有超强的防弹性。

试验表明，这种新型塑料可以抵御直径 22mm 的子弹。通常的防弹材料在被子弹击中后会出现受损变形，无法继续使用。这种新型材料受到子弹冲击后，虽然会暂时变形，但很快就会恢复原状并可继续使用。此外，这种新材料可以将子弹的冲击力平均分配，从而减少对人体的伤害。

4. 可降低汽车噪声的塑料

近日，美国聚合物集团公司（PGI）采用可再生的聚丙烯和聚对苯二甲酸乙二醇酯制造成一种新型基础材料，可降低噪声。PGI 公司开发了一种特殊的一步法生产工艺，将再生材料和没有经过处理的材料有机结合在一起，通过层叠法和针刺法使两种材料成为一个整体。

思 考 题 与 习 题

一、名词解释

1. 热固性塑料；2. 热塑性塑料。

二、填空题

1. 按受热时发生的变化不同，合成树脂分为________树脂和________树脂。

2. 塑料为________，是一般所俗称的塑料或树脂，可以自由改变形体样式。

三、选择题

1. 塑料（如玻璃钢）与一般传统材料比较，其（　　）高。

A. 抗拉强度　　B. 抗压强度　　C. 弹性模量　　D. 比强度

2. 热塑性塑料不包括和有（　　）。

A. 聚氯乙烯（PVC）　　B. 聚丙烯（PP）

C. 氯化聚醚（CPE）　　D. 酚醛塑料（PF）

四、问答题

1. 热固性塑料和热塑性塑料主要有哪些品种，在建筑工程中各有什么用途?
2. 热固性树脂和热塑性树脂主要有什么不同?
3. 试述塑料的组成成分和它们起的作用。
4. 与传统建筑材料相比，建筑塑料有哪些优缺点?

第十一章　绝热材料和吸声材料

教学要求

了解：建筑上常用的保温材料、绝热材料的概念，隔声材料的概念。
掌握：吸声材料、绝热材料的性质。
应用：结合三种材料的主要性质，在土木工程中合理选用。
重点：绝热材料保温的性能、吸声材料的原理及技术指标。
难点：绝热材料和吸声材料的性能原理与实际相结合的应用。

建筑物具有良好的绝热、吸声隔声功能，不仅能满足人们居住环境的要求，而且具有明显的节能效果，因此选择适当的绝热材料和吸声隔声材料具有重要意义。

本章主要介绍绝热材料、吸声材料的作用原理及基本要求，简要介绍常用保温材料的品种，关于隔热隔声材料的概念，通过学习了解这类材料的特点。

第一节　绝　热　材　料

在土木工程中，习惯把用于控制室内热量外流的材料称为保温材料，把防止热量进入室内的材料称为隔热材料，保温、隔热材料统称为绝热材料。

一、绝热材料在工程中的应用

通常绝热材料具有较低的导热率，而保温材料具有较好的导热率和较高的热容性，以保持室内环境温度的稳定性。

建筑物中冬季室内温度高于室外，热量从室内经维护结构向外传递，容易造成热量损失；夏天室外温度较高，热量传递方向相反。因此工程使用过程中所消耗的能量损失主要取决于建筑物本身的绝热保温性能。

在房屋建筑工程及各种热工构造物或设备中，合理地采用绝热材料，使维护结构获得较好的保温绝热性能，将有利于获得适宜的温度，并节约供热或制冷所需的能源。

绝热材料主要用于各种建筑工程中的墙体和屋顶保温绝热；在热工设备、热力管道工程中，绝热材料也是必不可少的材料之一。

二、绝热材料保温的性能

影响绝热材料保温性能的主要因素是导热系数的大小，导热系数越小，保温性能越好。材料的导热系数受以下因素影响：

1. 材料的性质

不同的材料，其导热系数是不同的，一般来说，导热系数值以金属最大，非金属次之，液体较小，而气体更小。对于同一种材料，内部结构不同，导热系数差别也很大，一般结晶结构的最大，微晶体结构的次之，玻璃体结构的最小。但对于多孔的绝热材料来说，由于孔隙率高，气体（空气）对导热系数的影响起着主要作用，而固体部分的结构无论是晶态或玻璃态对其影响都不大。

2. 表观密度与孔隙特征

由于材料中固体物质的导热能力比空气要大得多，故表观密度小的材料，因其孔隙率大，导热系数就小。

在孔隙率相同的条件下，孔隙尺寸越大，导热系数就越大；互相连通孔隙比封闭孔隙导热性要高。

对于表观密度很小的材料，特别是纤维状材料（如超细玻璃纤维），当其表观密度低于某一极限值时，导热系数反而会增大，这是由于孔隙增大且互相连通的孔隙大大增多，而使对流作用加强的结果。因此这类材料存在一个最佳表观密度，即在这个表观密度时导热系数最小。

3. 湿度

材料吸湿受潮后，其导热系数就会增大，这在多孔材料中最为明显。这是由于当材料的孔隙中有了水分（包括水蒸气）后，则孔隙中蒸汽的扩散和水分子的热传导将起主要传热作用，而水的 λ 为 0.58W/(m·K)，比空气的 λ 为 0.023W/(m·K) 大 20 倍左右。如果孔隙中的水结成了冰，则冰的 λ 为 2.33W/(m·K)，其结果使材料的导热系数高，故绝热材料在应用时必须注意防水避潮。

4. 温度

材料的导热系数随温度的升高而增大，因为温度升高时，材料固体分子的热运动增强，同时材料孔隙中空气的导热和孔壁间的辐射作用也有所增加。但这种影响，当温度在 0～50℃范围内时并不显著，只有对处于高温或负温下的材料，才要考虑温度的影响。

5. 热流方向

对于各向异性的材料，如木材等纤维质的材料，当热流平行于纤维方向时，热流受到阻力小，而热流垂直于纤维方向时，受到的阻力就大。

第二节　建筑上常用保温材料

一、纤维状保温隔热材料

1. 石棉及其制品

石棉是一种天然矿物纤维，主要化学成分是含水硅酸镁，具有耐火、耐热、耐酸碱、绝热、防腐、隔声及绝缘等特性。常制成石棉粉、石棉纸板、石棉毡等制品，用于建筑工程的高效能保温及防火覆盖等。

2. 矿棉及其制品

矿棉一般包括矿渣棉和岩石棉。矿渣棉所用原料有高炉硬矿渣、铜矿渣等，并加一些调节原料（钙质和硅质原料）；岩棉的主要原料为天然岩石（白云石、花岗石、玄武岩等）。上述原料经熔融后，用喷吹法或离心法制成细纤维。矿棉具有轻质、不燃、绝热和电绝缘等性能，且原料来源广，成本较低。可制成矿棉板、矿棉毡及管壳等。可用作建筑物的墙壁、屋顶、天花板等处的保温和吸声材料，以及热力管道的保温材料。

3. 玻璃棉及其制品

玻璃棉是用玻璃原料或碎玻璃经熔融后制成纤维状材料，包括短棉和超细棉两种。

4. 植物纤维复合板

植物纤维复合板是以植物纤维为主要材料加入胶结料和填料而制成。如木丝板是以木材下脚料制成木丝，加入硅酸钠溶液及普通硅酸盐水泥混合，经成型、冷压、养护、干燥而制成。甘蔗板是以甘蔗渣为原料，经过蒸制、加压、干燥等工序，制成的一种轻质、吸声、保温材料。

二、散粒状保温隔热材料

1. 膨胀蛭石及其制品

蛭石是一种天然矿物，经 850～1000℃燃烧，体积急剧膨胀（可膨胀 5～20 倍）而成为松散颗粒，其堆积密度为 80～200kg/m^3，导热系数 0.046～0.07W/(m·K)，用于填充墙壁、楼板及平屋顶，保温效果佳。可在 1000～1100℃下使用。

膨胀蛭石也可与水泥、水玻璃等胶凝材料配合，制成砖、板、管壳等用于围护结构及管道保温。

2. 膨胀珍珠岩及其制品

膨胀珍珠岩是由天然珍珠岩、黑耀岩或松脂岩为原料，经煅烧体积急剧膨胀（约 20 倍）而得蜂窝状白色或灰白色松散颗料。堆积密度为 40～300kg/m^3，λ=0.025～0.048W/(m·K)，耐热温度为 800℃，为高效能保温保冷填充材料。

膨胀珍珠岩制品是以膨胀珍珠岩为骨料，配以适量胶凝材料，经拌和、成型、养护（或干燥、或焙烧）后，制成的板、砖、管等产品。

三、多孔性保温隔热材料

1. 微孔硅酸钙制品

微孔硅酸钙制品是用粉状二氧化硅材料（硅藻土）、石灰、纤维增强材料及水等经搅拌、成型、蒸压处理和干燥等工序而制成。用于围护结构及管道保温。

2. 泡沫玻璃

它是采用碎玻璃加入 1%～2%发泡剂（石灰石或碳化钙），经粉磨、混合、装模，在 800℃下烧成后形成含有大量封闭气泡（直径 0.1～5mm）的制品。它具有导热系数小、抗压强度和抗冻性高、耐久性好等特点，且易于进行锯切、钻孔等机械加工，为高级保温材料，也常用于冷藏库隔热。

3. 多孔混凝土和轻骨料混凝土

多孔混凝土是内部均匀分布着大量细小的气孔、不含骨料的轻混凝土。根据气孔产生方法不同，分为加气混凝土和泡沫混凝土。具有孔隙率大、体积密度小、导热系数低、有承重和保温功能。

轻骨料混凝土是指用轻粗骨料、轻细骨料（或普通砂）、水泥和水配制而成的混凝土，且其体积密度不大于 1950kg/m^3 的混凝土。轻骨料混凝土具有质轻、比强度高、保温隔热性能好、耐火性好、抗震性能好等特点。适合应用于高层、大跨结构、耐火等级要求高的建筑。

4. 泡沫塑料

泡沫塑料是以合成树脂为基料，加入一定剂量的发泡剂、催化剂、稳定剂等辅助材料，经加热发泡而制成的轻质保温、防震材料。目前我国生产的有聚苯乙烯、聚氯乙烯、聚氨酯及脲醛树脂等泡沫塑料。

四、其他保温隔热材料

1. 软木板

软木也称栓木。软木板是用栓皮、栎树皮或黄菠萝树皮为原料，经破碎后与皮胶溶液拌和，再加压成型，在80℃的干燥室中干燥一昼夜而制成。软木板具有表观密度小，导热性低，抗渗和防腐性能高等特点。

2. 蜂窝板

蜂窝板是由两块较薄的面板，牢固地黏结在一层较厚的蜂窝状芯材两面而制成的板材，也称蜂窝夹层结构。蜂窝状芯材是用浸渍过合成树脂（酚醛、聚酯等）的牛皮纸、玻璃布和铝片等，经加工黏合成六角形空腹（蜂窝状）的整块芯材。常用的面板为浸渍过树脂的牛皮纸、玻璃布或不经树脂浸渍的胶合板、纤维板、石膏板等。面板必须采用合适的胶黏剂与芯材牢固地黏合在一起，才能显示出蜂窝板的优异特性，即具有比强度大、导热性低和抗震性好等多种功能。

五、关于隔热材料的概念

隔热材料应能阻抗室外热量的传入，以及减小室外空气温度波动对内表面温度的影响。材料隔热性能的优劣，不仅与材料的导热系数有关，而且与导温系数、蓄热系数有关。

在建筑中，围护结构隔热设计时，除了采用隔热材料外，还可以采取其他措施，起到隔热的效果，如：

外表面做浅色饰面，如浅色粉刷、浅色涂层和浅色面砖等；窗户采用绝热薄膜。

设置通风层，如通风屋顶、通风墙等。

采用多排孔的混凝土或轻骨料混凝土空心砌块墙体。

采用蓄水屋顶、有土或无土植被屋顶，以及墙面垂直绿化等。

第三节　吸　声　材　料

一、材料吸声的原理及技术指标

声音起源于物体的振动，它迫使邻近的空气跟着振动而成为声波，并在空气介质中向四周传播。当声波遇到材料表面时，一部分被反射，另一部分穿透材料，其余的部分则传递给材料，在材料的孔隙中引起空气分子与孔壁的摩擦和黏滞阻力，其间相当一部分声能转化为热能而被吸收掉。这些被吸收的能量（E）（包括部分穿透材料的声能在内）与传递给材料的全部声能（E_0）之比，是评定材料吸声性能好坏的主要指标，称为吸声系数（α），用公式表示为$\alpha=E/E_0$。

吸声系数与声音的频率及声音的入射方向有关。因此吸声系数用声音从各方向入射的吸收平均值表示，并应指出是对哪一频率的吸收。通常采用6个频率：125Hz、250Hz、500Hz、1000Hz、2000Hz、4000Hz。任何材料对声音都能吸收，只是吸收程度有很大的不同。通常是将对上述6个频率的平均吸声系数大于0.2的材料，列为吸声材料。

吸声材料大多为疏松多孔的材料，如矿渣棉、毯子等，其吸声机理是声波深入材料的孔隙，且孔隙多为内部互相贯通的开口孔，受到空气分子摩擦和黏滞阻力，以及使细小纤维作机械振动，从而使声能转变为热能。这类多孔性吸声材料的吸声系数，一般从低频到高频逐渐增大，故对高频和中频的声音吸收效果较好。

二、影响多孔性材料吸声性能的因素

1. 材料的表观密度

对同一种多孔材料（例如超细玻璃纤维）而言，当其表观密度增大时（即空隙率减小时），对低频的吸声效果有所提高，而对高频的吸声效果则有所降低。

2. 材料的厚度

增加多孔材料的厚度，可提高对低频的吸声效果，而对高频则没有多大的影响。

3. 材料的孔隙特征

孔隙越多越细小，吸声效果越好。如果孔隙太大，则效果就差。如果材料中的孔隙大部分为单独的封闭的气泡（如聚氯乙烯泡沫塑料），则因声波不能进入，从吸声机理来讲，就不属多孔性吸声材料。当多孔材料表面涂刷油漆或材料吸湿时，则因材料的孔隙被水分或涂料所堵塞，其吸声效果也将大大降低。

三、多孔吸声材料与绝热材料的异同

多孔吸声材料与绝热材料的相同点在于都是多孔性材料，但在材料孔隙特征要求上有着很大差别。绝热材料要求具有封闭的互不连通的气孔，这种气孔越多，则保温绝热效果越好。吸声材料则要求具有开放和互相连通的气孔，这种气孔越多，则其吸声性越好。

四、建筑上常用吸声材料及安装方法

建筑工程中常用吸声材料有石膏砂浆（掺有水泥、玻璃纤维）、石膏砂浆（掺有水泥、石棉纤维）、水泥膨胀珍珠岩板、矿渣棉、沥青矿渣棉毡、玻璃棉、起细玻璃棉、泡沫玻璃、泡沫塑料、软木板、木丝板、穿孔纤维板、工业毛毡、地毯、帷幕等。

除了采用多孔吸声材料吸声外，还可将材料组成不同的吸声结构，达到更好的吸声效果。常用的吸声结构形式有薄板共振吸声结构和穿孔板组合共振吸声结构。

薄板共振吸声结构系采用薄板钉牢在靠墙的木龙骨上，薄板与板后的空气层构成了薄板共振吸声结构。

穿孔板吸声结构是用穿孔的胶合板、纤维板、金属板或石膏板等为结构主体，与板后的墙面之间的空气层（空气层中有时可填充多孔材料）构成吸声结构。该结构吸声的频带较宽，对中频的吸声能力最强。

穿孔板组合共振吸声结构具有适合中频的吸声特征。其吸声结构与单独的共振吸声器相似，可看作是多个单独共振器并联而成。这种吸声结构在建筑中使用比较普遍，是将穿孔的胶合板、硬质纤维板、石膏板等板材固定在龙骨上，并在背后设置空气层而构成。穿孔板厚度、穿孔率、孔径、孔距、背后空气层厚度以及是否填充多孔吸声材料等，都直接影响吸声结构的吸声性能。

五、关于隔声材料的概念

必须指出，吸声性能好的材料，不能简单地就把它们作为隔声材料来使用。人们要隔绝的声音按传播的途径可分为空气声（由于空气的振动）和固体声（由于固体的撞击或振动）两种。对隔空气声，根据声学中的“质量定律”，墙或板传声的大小，主要取决于其单位面积质量，质量越大，越不易振动，则隔声效果越好，故对此必须选用密实、沉重的材料（如黏土砖、钢板、钢筋混凝土）作为隔声材料。对隔固体声最有效的措施是采用不连续的结构处理，即在墙壁和承重梁之间、房屋的框架和隔墙及楼板之间加弹性衬垫，如毛毡、软木、橡皮等材料，或在楼板上加弹性地毯。

思考题与习题

一、名词解释

1. 绝热材料；2. 吸声材料；3. 隔声材料。

二、填空题

1. 一般来说，孔隙越________，则材料的吸声效果越好。

2. 选择建筑物围护结构材料时，应选用导热系数较________、热容量较________的材料，以保证室内适宜的湿度。

3. 吸声材料和绝热材料在构造特征上都是________材料，但二者的孔隙特征完全不同。绝热材料的孔隙特征是具有________、________的气孔，而吸声材料的孔隙特征是具有________、________的气孔。

4. 通常把________、________、________、________、________、________六个频率（Hz）下的平均吸声系数大于________的材料，称为吸声材料。

5. 吸声系数 α 表示的是当声波遇到材料表面时，________的声能与________的声能之比。α 越________，则材料的吸声效果越好。

三、单项选择题

1. 作为吸声材料，其吸声效果好的根据是材料的（　　）。

A. 吸声系数小　　B. 吸声系数大　　C. 孔隙不连通　　D. 密实薄板结构

2. 为使室内温度保持稳定，应选用（　　）的材料。

A. 导热系数小　　B. 导热系数小，比热大

C. 比热大　　D. 导热系数小，比热小

四、多项选择题

1. 选用绝热材料的基本要求是（　　）。

A. 轻　　B. 耐久　　C. 导热性小　　D. 有一定强度

2. 绝热材料是应有（　　）性质的材料。

A. 质轻　　B. 导热系数小　　C. 热容量大　　D. 多封闭孔

五、是非判断题

1. 多孔结构材料，其孔隙率越大，则绝热性和吸声性能越好。（　　）

2. 任何材料只要表观密度小，就一定有好的保温绝热性能。（　　）

3. 材料的导热系数将随温度的变化而变化。（　　）

4. 保温绝热性能好的材料，其吸声性能也一定好。（　　）

5. 无论寒冷地区还是炎热地区，其建筑外墙都应选用热容量较大的墙体材料。（　　）

六、问答题

1. 什么是绝热材料？工程上对绝热材料有哪些要求？

2. 绝热材料为什么总是轻质的？使用时为什么一定要注意防潮？

3. 试述材料的吸声性能及其表示方法。什么是吸声材料？

4. 简述吸声材料的基本特征。

5. 吸声材料和绝热材料在构造特征上有何异同？泡沫玻璃是一种强度较高的多孔结构材料，但不能用作吸声材料，为什么？

第十二章　装　饰　材　料

教学要求

了解：建筑装饰材料的定义、分类及基本性能。

掌握：常用装饰玻璃制品、装饰陶瓷、建筑涂料、饰面石材及装饰壁纸与墙布的材料特点与适用场合。

应用：正确合理选用建筑装饰材料。

难点：各种建筑装饰材料的特点。

重点：常用建筑装饰材料性能与应用。

第一节　建筑装饰材料的基本性质及选用

一、建筑装饰材料的定义与分类

建筑装饰材料也称装修材料。它是在建筑施工中结构工程和水电暖管道安装等工程基本完成后，在最后装修阶段所使用的各种起装饰作用的材料。

建筑装饰材料是建筑装饰工程的物质基础。装饰工程的总体效果及功能的实现，无一不是通过运用装饰材料及其配套设备的形体、质感、图案、色彩、功能等所表现出来的。建筑装饰材料在整个建筑材料中占有重要的地位。

建筑装饰材料通常有以下两种分类。

(一) 按材料的性质分

无机材料，如石材、陶瓷、玻璃、不锈钢、铝型材、水泥等装饰材料。

有机材料，如木材、塑料、有机涂料等装饰材料。

复合材料，如人造大理石、彩色涂层钢板、铝塑板等装饰材料。

(二) 按建筑物装饰部位分类

建筑装饰材料按其建筑物不同的装饰部位，可分为以下几类：

(1) 外墙装饰材料，包括外墙、阳台、台阶、雨篷等建筑物全部外部结构装饰所用的材料。

(2) 内墙装饰材料，包括内墙墙面、墙裙、踢脚线、隔断、花架等全部内部构造装饰所用的材料。

(3) 地面装饰材料，包括地面、楼面、楼梯等结构的全部装饰材料。

(4) 吊顶装修材料，主要指室内顶棚装饰用材料。

(5) 室内装饰用品及配套设备，包括卫生洁具、装饰灯具、家具、空调设备及厨房设备等。

(6) 其他，如街心、庭院及雕塑等。

二、建筑装饰材料的基本性能

建筑装饰材料是用于建筑物内、外表面，主要起装饰作用的材料。而建筑装饰性的体现很大程度上仍受建筑装饰材料的制约。尤其受到材料的颜色、光泽、质感、图案、花纹等装饰特性的影响。因此，只有把握住选择建筑装饰材料的基本要求，才能取得理想的装饰效果。对装饰材料的基本要求如下。

1. 材料的颜色、光泽、透明性

颜色是材料对光谱选择吸收的结果。不同的颜色给人以不同的感觉，但材料颜色的表现不是本身所固有的，它与入射光谱成分及人们对光的敏感程度有关。

光泽是材料表面方向性反射光线的性质。材料表面越光滑，则光泽度越高。当为定向反射时，材料表面具有镜面特征，又称镜面反射。不同的光泽度，可改变材料表面的明暗程度，并可扩大视野或造成不同的虚实对比。

透明性是光线透过材料的性质。分为透明体（可透光、透视）、半透明体（透光，但不透视）、不透明体（不透光、不透视）。利用不同的透明体可隔断或调整光线的明暗，造成特殊的光学效果，也可使物像清晰或朦胧。

2. 花纹图案、形状、尺寸

在生产或加工材料时，利用不同的工艺将材料的表面作成各种不同的表面组织，如粗糙、平整、光滑、镜面、凸凹、麻点等；或将材料的表面制作成各种花纹图案（或拼镶成各种图案），如山水风景画、人物画、仿木花纹、陶瓷壁画、拼镶陶瓷锦砖等。

建筑装饰材料的形状和尺寸对装饰效果有很大的影响。改变装饰材料的形状和尺寸，并配合花纹、颜色、光泽等可拼出各种线型和图案，从而获得不同的装饰效果，以满足不同建筑型体和线型的需要，最大限度地发挥材料的装饰性。

3. 质感

质感是材料的表面组织结构、花纹图案、颜色、光泽、透明性等给人的一种综合感觉，如钢材、陶瓷、木材、玻璃、呢绒等材料，在人的感官中的软硬、细腻、冷暖等感觉。组成相同的材料可以有不同的质感，如普通玻璃与压花玻璃、镜面花岗岩板材与剁斧石。相同的表面处理形式往往具有相同或类似的质感，但有时并不完全相同，如人造花岗岩、仿木纹制品，一般均没有天然的花岗岩和木材亲切、真实，而略显得单调呆板。

4. 耐玷污性、易洁性与耐擦性

材料表面抵抗污物作用、保持其原有颜色和光泽的性质称为材料的耐玷污性。

材料表面易于清洗洁净的性质称为材料的易洁性。它包括在风雨等作用下的易洁性（又称自洁性）以及在人工清洗作用下的易洁性。

良好的耐玷污性和易洁性是建筑装饰材料经久常新，长期保持其装饰效果的重要保证。

用于地面、台面、外墙，以及卫生间、厨房等的装饰材料有时须考虑材料的耐玷污性和易洁性。

三、建筑装饰材料的选用原则

选用建筑装饰材料的原则是装饰效果要好并且耐久、经济。

选择建筑装饰材料时，首先应从建筑物的使用要求出发，结合建筑物的造型、功能、用途、所处的环境（包括周围的建筑物）、材料的使用部位等，并充分考虑建筑装饰材料的装饰性质及材料的其他性质，最大限度地表现出所选各种建筑装饰材料的装饰效果，使建筑物获得良好的装饰效果和使用功能。其次所选建筑装饰材料应具有与所处环境和使用部位相适应的耐久性，以保证建筑物装饰工程的耐久性。最后应考虑建筑装饰材料与装饰工程的经济性，不但要考虑到一次投资，也应考虑到维修费用，因而在关键部位上应适当加大投资延长使用寿命，以保证总体上的经济性。

第二节 常用建筑装饰材料

一、装饰玻璃制品

建筑装饰玻璃泛指平板玻璃及由平板玻璃制成的深加工玻璃，也包括玻璃空心砖和玻璃马赛克等玻璃类建筑材料。常用的装饰玻璃制品有以下几种。

（一）磨砂玻璃

磨砂玻璃是用普通平板玻璃、磨光玻璃、浮法玻璃经机械喷砂，手工研磨（磨砂）或氢氟酸溶蚀（化学腐蚀）等方法将表面处理成均匀毛面制成，又称毛玻璃、暗玻璃。因其表面粗糙，使光线产生漫射，故只有透光性而不能透视，使室内光线柔和而不刺目。常用于需要隐蔽的浴室、卫生间、办公室的门窗及隔断，还可用作黑板。

（二）釉面玻璃

釉面玻璃是以普通平板玻璃、压延玻璃、磨光玻璃或玻璃砖为基体，在其表面涂敷一层彩色易熔性色釉，在熔炉中加热至釉料熔融，使釉层与玻璃牢固结合在一起，再经退火或钢化等热处理制成具有美丽色彩或图案的装饰材料。它具有良好的化学稳定性、热反射性，它不透明，遇水不褪色和脱落，可用于餐厅、宾馆的室内饰面层，一般建筑物门厅和楼梯间的饰面层，尤其适用于建筑物和构筑物立面的外饰面层，具有良好的装饰效果。

（三）钢化玻璃

钢化玻璃也称强化玻璃，它是平板玻璃经物理强化方法或化学方法处理后所得的玻璃制品。经过加工处理后，玻璃表面产生一个预压的应力，这个表面预压应力使玻璃的机械强度和抗冲击性能大大提高。钢化玻璃具有强度高、抗冲击性好、热稳定性高等特性。在建筑上主要用作高层建筑的门窗、隔墙与幕墙。

（四）中空玻璃

中空玻璃由两片或多片平板玻璃构成，用边框隔开，四周边缘部分用密封胶密封，玻璃层间充有干燥气体。中空玻璃能够保温绝热，节能性好，隔声性能优良，并能有效地防止结露，非常适合在住宅建筑中使用。中空玻璃主要用于需要采暖、空调室、防止噪声、结露及需要无直接阳光和特殊光的建筑物上，如住宅、饭店、宾馆办公楼、学校、医院、商店，以及火车、轮船等。

（五）玻璃马赛克

玻璃马赛克又称玻璃锦砖，一般采用熔融法或烧结法生产。它是一种小规格的彩色饰面玻璃，色泽柔和、多彩、颜色绚丽，可呈现辉煌豪华气派。玻璃马赛克还具有化学稳定性好、热稳定性好、抗污性强等优点，故而广泛应用于宾馆、医院、办公楼、住宅等建筑物外墙和内墙，也可用于壁画装饰，艺术镶嵌，制得立体感很强的图案、字画及广告等。

（六）热反射玻璃

热反射玻璃，又称镀膜玻璃或镜面玻璃。它是采用热解法、真空蒸镀法、阴极溅射法等，在玻璃表面涂以金、银、铜、铝、铬、镍和铁等金属或金属氧化物薄膜，或采用电浮法等离子交换方法，以金属离子置换玻璃表层原有离子而形成热反射膜。热反射玻璃也称镜面玻璃，有金色、茶色、灰色、紫色、褐色、青铜色和浅蓝等各色。热反射玻璃具有较强热反射能力，良好的隔热性能，单向透像等功能作用。由于热反射玻璃对光线的反射是镜面反射，因此大面积使用高反射率的热反射玻璃存在光污染的可能。

（七）吸热玻璃

吸热玻璃是既能吸收大量红外辐射能，又能保持良好的光透过率的平板玻璃。它是通过在生产普通玻璃中加入着色剂或在普通平板玻璃表面喷涂具有强烈吸热性能的物质薄膜制成。吸热玻璃广泛用于现代建筑物的门窗和外墙，起到采光、隔热、防眩作用。吸热玻璃的色彩具有极好的装饰效果，已成为一种新型的外墙和室内装饰材料。

二、装饰陶瓷

陶瓷是陶器和瓷器两大类产品的总称，有陶质、火击质、瓷质 3 种。我国目前装修工程中所采用的陶瓷制品基本上属于前 3 种。

装饰陶瓷主要包括釉面砖、墙地砖、锦砖。广泛用作建筑物内外墙，地面和屋面的装饰和保护，已成为房屋装饰的一个极为重要的饰面材料。

（一）釉面砖（内墙面砖）

釉面砖系用瓷土压制成坯，干燥后上釉焙烧而成，因釉料颜色多样，故有黑白瓷砖、彩色砖、印花图案砖等品种。其热稳定性好，吸水率小于 18%，表面光滑、易于清洗。

釉面砖为多孔的精陶坯体，在长期与空气接触过程中，特别是在潮湿的环境中使用，会吸收大量水分面产生吸湿膨胀现象。又由于釉的吸湿膨胀非常小，当坯体湿膨胀的程度增长到使釉面处于张应力状态，应力超过釉的抗拉强度时，釉而发生开裂。如用在室外，由于在室外环境中风吹、日晒、雨淋及冻融等作用，会导致釉面砖的损坏，更甚者出现剥落。因此，釉面砖只用于室内而不宜用于室外，通常用于内墙饰面、粘贴台面等。

釉面砖要求尺寸准确、平正，表面光滑洁净、耐火、防水、抗腐蚀、热稳定性良好。用釉面砖装饰建筑物内墙，可使建筑具有独特的卫生、易清洗和装饰美观的建筑效果。釉面砖的种类繁多，规格不一，但较常见的是 108mm×108mm 和 152mm×152mm 两种规格的正方形面砖以及与其配套的边角材料，其厚度一般在 5～6mm。近年来，国内外的釉面砖产品正向大而薄的方向发展，并大力发展彩色图案砖。釉向砖彩色图案的种类已经多到无法统计的程度。

其物理力学性能见表 12-1。

表 12-1　　釉面砖物理力学性能表

性　能	指　标	性　能	指　标
吸水率(%)	≤22%	弯曲强度(MPa)	平均值≥16.67
耐急冷急热试验	150℃～19℃±1℃热交换一次不开裂	白度	由供需方商定

（二）墙地砖

墙地砖的生产工艺类似于釉面砖，或不施釉一次烧成无釉墙地砖，产品包括内墙砖（参见釉面砖）、外墙砖和地砖三类。

墙地砖具有强度高、耐磨、化学性能稳定、不燃、吸水率低、易清洁、经久不裂等特点。其物理化学性能应满足《彩包釉面陶瓷墙地砖》（GB 11947）的规定。

（三）陶瓷锦砖

陶瓷锦砖，也称陶瓷马赛克，由于成品按不同图案贴在纸上，也称纸皮石，它可以组成各种装饰图案的片状小瓷砖，大小不一，断面分凸面和平面两种，凸面多用于墙面装修，平面则多铺设地面。

陶瓷锦砖是用优质瓷土烧结而成，分有釉及无釉两种，质地坚硬、不变形、不褪色、吸水率小，耐磨性好，一般可用几十年。它有各种形状，各种颜色，图案丰富，组合灵活，可根据不同用途，适当选用，其表面光洁，不易污染，又不太滑，清扫简便，洁净美观。

三、建筑涂料

涂料是指敷涂于材料表面后能与之很好黏结并形成保护膜的材料。它是建筑装饰材料中的一大类，具有丰富的色彩、逼真的质感及施工效率高等特点。敷涂涂料是目前建筑装饰与保护的诸多途径中最简便、最经济的方法。

涂料按组成成分利使用功能的不同，可分为油漆涂料和建筑涂料两大类；按化学成分分为无机涂料和有机涂料，其中有机涂料又分为水溶性涂料、溶剂型涂料和乳胶漆三种。

涂料由成膜物质、辅助成膜物质及散粒材料等组成。

成膜物质是涂料最主要的组成成分。它的作用是将涂料的其他成分黏结成一整体，并能粘附在基层表面形成坚韧的薄膜。成膜物质分为油料和树脂两类。油料是生产油性涂料和油基涂料的主要原料，有植物油和动物油两种，以植物油为主。油料按成膜速度的快慢，分为干性油（桐油、亚麻油等）、半干性油（豆油、棉籽油等）和不干性油（花生油等）三类。树脂分天然树脂和合成树脂。天然树脂如虫胶、松香等；常用的合成树脂有酚醛、醇酸、丙烯酸、氯乙烯树脂等。合成树脂是生产现代建筑涂料的主要原材料。

散粒材料包括颜料和填充料。颜料是一种不溶于水、溶剂和漆基的粉状物质，但能扩散到介质中形成均匀的悬浮体。它主要赋予涂料各种色彩，填充料主要是提高涂膜的硬度、耐磨性，减少收缩。常用的填充料有硫酸钡、碳酸钡、碳酸钙和滑石粉等。

辅助成膜物质不能构成涂膜或不是构成涂膜的主体，主要用于改善涂膜的性能。常用的辅助成膜物质有溶剂和助剂。溶剂具有溶解成膜物质的能力，降低涂料的黏度，并能挥发，有利于施工操作。常用的溶剂有汽油、松香水、苯、甲苯、二甲苯及丙酮等。助剂具有改善涂料性能的能力，根据功能不同可分为增塑剂、抗紫外线剂、悬浮剂、稳定剂等。

常用的油漆涂料和建筑涂料有以下几种。

（一）油漆涂料

1. 天然漆

天然漆又称大漆，有生漆和熟漆之分。天然漆是将从漆树上取得的液汁，经部分脱水、过滤所得，为一种棕黄色黏稠液体，具有漆膜坚硬、富有光泽、耐磨、耐蚀、耐油、耐久、耐热、与基层黏结力强等特点，但黏度高不易施工，涂膜色深、性脆、不耐光照，抗氧化和抗碱性较差。天然漆适用于木器家具、工艺美术品及建筑制品。

2. 调和漆

调和漆是在熟干性油中加入颜料、溶剂、催干剂等调和而成，是最常用的一种油漆。其质地均匀，漆膜耐蚀、耐晒，遮盖力强，色彩丰富，耐久性好，易施工。调和漆适用于室内外钢材、木材表面的涂刷。

3. 清漆

清漆以树脂为主要成分，按成分物质分为油质清漆和醇质清漆两类。油质清漆有酚醛清漆、醇酸清漆、虫胶清漆。

(1) 酚醛清漆。

酚醛清漆又称永明漆，具有干燥快、漆膜坚韧耐久、光泽好、耐热、耐水、耐弱酸碱等优点。缺点是涂膜容易泛黄，故不宜作淡色涂刷。

(2) 醇酸清漆。

醇酸清漆又称三宝漆，具有附着力好、光泽好、耐久性好、漆膜干燥快、硬度高、绝缘性好、易抛光打磨等特点，但漆膜脆，耐热性差，抗大气性较差。多用于室内门窗、家具的涂刷。

(3) 虫胶清漆。

虫胶清漆旧称泡立水（漆片），由于天然虫胶片溶于酒精所得，具有使用方便、干燥快等特点，但耐水、耐热性较差，日晒会失光。一般用于室内涂饰。

4. 硝基清漆

硝基清漆又称腊克，是以硝化纤维索为基料，加入其他树脂、增塑剂制成。其漆面干燥快，无色透明，坚固耐磨，光泽好，可打蜡上光，保光性好，耐水、耐久性好，无色透明，坚硬耐磨，光泽好，可打蜡上光，为一种高级油漆。适用于高级木家具的涂刷。

5. 磁漆（瓷添）

磁漆是在清漆的基础加入无机颜料而制成。其漆膜坚硬平滑，酷似瓷质，故又名瓷漆。磁漆色泽丰富，附着力强，干燥快。通用于室内外及家具、钢材表面的涂刷。

（二）建筑涂料

1. 聚乙烯醉系涂料

803 内墙涂料是聚乙烯醇缩半醛经氨基化处理后加入填料、颜料及其他助剂所制成的一种水溶性涂料。803 内墙涂料具有无毒、无味、干燥快、遮盖力强、涂层光洁、在较低温度下不易结冻、耐摩擦较好、有较高的附着力、能在潮湿基层上施工等特点，适用于涂刷混凝土、纸筋灰等表面，用于住宅、医院、学校、剧院等公共场所的内墙装饰。

2. 过氯乙烯涂料

(1) 过氯乙烯内墙涂料。

过氯乙烯内墙涂料是以过氯乙烯为成膜物质，掺入增塑剂、稳定剂、填充料、颜料等经混炼、切片，溶解于有机溶剂中的一种溶剂型内墙涂料。过氯乙烯内墙涂料色彩丰富，表面平滑，装饰效果好，有较好的耐老化性和防水性。

(2) 过氯乙烯外墙涂料。

过氯乙烯外墙涂料是以过氯乙烯树脂为主要成膜物质，再用少量其他树脂（如松香改性酚醛树脂），添加一定量的增塑剂、稳定剂、填料和颜料等物质，经捏和、混炼、塑化、切粒、溶解、过滤等工序制成的一种挥发型溶剂涂料。它具有良好的大气稳定性和化学稳定性，耐水性、耐霉性较好，涂膜干燥快，易施工等特点。

(3) 过氯乙烯地面涂料。

过氯乙烯地面涂料的组成与过氯乙烯内外墙涂料相同，具有耐老化、耐磨、抗冲击性强、干燥快、有一定的硬度、附着力较高、防水性好、色彩丰富等特点。

3. 丙烯酸酯系涂料

丙烯酸酯系涂料是丙烯酸酯、甲基丙烯酸酯与苯乙烯、醋酸乙烯等通过游离基聚合反应而制成的，以丙烯酸酯为主要成膜物质的涂料，是目前国内外取代低档涂料、发展较快的一种中高档涂料。建筑用丙烯酸酯涂料有溶剂型和水乳型两种，溶剂型主要用于外墙，水乳型主要用于内墙。

（1）溶剂型丙烯酸酯外墙涂料。

溶剂型丙烯酸酯外墙涂料是以热塑性丙烯酸酯合成树脂为主要成膜物质，加入溶剂、颜料、助剂等经研磨而成的一种溶剂型涂料；具有耐候性好、耐碱性好、耐久性好、附着力强、使用时不受温度影响、可在负温下施工且施工方便、使用寿命可长达10年以上、色彩丰富、装饰效果好等特点，是一种优良的外墙装饰涂料。

（2）丙烯酸乳液涂料。

丙烯酸乳液涂料按成膜物质可分为纯丙型、苯丙型、乙丙型三种。

1）纯丙烯酸乳液涂料　以纯丙烯酸乳液为主要成膜物质，具有性能稳定、良好的耐洗刷性、耐水性、耐碱件及耐候性、遮盖力强、保色性强、装饰效果好等特点，主要用于内墙装饰。

2）苯丙乳液涂料以苯乙烯、丙烯酸酯和甲基丙烯酸三元共聚乳液为成膜物质，具有良好的耐久性、耐擦性、耐水性、耐化学性、遮盖力强等特点，主要用于内墙装饰。

3）乙丙乳液涂料　以醋酸乙烯和丙烯酸酯共聚乳液为成膜物质，其耐水性、耐擦性比苯丙乳液涂料要差，保色性、保光性好，无毒易施工，可用于内墙装饰。

4. 聚氯酯系涂料

（1）聚氨酯外墙涂料。

聚氨酯外墙涂料是以聚氨酯或与其他树脂复合物为主要成膜物质，具有橡胶的弹性，涂膜柔软，可随基层变形而延伸，良好的耐水性、耐碱性及耐酸性，表面光洁度好，耐候性好，耐污染性好等特点，但价格较高。

聚氨酯外墙涂料一级为双组分或多组分，现场使用需按比例调配，施工要求较高，适用于高档建筑物的外墙饰面。

（2）聚氨酯地面涂料。

聚氨酯地面涂料是以聚氨酯为主要成膜物质，为常温固化型双组分的涂料，分薄质罩面涂料和厚质弹性地面涂料两类。薄质涂料主要用于木质地板，厚质涂料主要用于水泥地面。

这种涂料具有良好的黏结力，较高的弹性和强度，良好的防腐蚀性能和绝缘性能，耐水、耐酸、耐碱、耐水、耐压，行走舒适，不起尘，易清扫，有良好的自熄性，不易变色。

（3）水性聚氨酯涂料。

水性聚氨酪涂料可改变溶剂型聚氨酯涂料在使用时对环境的污染和对施工人员身体带来的不利影响。这种涂料具有优良的光泽和耐水性、耐候性、耐磨性，弹性好，色彩丰富，施工方便。既可用于室内，也可用于室外墙面和地面，是涂料发展中的一个新品种。

5. 彩砂涂料

彩砂涂料又称真石涂料、石漆或仿石涂料，是以丙烯酸共聚乳液为胶黏剂，采用天然色石、碎屑或彩色陶瓷粒作骨料，再加入添加剂等多种助剂配制而成。

这种涂料色彩丰富，有天然石材的质感，耐污染性强，不褪色，不燃，耐强光，干燥快，且无毒，主要用于外墙饰面。

6. 丙烯酸硅树脂涂料

丙烯酸硅树脂涂料系采用硅酮为交联剂，对丙烯酸进行改性而制成的高稳定性的溶剂型复合涂料。

这种涂料安全无毒，耐酸碱，耐盐雾、油污，阻燃，防火，具有优良的防水透气性、抗老化性，能抗紫外线照射，抗玷污，耐洗刷，耐磨损，涂层不剥落、不粉化、不褪色，有弹性感，其持久性可达10年以上，适用于建筑物外墙或地面饰面。

7. 氟树脂涂料

氟树脂涂料是以偏氟乙烯树脂开发的KY-NAR-500氟碳树脂（PVDF）为主的高分子有机涂料，是一种性能卓越的涂料。

这种涂料与其他涂料相比，具有优良的耐候性、耐久性、耐污染性、耐化学性，有极佳的抗紫外线性能，色泽、光泽持久稳定，有优良的耐酸、耐碱性能，能经受恶劣环境考验，且涂层光洁，附着力强，韧性好，耐冲击性强，色彩范围广，鲜艳美观、质感好。这种涂料用于建筑物外部装饰具有其他涂料无法相比的优点，适用于超高层建筑复层装饰保护及超高层钢结构、大跨度桥梁。

四、饰面石材

（一）天然饰面石材

建筑装饰石材可分为天然石材和人造石材。天然石材主要以大理石和花岗岩为主。天然石材是一种高档的装饰材料，不仅具有较高的强度及耐久性，起到保护建筑物的作用，而且使建筑物显得自然、亲切、高雅、富丽堂皇。用于装饰的石材，按其不同的用途，可加工成磨光的板材和不磨光的板材，还可以加工成柱体、球体、异型材等。

除天然石材外，人造石材在建筑装饰中也被广泛应用。与天然石材相比，人造石材具有重量轻、强度高、耐腐蚀、耐污染、价格低、施工方便等优点。

1. 天然大理石

天然大理石属变质岩，是石灰岩经过地壳内高温高压作用形成的岩石，属中硬石材。由于其最早产于云南大理，故命名为大理石。纯大理石常呈白色，因含有杂质而具有灰色、绿色及黑色等。

（1）我国大理石的品种。

我国的大理石矿产资源极为丰富，据不完全统计，初步查明近400个品种，其中花色品种较名贵的有纯白色的北京房山汉白玉、安徽怀宁和贵池的白大理石等；纯黑的有中国黑、内蒙古黑、广西桂林的桂林黑、山东苍山墨玉等；灰色的有浙江杭州的杭灰、云南大理的云灰等；绿色的有辽宁丹东的丹东绿等。

（2）大理石的特点。

1）天然大理石的质地较密实。

2）抗压强度较高，为70～110MPa。

3）大理石一般都含有杂质，而且碳酸钙在大气中受二氧化碳、硫化物、水汽的作用易风化和溶蚀，使表面失去光泽。因此，除少数的汉白玉、艾叶青等大理石由于其质纯，稳定耐久，可以用于室外装饰外，其他品种一般只用于室内装饰。

2. 天然花岗岩

天然花岗岩属岩浆岩，是岩浆岩中分布最广的一种岩石，主要由石英、长石及少量云母组成，属于硬石材。经加工打磨的花岗岩色泽美观，是一种良好的装饰板材。

（1）我国主要的花岗岩品种。

花岗岩体在我国约占国土面积的 9%，据不完全统计，约有 300 多个品种，其中花色种较好的有红色系列四川的四川红、中国红，广西的岑溪红，山西灵丘的贵纪红、橘红等；黑色系列的有内蒙的黑金刚、赤峰黑，山东济南的济南青等；绿色系列的有山东的泰安绿，江西上高的豆绿、浅绿等，花系列的有河南偃师的菊花青等。

（2）天然花岗岩的特点。

1）天然花岗岩质地坚硬致密。

2）抗压强度为 120～250MPa。

3）有的花岗岩放射性含量较高，室内长期使用可能对人体造成伤害。

4）花岗岩不易风化变质，外观色泽可保持百年以上，有“石烂千年”之称，因此多用于外墙饰面。

5）花岗岩硬度高，耐磨，因此常用于高级建筑大厅的地面装饰。

6）某些花岗岩具有放射性，若在室内使用，会对人体产生严重的伤害作用。故使用花岗岩时，应进行放射性检测。花岗岩的放射性可分为三类：A 型可用于室内，B 型可用于室外或人员稀少、停留时间较短的场所，C 型只能用于桥梁护岸等无人活动处，以防止其对人体产生辐射危害。

3. 石材的防护

天然石材在使用过程中受水、空气中有害气体的侵蚀，以及光、热、生物或外力的作用等，会导致石材发生风化而逐渐破坏。其中水是石材发生破坏的主要原因，它能软化石材，并能使石料发生分解与溶蚀。因此，在实际装饰工程中必须加强石材的防护工作，避免石材遭受到周围环境的侵蚀和破坏，以延长石材的使用寿命，防止石材的美观性能遭到破坏，减少经济损失。

石材的防护主要从如下两个方面考虑：

（1）表面处理。在石材表面涂刷石蜡等憎水性涂料，使石材表面由亲水性变为憎水性，并与大气隔绝。

（2）合理选材。石材的风化与破坏速度，主要决定于石材抵抗破坏因素的能力，所以合理选材是防止破坏的关键。所以尽量使用表面致密、光滑、使水分能迅速排掉的石材。

（二）人造装饰石材（人造石）

人造石一般指人造大理石和人造花岗石，属水泥混凝土或聚酯混凝土的范畴，其中以人造大理石应用最为广泛。人造石材具有天然石材的花纹和质感、美观、大方、仿真效果好，具有很好的装饰性，并且具有重量轻、强度高、耐腐蚀、耐污染、施工方便、良好的可加工性等优点，因而得到了广泛的应用。人造石材的缺点是色泽、纹理不及天然石材自然、柔和。

人造石材按生产所用材料一般可分为四类。

1. 水泥型人造石材

它是以水泥为黏结剂，砂为细集料，碎大理石、花岗岩、工业废渣等为粗集料制成。

2. 聚酯型人造石材

它是以不饱和聚酯为黏结剂，加入硅砂、大理石、方解石粉等天机填料和颜料，经各种工序而制成。目前国内外人造大理石、花岗岩以聚酯型最多。该类产品光泽好、颜色浅、可调配成各种鲜明的花色图案。与天然大理石相比，聚酯型人造石材具有强度高、密度小、耐酸碱腐蚀及美观等优点。但其耐老化性比天然花岗岩差，故多用于室内装饰。

3. 复合型人造石材

该类人造石材的黏结剂中既有无机材料、又有高分子材料。

4. 烧结型人造石材

这种石材是把斜长石、石英、辉石石粉和赤铁矿以及高岭土等混合成矿粉，再配以40％左右的黏土混合制成泥浆，经制坯、成型和艺术加工后，再经1000℃左右的高温焙烧而成，如仿花岗岩瓷砖等。

上述四种制造人造大理石的方法中，最常用的是聚酯型人造大理石，其物理和化学性能最好。花纹容易设计，有重现性，适于多种用途，但价格相对较高；水泥型人造大理石价格最低廉，但耐腐蚀性能较差，容易出现龟裂，适于作板材而不适于作卫生洁具；复合型则综合了前两者的优点，既有良好的物化性能，成本也较低；烧结型人造大理石虽然只用黏土作胶黏剂，但需经高温焙烧，因而能耗大，造价高，而且产品破损率高。

五、装饰壁纸与墙布

壁纸与墙布是目前使用较为广泛的墙面装饰材料。它以图案多变，色泽丰富，可以仿制许多传统材料的外观，深受用户的欢迎。如可以制成仿木纹、仿石纹、仿瓷砖等的壁纸，甚至可以达到以假乱真的地步。适用于宾馆、住宅、办公楼、舞厅、影剧院等有装饰要求的室内墙面、顶棚、柱面等。

装饰壁纸与墙布的分类方法有多种，但我国目前习惯上多按壁纸与墙布生产的原材料进行分类，包括塑料壁纸、纸质壁纸、纺织纤维壁纸、麻草壁纸、金属壁纸、木片壁纸、静电植绒壁纸、玻璃纤维印花贴墙布、无纺贴墙布和化纤装饰贴墙布等。下面仅介绍几种主要的壁纸和墙布。

1. 塑料壁纸

塑料壁纸是以纸为基材，表面进行涂塑后，再经印花、压花或发泡处理等多种工艺而制成的一种墙面装饰材料。塑料壁纸有适合各种环境的华纹图案，装饰性好，具有难燃、隔热、吸声、防霉、耐水、耐酸碱等良好性能，施工方便，使用寿命长。在建筑中广泛用于室内墙面、顶棚、梁柱表面。

2. 玻璃纤维印花贴墙布

玻璃纤维印花贴墙布是以中碱玻璃纤维布为基材，表面涂以耐磨树脂，印上彩色图案而制成的一种卷材。这种墙布色彩鲜艳，花色繁多，室内使用不褪色、不老化、不变形、防潮、强度高，具有优越的自熄性能及优良的耐洗性。特别适用于室内卫生间、浴室等墙面的装饰。

3. 无纺贴墙布

无纺贴墙布是采用棉、麻等天然纤维，或绦、腈等合成纤维，经过无纺成型、上涂树脂、印制彩色花纹而成的一种内墙材料。它的特点是挺括，富有弹性，不易折断，纤维不老化、不散失，对皮肤无刺激作用，色彩鲜艳，图案雅致，具有一定的透气性和防潮性。可擦洗而不褪色，适用于宾馆、饭店、商店、会议室、餐厅、住宅等内墙面装饰。

4. 化纤装饰贴墙布

化纤装饰贴墙布种类很多。其中“多纶”贴墙布就是多种纤维与棉纱混纺的贴墙布，也有以单纯化纤布为基材，经一定处理后印花而成的化纤装饰贴墙布。它具有无毒、无味、通气、防潮、耐磨、无分层等优点。适用于各级宾馆、旅店、办公室、会议室和住宅。

思考题与习题

1. 建筑装饰材料按照装饰部位可分为哪几类？
2. 钢化玻璃与中空玻璃的主要优点是什么？
3. 釉面砖的特点和用途有哪些？
4. 丙烯酸系外墙涂料的特点是什么？
5. 氟树脂涂料有何特点？
6. 天然大理石有何特点？为何其常用于室内？
7. 塑料壁纸和化纤装饰贴墙布各有何特点？

参 考 文 献

[1] 王福川. 新型建筑材料. 北京：中国建筑工业出版社，2003.

[2] 中国建筑科学研究院. JGJ/T 191—2009 建筑材料术语标准. 北京：中国建筑工业出版社，2010.

[3] 魏鸿汉. 建筑材料. 北京：中国建筑工业出版社，2010.

[4] 夏燕. 土木工程材料. 武汉：武汉大学出版社，2009.

[5] 李国新. 建筑材料. 北京：机械工业出版社，2010.

[6] 张海梅，袁雪峰. 建筑材料. 北京：科学出版社，2005.

[7] 夏正兵. 建筑材料. 南京：东南大学出版社，2010.

[8] 刘学应. 建筑材料. 北京：机械工业出版社，2009.

[9] 范文昭. 建筑材料. 北京：中国建筑工业出版社，2007.

[10] 中国建筑工业出版社. 现行建筑材料规范大全（增补本）. 北京：中国建筑工业出版社，2000.

[11] 全国二级建造师资格考试培训教材编写委员会. 房屋建筑工程管理与实务. 3 版. 北京：中国建筑工业出版社，2010.

[12] 中华人民共和国建设部. JG/T 230—2007 预拌砂浆. 北京：中国标准出版社，2008.

[13] 中华人民共和国建设部. GB/T 50080—2002 普通混凝土拌和物性能试验方法标准. 北京：中国建筑工业出版社，2003.

[14] 中华人民共和国建设部. GB/T 50081—2002 普通混凝土力学性能试验方法标准. 北京：中国建筑工业出版社，2003.

[15] 中华人民共和国建设部. GB 50010—2010 混凝土结构设计规范. 北京：中国建筑工业出版社，2010.

[16] 谭平. 建筑材料检测实训指导书. 北京：中国建材工业出版社，2008.

[17] 韦琴. 建筑材料试验. 北京：人民交通出版社，2010.

[18] 师昌绪. 材料大辞典. 北京：化学工业出版社，1994.

[19] 张德思. 土木工程材料典型题解析及自测试题. 西安：西北工业大学出版社，2002.

[20] 徐友辉. 建筑材料教与学. 成都：西南交通大学出版社，2007.

[21] 苏锋，杨海东. 土木工程材料. 北京：化学工业出版社，2008.

[22] 吴芳. 新编土木工程材料教程. 北京：中国建材工业出版社，2007.

[23] 宋少民，孙凌. 土木工程材料. 武汉：武汉理工大学出版社，2006.